Professioneller Buchsatz mit TEX

Lehrbuch für Anwender

Von
Diplom-Mathematiker
Lothar Schumann

3., unwesentlich veränderte Auflage

R. Oldenbourg Verlag München Wien

Die Deutsche Bibliothek - CIP-Einheitsaufnahme

Schumann, Lothar:
Professioneller Buchsatz mit TEX : Lehrbuch für Anwender /
von Lothar Schumann. - 3., unwesentlich veränd. Aufl. -
München ; Wien : Oldenbourg, 1995
ISBN 3-486-23325-4

Gesamtherstellung: R. Oldenbourg Graphische Betriebe GmbH, München

ISBN 3-486-23325-4

Vorwort

TEX ist inzwischen zu einem oft eingesetzten Textverarbeitungssystem geworden. Die Variante LATEX hat sich als besonders flexibel und praxisgerecht herausgestellt. Worin liegt der Vorteil von TEX?

- TEX ist erweiterungsfähig. Jeder Anwender kann den jeweiligen Interessen angepaßte Hilfen und Erweiterungen in Form von „Makros" in das System integrieren. Der Autor entwickelt für die unterschiedlichsten Anwendungen (Buchsatz, mehrspaltiger Zeitungssatz, Programmierung, Organisation u.s.w.) solche Makros und stellt sie auf Diskette zum Preise von 99 DM bis 150 DM zur Verfügung. (Adresse: Ellerholde 11, 21465 Reinbek, Tel. 04104/4907)

- Im Gegensatz zu vielen am Markt befindlichen Textsystemen wird der Umbruch absatzweise durchgeführt. Erst am Ende eines Absatzes wird entschieden, welcher Zeilenumbruch am günstigsten ist. Donald B. Knuth, der „Erfinder" von TEX hat hierzu ein sehr schlagstarkes mathematisches Modell entwickelt, welches die Grauwerte einer Seite „mißt". Wenn die Grauwerte einen vom Anwender beeinflußbaren Rahmen verlassen, werden Meldungen produziert. Dies bedeutet **immer**, daß die Seite „schlecht" aussieht (Große „Löcher").

- Die Zeilenlängen werden von TEX überprüft. Treten übervolle („overful") Zeilen („Boxes") auf, so erfolgt eine ziffernmäßige Anzeige. **Dies ist ein erheblich ins Gewicht fallender Vorteil, weil man mit bloßem Auge 0.8 Punkt (1 Punkt = ca. 0.3 mm) nicht immer sieht — wohl aber der Leser des Dokuments.**

- Beim Schreiben der Texte braucht der Autor auf Formatierungen überhaupt nicht zu achten. Einrückungen, Tabellen, Absatzenden u.s.w.

werden durch leicht zu erlernende Sprachelemente beschrieben. Bearbeitung von Text und Struktur können getrennt geschehen. Sie beeinflussen sich nicht. Werden Änderungen im Text notwendig, brauchen keine Änderungen in der Formatierung vorgenommen zu werden, genauso beeinflussen Strukturänderungen den Text nicht.

- In LINUX (eine neue Variante von UNIX) ist TEX integriert. Es wird kein Aufpreis verlangt. Dies ist auch ein Argument für TEX.
- Seit kurzem gibt es eine Variante von TEX und LATEX, mit der der Anwender Dokumente in POSTSCRIPT-Satzsprache entwickeln und ausgeben kann. Damit ist auch der Zugang zu wirklichem Fotosatz möglich. Und über POSTSCRIPT braucht der Anwender gar nichts zu wissen. Ein umfangreiches Makro-Paket erledigt das.

Viele Freunde und Bekannte aber auch Schüler und Interessenten haben durch Anregungen und Forderungen dazu beigetragen, daß dieses Buch jetzt in 3. Auflage erschienen ist. Hierfür bedanke ich mich herzlich. Bitte fragen Sie weiter!
Dem Verlag gilt mein Dank für die umfassende Unterstützung, insbesondere für die sachlich und fachlich hervorragende Begleitung durch Herrn Weigert.

Reinbek 1995

Viel Erfolg beim Lesen und Ausprobieren!

Inhalt

Liste der Abbildungen

Teil 1

Lehrbuch

Kapitel 1

Übersicht über Textbearbeitung

1.1 Formen der Textbearbeitung

Im gesamten Bereich der Kommunikation spielen Texte eine entscheidende Rolle. Über Texte findet der gesamte Informationsaustausch zwischen Sender und Empfänger von Nachrichten statt. Texte stellen das Element in Informationssystemen dar. Für jede Art von Nachrichten findet eine Bearbeitung der Texte statt. Die Texte werden so bearbeitet, daß Sender und Empfänger von Nachrichten optimal Informationen austauschen können. Hierzu ist es notwendig, die Texte so zu strukturieren, daß diese gut lesbar sind. Die Texte müssen so aufgebaut werden, daß Mißverständnisse zwischen Sender und Empfänger weitgehend ausgeschaltet werden.

> *Es kommt nicht so sehr darauf an, daß Texte geometrisch gut gestaltet sind, sondern darauf, daß sie gut lesbar sind.*

Es gibt viele Verfahren, wie man einen Text gut lesbar machen kann, wenn hierbei die Wahl der Sprache in die Optimierung mit einbezogen ist. Dieses Verfahren wird immer dann eingesetzt, wenn durch die Sprache Maschinen gesteuert werden sollen. Dies ist z.B. in der Datenverarbeitung der Fall. Hier soll ein Computer so gesteuert werden. In der Datenverarbeitung ist eine Sprache, die keine Mißverständnisse zuläßt, zwingende Voraussetzung. Nur so ist eine Kommunikation mit dem Computer überhaupt möglich. Man erreicht eine mißverständnisfreie Kommunikation durch eine Reihe von Forderungen an die Sprache.

- Die Sprache wird für ein eingeschränktes Sachgebiet verwendet.
- Es werden nur wenige Sprachelemente ausgewählt.
- Die Sprache selbst wird formatisiert und strukturiert.

In vielen Bereichen des täglichen Lebens, in denen Sender und Empfänger von Nachrichten kommunizieren, wird jedoch eine natürliche Sprache zur

Kommunikation verwendet. Hier besteht die Aufgabe darin, die Texte so zu strukturieren, daß sie optimal lesbar sind.
Die einzelnen Schritte der Erzeugung und Bearbeitung von Texten können mit Methoden der Datenverarbeitung unterstützt werden, wie das in Abb. 1.1 erläutert wird.

Textbearbeitung		
Bearbeitung	Hilfsmittel	Beschreibung
Text-Erzeugung	Editor	Der Text wird mit Hilfe einer Tastatur erzeugt.
Text-Korrektur	Editor	Im Text können über die normale System-Tastatur Befehle erzeugt werden, welche Zeichen für Zeichen Einfügungen, Änderungen oder Löschungen gestatten. Zeilen können eingefügt und gelöscht werden. Gruppen von Zeilen können an andere Stellen kopiert oder verschoben werden.
Formatierung	Formatierer	Eine Strukturierung ist nur formal, d.h. im allgemeinen nur absatzweise möglich.
Satztechnik	Software-System	Alle gebräuchlichen Schriftarten (Fonts), unterschiedliche Schriftgrößen sowie satztechnische Methoden der Strukturierung unterstützen die gute Lesbarkeit des Textes.

Abbildung 1.1: Hilfsmittel

In neuerer Zeit sind Software-Werkzeuge auf den Markt gekommen, welche die satztechnische Bearbeitung von Texten ermöglichen. Hierbei soll unter 'satztechnischer Bearbeitung' verstanden werden, daß

1. variable Seiten-Layouts möglich sind,
2. Zeilen- und Seitenumbrüche automatisch durchgeführt werden,
3. unterschiedliche Schriftarten zur Verfügung stehen,
4. einfache Strukturen (Einrückung, Aufzählung, Tabellen) erreicht werden können,

5. Inhaltsverzeichnis und Index automatisch erstellt werden,
6. einfache Graphik erstellt oder aus einem anderen System integriert werden kann.

Diese Software-Werkzeuge werden zusammen mit der hierfür notwendigen Hardware preislich so günstig angeboten, daß es möglich ist, alle Arbeitsplätze, die mit der Erstellung von Texten und deren satztechnischer Weiterbearbeitung befaßt sind, entsprechend auszustatten.
Dies bedeutet auch, daß der Autor selbst mit solchen Werkzeugen arbeiten kann und muß.
War es bisher notwendig, einen Text zu schreiben (vielleicht unter Benutzung eines üblichen Editors) und dann zu redigieren, um die entsprechende inhaltsgemäße Strukturierung zu erreichen, kann heute alles in einem Arbeitsgang geschehen. Es ist nun nicht mehr nötig, daß der Autor die Texte mit satztechnischen Markierungen versieht, sondern die satztechnischen Anweisungen werden beim Schreiben des Textes mit erzeugt. Dies hat den Vorteil, daß die satztechnischen Anweisungen zusammen mit dem Text entstehen, also zu einer Zeit, wenn der Autor mit den Strukturen der Kommunikation am besten vertraut ist. Inhalt und Struktur werden gemeinsam erdacht und bei Verwendung dieser Methode auch gemeinsam auf's Papier gebracht.
Diese Art der Erzeugung von strukturierten Texten hat auch noch den Vorteil, daß routinemäßige Arbeiten wie

- Seiten-Formatierung
- Seiten-Numerierung
- Numerierung von Kapiteln und Abschnitten
- Silbentrennung
- Absatz-Formatierung

automatisch vom System übernommen werden. Dies erleichtert die Arbeit mit dem System erheblich.

1.2 Software-Werkzeuge

Editoren zur Bearbeitung von Texten sind in großer Anzahl am Markt vorhanden. Sehr bekannt sind

- vi, der Standardeditor für UNIX-Systeme,
- Professional Editor für MS-DOS-Systeme,
- Wordstar 2000

Es wird im folgenden vorausgesetzt, daß ein Editor vorhanden ist, mit dem Texte, die aus ASCII-Zeichen aufgebaut sind, erzeugt und korrigiert werden können.
Für die Lösung des Problems der Textbearbeitung gibt es auf dem Markt zwei grundsätzlich verschiedene Ansätze, die im folgenden Abschnitt genauer beschrieben werden.

1.2.1 wysiwyg-Systeme

Der Name ist eine ursprünglich witzig gemeinte Abkürzung aus dem Englischen.

what you see is, what you get

"was Sie sehen, ist (das), was Sie bekommen"

Der Text – besser: das Dokument – wird am Bildschirm entwickelt. Ein Abbild des Dokuments wird am Bildschirm erzeugt. Dieses Abbild entspricht dem endgültig erzeugten Dokument umso besser, je höher die Auflösung am Bildschirm ist.
Das System ist tastaturorientiert. Die Steuerungen finden über die Tastatur statt. Der Vorteil dieser Systeme ist darin zu sehen, daß die Entwicklung des Dokuments am Bildschirm parallel verfolgt werden kann. Die durch die Tastatur erreichte Steuerung wird auch in der Textdatei als Markierung gespeichert. Diese systeminterne 'Markierung' bleibt auch beim Abspeichern der Datei erhalten. Dadurch ist sie auch beim Wiederaufruf der Datei vorhanden. Änderungen am Inhalt und an den 'Markierungen' der Datei sind beliebig möglich. Es werden alle satztechnischen Methoden unterstützt. Beispiele solcher Textbearbeitungssysteme sind

- Ventura Publisher
- Page Maker

1.2.2 Systeme auf ASCII-Text-Basis

Systeme dieser Art arbeiten mit einer Steuersprache. Das Quelldokument besteht aus Steuersprache und Dokumententext. Die Steuersprache hat die Aufgabe, die Satztechnik zu steuern. Der Dokumententext enthält den eigentlichen Text des Dokuments. Befehle in der Steuersprache sind besonders gekennzeichnet. (Z.B. wird vereinbart, daß Befehle stets allein auf einer Zeile stehen müssen und als Kennzeichen einen vorangestellten Punkt (.) haben.) Diese Methode wird bei nroff und troff (Textbearbeitungssysteme von UNIX) verwendet.

Eine andere Methode besteht darin, alle Befehle (Commands) durch einen vorangestellten Schrägstrich (\) zu kennzeichnen. Dies ist die Methode von TEX.
Um aus den Quelldokumenten natürliche Dokumente zu erzeugen, ist ein Umwandlungsprozeß notwendig. Dies ist scheinbar ein Nachteil. Da aber die Quelldokumente zur Kontrolle des Inhaltes und der Struktur völlig ausreichen, ist diese Umwandlung nur selten erforderlich. Jetzt erweist sich der Nachteil als Vorteil, weil ohne jede Art von Umwandlung eine grobe Kontrolle des Geschriebenen jederzeit und an jeder Art von Bildschirm möglich ist. Beispiele solcher Textbearbeitungssysteme auf ASCII-Basis sind

- nroff, das Textbearbeitungssystem von UNIX
- troff, das Fotosatzsystem von UNIX
- TEX, ein allgemeines System zum Satz von Büchern

1.3 Unterschiede der Textbearbeitungs-Systeme

Hat man es mit der Auswahl von Textbearbeitungs-Systemen zu tun, dann ist auf keinen Fall allgemein zu sagen, daß eine der beiden Lösungsmethoden die bessere wäre. Viele Kriterien bestimmen die endgültige Wahl.
Im folgenden werden einige Kriterien genannt, die bei jeder Auswahl problemangepaßt untersucht werden müssen.

Hardware	wysiwyg-Systeme benötigen zur Erfüllung jeder Teilfunktion einen hochauflösenden Bildschirm an jedem Arbeitsplatz. Bei ASCII-Systemen ist dies nicht der Fall.
Schreiben	Bei wysiwyg-Systemen (kann) muß die Darstellung des Textes kontrolliert werden. Dadurch sind wysiwyg-Systeme besser geeignet, kurze Dokumente, bei denen es entscheidend auf die Geometrie des Satzes ankommt, zu erzeugen. Für den Buchsatz, bei dem im wesentlichen die Formatierung, die Schriftart und die Schriftgröße festliegen, ist die über den Quelltext mögliche Kontrolle in jedem Falle ausreichend. TEX führt auch eine genaue, digitale Kontrolle über alle Zeilenumbrüche durch. Diese werden absatzweise vom System automatisch vorgenommen. Wenn dieser automatische Umbruch in Einzelfällen nicht gelingt, wird dies protokolliert. Das Protokoll enthält dann eine Nachricht, aus der man z.B. unmittelbar erkennen kann, daß eine Zeile um 1.4 pt zu lang ist. Dies kann visuell auch bei Benutzung von hochauflösenden Bildschirmen nicht einfach festgestellt werden.

Bedienung	Das ASCII-System ist leicht zu bedienen, weil keine anderen Tasten bedient werden müssen. Auch bei geringen Änderungen der Steuerungen von einem Absatz zum anderen ist das ASCII- System im Vorteil, weil dies durch ganz einfache Steuerbefehle mit wenigen Zeichen bewerkstelligt werden kann, während bei den wysiwyg-Systemen spezielle Tasten oder Funktionen bedient werden müssen.
Graphik	Bei komplexer Graphik — insbesondere beim Freihandzeichnen — sind die wysiwyg-Systeme im Vorteil. Insbesondere, wenn die Systeme durch eine 'Maus' unterstützt werden, können hiermit schnell und sehr bequem Zeichnungen z.B. für Werbezwecke in Texte eingefügt werden. Für das Arbeiten mit einfacher Graphik (gerade Linien, Kreise, Rechtecke, Ovale, Darstellung von Funktionsverläufen), wie sie für den Einsatz in Fachbüchern notwendig ist, sind die ASCII-Systeme mit umfangreichen Makro-Bibliotheken ausgerüstet. Auch hierbei sind wysiwyg-Systeme häufig überlegen. Die ASCII-Systeme gestatten aber in diesem Bereich auch eine hinreichend bequeme Handhabung.
math. Symbole	Hier entfalten die ASCII-Systeme ihre volle Flexibilität. Alle Arten von Zeichen und Darstellungen, die in mathematischen Texten gebraucht werden, werden in vollem Umfang unterstützt, während dies bei wysiwyg-Systemen nicht der Fall ist. Hier kann schon die Darstellung eines Doppelbruchs nur mit Schwierigkeiten möglich sein.

1.4 Unterschiedliche Produktionsziele

Vor Beginn der Textbearbeitung und vor Beginn der Auswahl des zu benutzenden Software-Werkzeuges ist es notwendig, das Projektziel festzulegen. Es handelt sich um ein DV-unterstütztes Projekt. Hier muß immer vor der Auswahl der Werkzeuge fixiert werden, welches Ziel das Projekt haben soll. Im Falle der Textbearbeitung ist festzulegen, welche Produkte mit dem Werkzeug gefertigt werden sollen, und welche Sondereigenschaften hinsichtlich des Satzes das Dokument (Artikel, Buch, Reportage, Zeitungsartikel) haben soll. Es sind viele Projektziele denkbar. Einige Projektziele seien im folgenden genannt.

- Erstellung von Werbeprospekten und Werbebriefen
- Erstellung von Fachskripten und Fachbüchern
- Erstellung von Fachskripten und Fachbüchern mit einfacher Graphik

- Erstellung von Fachskripten und Fachbüchern mit mathematischen Formeln und Gleichungen
- Erstellung von Romanen und Novellen
- Erstellung von Zeitungen und Zeitschriften
- Erstellung von technischen Bedienungsanleitungen mit vielen graphischen Elementen

Unseren weiteren Überlegungen liegt folgendes Projektziel zugrunde.

Projektziel	Es sollen Fachbücher und Fachskripten und Fachzeitungen aus den Bereichen • Datenverarbeitung • Programmierung • DV-Organisation • Mathematik • Betriebswirtschaft produziert werden.

Abbildung 1.2: Projektziel

Daraus ergeben sich für ein Textbearbeitungs-System (Software-Werkzeug), welches hierfür verwendet werden soll, eine Reihe von Anforderungen, die in Abbildung 1.3 als Anforderungskatalog zusammengestellt worden sind. Je genauer ein Dokument und sein Inhalt sowie die Strukturen bekannt sind, die verwendet werden sollen, desto besser lassen sich die Schreibweisen der Quelltexte vereinfachen. Durch Festlegung der zu verwendenden Strukturen wird außerdem erreicht, daß das Dokument nach Fertigstellung einheitlich wirkt. Zu viele Freiheiten in der Wahl der Strukturen (z.B. Einrückungen unterschiedlicher Länge) lassen ein Dokument sehr leicht 'zerrissen' erscheinen. Will man allgemein betriebwirtschaftliche Texte erzeugen, dann kann man nur grobe Strukturen vorbereiten, die das Erzeugen von Quelltexten erleichtern. Ist bekannt, daß es sich um ein Skript handelt, welches im Format DIN A5 erzeugt werden soll, wobei sich der Inhalt des Skriptes mit Warenwirtschaftssystemen befassen soll, dann kann man viel besser Strukturen unterstützen, die beim Schreiben dieses Manuskripts die Arbeit erleichtern.

1. Die Darstellung soll die Weiterverarbeitung bestehender ASCII-Texte ohne Erfassungsaufwand zulassen. Die Darstellung selbst soll allein durch ASCII-Zeichen möglich sein. Damit ist die Erfassung der Quelltexte an allen tastaturorientierten Terminals möglich.
2. Die Darstellung von mathematischen Texten und Texten mit Sonderzeichen aus internationalen Sprachen (z.B. französisch, dänisch, schwedisch, norwegisch, spanisch, griechisch) muß zugelassen sein.
3. Die Verarbeitung von ASCII-Dateien muß möglich sein. Damit können dann aus einem Softwarepaket ASCII-Dateien erzeugt werden (Auswertungen aus einer Datenbank), die von TEX in Satz gebracht werden.
4. Es muß ein ausreichend großer Vorrat von unterschiedlichen Schriftarten in verschiedenen Schriftgrößen vorhanden sein. Hierbei sind sowohl die Anforderungen des Dokuments wie auch der Ausgabegeräte zu beachten.
5. Es müssen einfache Graphiken (gerade Linien, Kreise) systemintern bequem dargestellt werden können. Für in einem Dokument oft gebrauchte graphische Darstellungen wie z.B. hierarchische Darstellung oder Darstellung von Programmablaufplänen muß es möglich sein, abkürzende Darstellungen (Makros) zu verwenden. Es muß die Möglichkeit bestehen, die Ergebnisse eines Graphiksoftware-Pakets in die Texte zu integrieren.
6. Es soll möglich sein, oft verwendete Strukturen (Tabellen, Einrückungen) zu speichern, so daß nicht immer wieder gleiche Strukturen neu geschrieben werden müssen, sondern durch Parameterwahl der jeweiligen Situation angepaßt werden können. Unterschiedliche Seiten-Layouts (z.B. einseitiger und zweiseitiger Satz, DIN A4, DIN A5) sollen durch Parameterwahl festgelegt werden können.
7. Der Anwender muß solche Makros selbst erstellen können. Nur auf diese Weise wird es möglich, das Softwaresystem an die Anforderungen des jeweiligen Dokuments anzupassen. Die Seiten-Layouts müssen vom Anwender auf die jeweiligen Erfordernisse des Dokuments abgeändert werden können.

Abbildung 1.3: Anforderungen an Softwarewerkzeuge

1.5 Die Leistungsmerkmale von TEX

1. TEX ist ein Textbearbeitungssystem auf ASCII-Basis
2. Anweisungen, welche die Struktur festlegen, werden im Quelltext durch besonders gekennzeichnete Commands erzeugt.
3. Mathematische und graphische Symbole sowie Symbole aus anderen Sprachen werden durch spezielle Schreibweisen, die der Umgangssprache ähnlich sind, dargestellt. Mit METAFONT, einem System zur Erzeugung von beliebigen Zeichen und Symbolen sowie ganzen Schriften, steht ein TEX-ähnliches Software-System zur Verfügung, mit dessen Hilfe beliebige Schriften in praktisch jeder Größe konstruiert werden können. (Schriften bis zu einer Größe von 1 inch gehören zu den Standard-Schriften von TEX).
4. Einfache Graphik (gerade Linien, Kreise, Ovale) sind im Rahmen der Sprache darstellbar.
5. Die aus der Anwendung von Graphikpaketen wie z.B. t-jet der Firma DATAPAT, München, resultierenden Zeichnungen können in die Texte integriert werden.
6. Die aus einem Pixel-Editor erzeugten Scannerdatenformate (Anschluß eines Bild-Scanners) können ebenfalls integriert werden.
7. TEX gestattet die Erzeugung und Abspeicherung von Makros für häufig wiederkehrende Strukturen.
8. Die für TEX konzipierte Steuersprache enthält z.B. folgende Statementklassen
   - Einlesen und Ausgeben von Dateien, Übertragen
   - Addieren, Subtrahieren, Multiplizieren, Dividieren
   - Bedingte Ausführung von Operationen (if then else)
   - Wiederholte bedingte Ausführung (loop)

Bei der Auswahl eines Softwarewerkzeugs zur Erstellung von Buch- und Zeitungssatz ist darauf zu achten, daß dieses Werkzeug möglichst eine Ergänzung bereits in einem Standard-Betriebssystem (z. B. MS-DOS oder UNIX) vorhandener Softwarewerkzeuge darstellt. Aus Gründen der effektiveren Nutzung von Software-Werkzeugen ist es sicherlich sinnvoll, ein Werkzeug zu wählen, bei dem bereits vorhandene Systemprogramme — wie der Editor — wieder genutzt werden können. Auf diese Weise können Kenntnisse und Fertigkeiten, die z.B. beim Erstellen von Quellprogrammen bereits erworben worden sind, genutzt werden.

Andererseits sollen vorhandene Softwarepakete in der Lage sein, die Softwaretechnik automatisch zu produzieren. So soll es also möglich sein, daß ein Datenbanksystem einen Report produziert, in dem die Satztechnik automatisch integriert ist. Damit könnte die Datenbank durch Standardtechniken (Report) Listen im Buchsatz automatisch erstellen.

Zusammenfassung: TEX ist ein Textbearbeitungs-System, das wegen der Nutzung von DV-technischen Begriffen und Techniken eine Sprache darstellt, die in vielen Bereichen einsetzbar ist. Die Steuersprache ist sehr flexibel. Auf diese Weise sind alle Strukturen, die im Zeitungs- und Buchsatz vorkommen, erzielbar. Eine große Anzahl von Strukturen ist aber z.B. durch LATEX, ein Standard-Makro-Paket zugänglich. Das System hat eine offene Schnittstelle zu Graphikpaketen.

1.6 Beispiele für TEX-Strukturen

In TEX sind sehr viele Strukturen vorbereitet. Diese gestatten eine bequeme Schreibweise von Texten auch dann, wenn es sich nicht um Fließtext handelt. Diese Strukturen sind durch Makros vorbereitet. Hierbei versteht man unter einer Makro einen Command, der aus mehreren primitiven Commands aufgebaut ist. Die Makros können mit Hilfe von Parametern auf den jeweiligen Anwendungsfall zugeschnitten werden.

1.6.1 Tabellen

Ein wichtiges Element zur übersichtlichen Darstellung von Sachverhalten ist die Tabelle. Als Beispiel einer mit TEX konstruierten Tabelle diene die folgende Abbildung.

	Umsatz in Mio. DM			
Bereich	1.Quartal	2.Quartal	3.Quartal	4.Quartal
Software	1.2	1.1	0.4	1.6
Hardware	5.4	6.8	9.3	2.6
Beratung	2.1	1.8	2.4	1.6

Hierbei sollte noch gesagt werden, daß die Spalten zentriert oder linksbündig oder rechtsbündig geschrieben werden können. Die Spalten können auch aus Text bestehen, der zeilenweise — innerhalb der Spalten — umgebrochen wird.

Die Spaltenüberschriften können über eine Spalte oder über mehrere Spalten gehen.

Es sind dicke und dünne Linien zur Abgrenzung der Spalten und der Zeilen möglich.

1.6.2 Einfache Strukturen

Unter einfachen Strukturen versteht man z.B. Einrückungen.

> Dieser Text ist eingerückt. Hierbei ist der Betrag der Einrückung durch den Anwender beeinflußbar. Zum einen wird eine Standard-Einrückung bei Festlegung der Stilart bestimmt. Es kann aber von Fall zu Fall ein neuer Betrag durch den Anwender durch Setzen eines Parameters bestimmt werden. (Vorsicht: Häufige Änderungen lassen das Dokument leicht unruhig erscheinen!)

Nun kehren wir wieder zum normalen Rand zurück. Es soll gezeigt werden, daß man Aufzählungen unterschiedlich mit einer vorbereiteten Struktur darstellen kann.

1. Die einzelnen Elemente werden numeriert.
2. Die einzelnen Elemente werden besonders gekennzeichnet.
3. Die Element werden nur eingerückt.

Wählt man die zweite Form, dann kann z.B. folgende Darstellung entstehen.

- Die einzelnen Elemente werden numeriert.
- Die einzelnen Elmente werden besonders gekennzeichnet.
- Die Element werden nur eingerückt.

1.6.3 Graphik

Um die Graphikfähigkeit des TEX-Systems zu demonstrieren zeigen wir im folgenden eine hierarchische Darstellung mit beschrifteten Rechtecken, geraden Linien und Pfeilen.

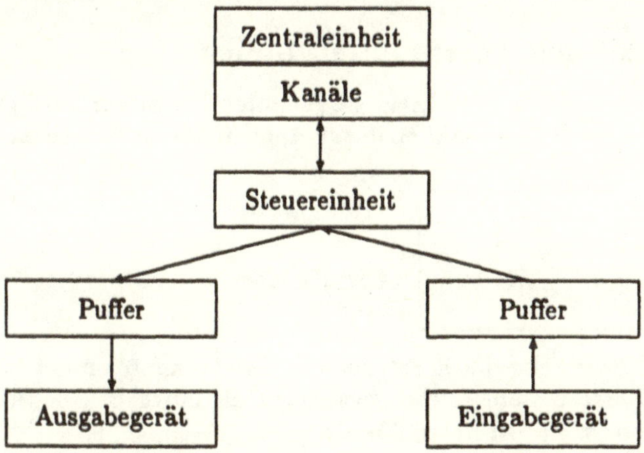

Wenn bekannt ist, daß eine bestimmte Klasse von Graphik verlangt ist, dann kann man entsprechende Makros schreiben, welche dann die Darstellung in dem eingeschränkten Bereich sehr erleichtern. Anstelle die einzelnen geometrischen Grundelemente wie Gerade und Kreis durch Commands aufzurufen, stehen dann Makros für 'Abfrage', 'Sequenz', 'Trennstelle' und die anderen Elemente eines Programmablaufplans zur Verfügung. Diese sind dann noch durch die Parameterwerte (geometrische Lage der Kästchen, Text in den Kästchen) einzutragen. Dies ist für Darstellung von Programmablaufplänen bereits geschehen. Das Beispiel einer Anwendung wird im folgenden Bild dargestellt.

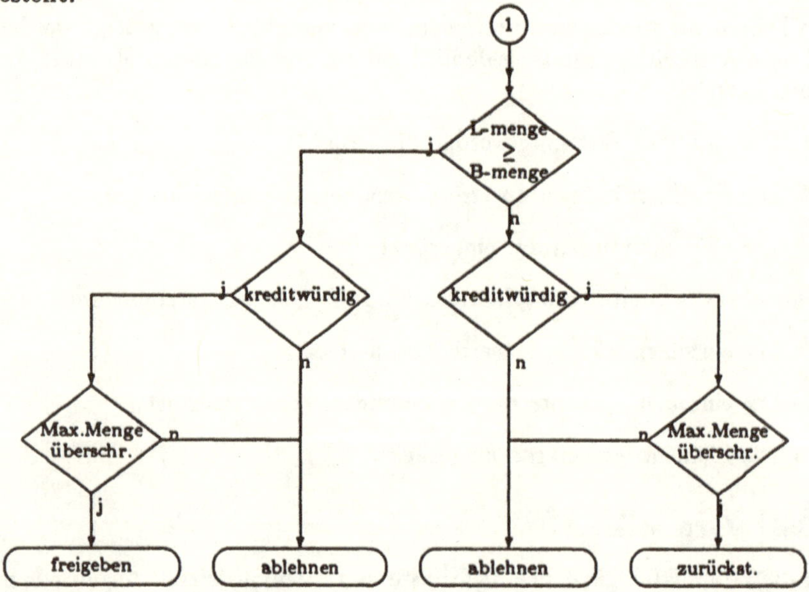

1.6.4 Graphik mit gekrümmten Linien

In TEX steht auch Graphik mit bliebig gekrümmten Linien zur Verfügung. Hierbei werden intern Bezier-Funktionen zur Approximation verwendet.

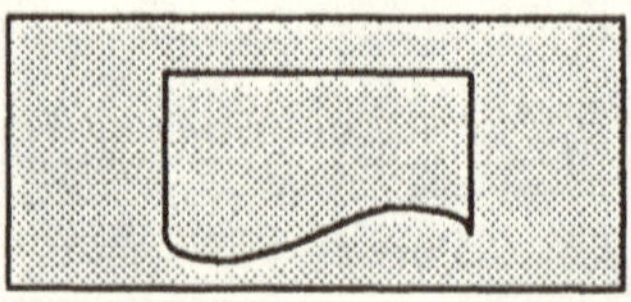

Ausgabe einer Liste

(Die Kurve wird stückweise durch Polynome 3. Grades approximiert.) Man erreicht dadurch eine bessere Zeichengenauigkeit als durch den optimalen Einsatz eines handelsüblichen Kurvenlineals.

Hierbei wurde die Zeichnung selbst durch ein unterlegtes Grau besonders hervorgehoben.

1.6.5 Schriften

Das TEX-System enthält einen großen Schriften-Vorrat. Die Schriften reichen von einer sehr kleinen Schrift

Das ist die kleinste Schrift

bis zu einer sehr großen Schrift

UNIX

Die Schrift kann aber auch in ihrer Schriftart verändert werden, so gibt es die Schriftart 'bold' (fett)

Das ist fette Schrift

oder die Schriftart 'slanted' (Schrägdruck)

Das ist Schrift in Schrägdruck

Weitere gebräuchliche Schriften sind

italics	*Das ist Schrift in italics*
small caps	DAS IST SCHRIFT IN SMALL CAPS
sans serif	Das ist Schrift in sans serif

Dies sind die 'Standard-Schriften' von TEX. Zusätzlich sind in TEX noch eine Reihe von 'Spezial-Schriften' vorhanden, die in speziellen Anwendungen, z.B. zu einer besonderen Hervorhebung oder in einer besonderen Überschrift, verwendet werden können. Wie die Standard-Schriften existieren diese Spezial-Schriften in mindestens 5 verschiedenen Schriftgrößen.
Weiter gibt es noch 'Einzel-Schriften'. Diese wurden konstruiert, um zu demonstrieren, welchen Einfluß die Abänderung eines einzelnen Parameters in der Schrift auf die Schriftform hat. Jede dieser Einzel-Schriften existiert in TEX nur in einer Größe.
METAFONT ist ein System, mit welchem der Anwender selbst spezielle Schriftfamilien (Schriften in 5 Schriftgrößen) konstruieren kann. Dabei kann man so vorgehen, daß man lediglich für eine vorhandene Schrift gewisse Parameter verändert und auf diese Weise eine neue Schrift erzeugt, oder man

kann auch eine gesamte neue Schrift (256 Zeichen) konstruieren. Mit Hilfe von METAFONT ist auch die Konstruktion von Firmen-Logos möglich. METAFONT ist also ein ganz allgemeines Basis-Werkzeug zur Erzeugung von Schrift.
Als Beispiel einer solchen Einzel-Schrift seien die calligraphischen Buchstaben genannt. Hier ist das Bild:

$$\mathcal{WORT}$$

Eine Besonderheit von TEX ist die mühelose Behandlung von mathematischem Text.
Dabei ist es gleichgültig, ob es sich um die Behandlung von Subskripten und Superskripten handelt wie in der folgenden Formel

$$x_1^2 + x_2^2 = R^2$$

oder um die Behandlung von Brüchen und Doppelbrüchen

$$z = \frac{x+y}{1+\frac{y}{x+1}}.$$

Auch die Verwendung von typischen mathematischen Zeichen ist möglich, wie man an der folgenden Formel sehen kann

$$\Phi(x) = \frac{1}{2\pi} \int_{-\infty}^{x} e^{-1/2x^2}$$

Die Gleichungen können numeriert werden. Die Gleichungen können mit einem internen Label versehen werden. Es ist jederzeit möglich, sich im Text mit Hilfe dieser Labels auf eine Gleichung zu beziehen. TEX setzt dann die Gleichungsnummer ein. Auch sehr spezielle Darstellungen wie

$$\underbrace{a_1 + \overbrace{a_2 + \cdots + a_{14}}^{13} + a_{15}}_{15}$$

sind ohne weiteres möglich.
Ganz allgemein kann gesagt werden, daß alle Zeichen vorhanden sind, die zum Setzen von mathematischen Texten notwendig sind. Hierzu gehören ebenso $\Longleftarrow$ und $\Longrightarrow$ wie auch $x = y \leadsto y = x$. Selbstverständlich sind auch alle logischen Operationen $\wedge, \vee$ und $\bar{a}$ vorhanden.

Auch das Setzen von Text mit speziellen Zeichen aus anderen internationalen Sprachen bereitet keine Schwierigkeit. Hierfür sind garçon und smørbrød sowie señor Beispiele, die noch beliebig erweitert werden könnten.

Kapitel 2

TEX– Grundlagen

2.1 Konzept und Realisierungen

Donald E. Knuth entwickelte in den 80er Jahren an der Stanford University das Textbearbeitungs-System TEX. Der Name TEX, der als Logo verwendet wird, steht für das griechische $\tau\varepsilon\chi$ (Abkürzung von $\tau\varepsilon\chi\nu\eta$ [techni]= Kunst, Geschick, Handwerk).
Noch eine Bemerkung zur Aussprache. Wegen seiner griechischen Herkunft wird TEX auch so gesprochen, daß das X wie χ gesprochen wird. (Sprich: TEX wie Tech – und nicht wie Tex).

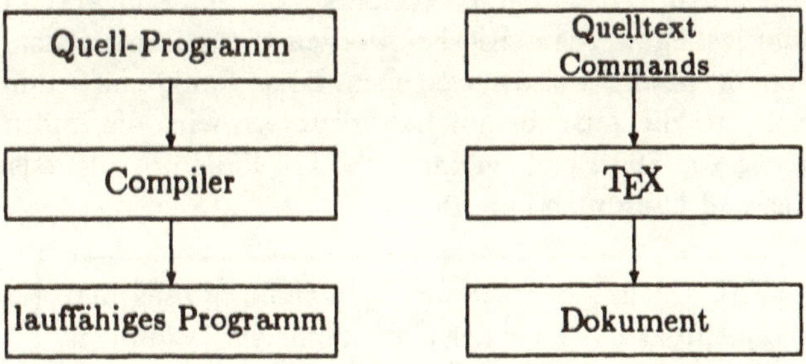

Abbildung 2.1: Programmierung — TEX

Betrachtet man das TEX-System vom Standpunkt der Datenverarbeitung, so handelt es sich um eine Sprache. Die Elemente der Sprache sind die Commands (Befehle). Diese legen fest, wie die Texte zu strukturieren sind. Damit erhält man den in Abb. 2.1 dargestellten Zusammenhang zwischen Programmierung und Textbearbeitung.
Vom Anwender wird ein Quellmodul erstellt. Dieser Modul enthält sowohl den eigentlichen Text wie (in Form einer Steuersprache) alle Anweisungen, die die Struktur des Textes bestimmen.

Der Quellmodul wird "übersetzt". Dies bedeutet, daß die Texte in die durch die Steuersprache festgelegte Struktur gebracht werden. Die Steuersprache besteht aus Commands. Diese legen z.B.

- das Seiten-Layout (Höhe und Breite der Seite, Layout des Seitenkopfes, Stand der Seitennummer)
- Wahl der Schriftart und Schriftgröße
- Strukturierung des Textes

fest.
Die Commands werden durch Parameter näher erläutert. Commands sind durch vorangestellten \ gekennzeichnet. Sowohl Texte wie auch Commands werden sämtlich durch Zeichenfolgen aus ASCII-Zeichen (mit einer Standardtastatur darstellbare Zeichen) gebildet.
Beispiel für einen Command: `\noindent`
(Bedeutung: Der nachfolgende Text soll ohne Paragraph-Einzug geschrieben werden.)
Manche Commands benötigen Parameter. Diese werden im allgemeinen in [ ] oder { } eingeschlossen den Commands hintenangestellt.
Beispiel für einen Command mit Parameter: `\vspace{1cm}`
(Bedeutung: Es soll ein vertikaler Leer-Raum von 1 cm erzeugt werden.)
Das Dokument ist eine Datei, die satztechnisch aufbereitet zur Verfügung steht. Diese kann mit Hilfe eines "Treibers" auf ein Endgerät (z.B. Laser-Drucker) ausgegeben werden. Hierbei werden die Informationen nicht zeichenweise sonder 'punkt'-weise ausgegeben. Diese Punkte heißen in der Fachsprache Pixel. Für die Ausgabe auf Laserdruckern wird die Information mit einer Auflösung von 300 Pixel per inch (ca. 118 Pixel pro cm) ausgegeben.
Zusammenfassend kann man sagen:

> TeX erzeugt durch eine 'Umwandlung' aus dem Quelltext mit Hilfe der Commands ein Dokument, das aus Pixel-Informationen aufgebaut ist.

Der große Vorteil von TeX ist darin zu sehen, daß eine große Anzahl von primitiven Commands in TeX existieren. Diese sind von Donald E. Knuth unter dem Namen **Plain-TeX** zusammengefaßt worden.
Viele Autoren haben dieses Plain-TeX erweitert. Dies ist deshalb so einfach, weil TeX die Gestaltung von neuen Commands für jeden Benutzer sehr einfach zuläßt. Diese gestalteten Commands heißen **Makros**. Mit der Zeit sind eine Reihe solcher Makros, zu Makropaketen zusammengefaßt, geschrieben worden. Die Makropakete sind entstanden, weil der Komfort von TeX beträchtlich erhöht werden kann, wenn man Texte aus einem eingeschränkten Anwendungsbereich bearbeiten will. Meist beschränkt man sich dann beim

Schreiben auf einige wenige Strukturen, die in dem gerade zu entwickelnden Dokument häufig vorkommen, und konstruiert hierfür komfortable Makros. So gibt es z.B. Makros für die immer wiederkehrende Aufgabe tabellarische Darstellungen satztechnisch richtig zu beschreiben. Oder es wurden Makros geschaffen, um die Aufgabe Programmablaufpläne darzustellen, übersichtlich und in der Darstellung des Quelltextes bequem und nicht fehleranfällig zu lösen.
Zwei Makropakete haben in letzter Zeit eine besondere Bedeutung erlangt, so daß sie zum Standard gezählt werden können.

LATEX Leslie Lamport hat Makros geschaffen, welche hauptsächlich für das Schreiben von Artikeln, Berichten und Fachbüchern konstruiert wurden. Viele Strukturen wie z.B. die Einteilung der Seite, die Seitennumerierung, die Zwischenräume zwischen den Absätzen, die Einteilung des gesamten Dokuments und die Festlegung der Größe der Überschriften von Kapitel, Abschnitt, Unterabschnitt, Unterunterabschnitt und Paragraph und vieles andere mehr sind (änderbar) festgelegt. Weil dies einem sehr allgemeinen Anspruch entspricht, haben wir uns diesem Standard angeschlossen. Einige zusätzliche Makros, von denen wir festgestellt haben, daß sie das Makropaket von Leslie Lamport noch schlagkräftiger und allgemeiner einsetzbar machen, haben wir in einem zusätzlichen Makropaket makro.tex zusammengefaßt.

*AMS*TEX Das von der amerikanischen mathematischen Gesellschaft geschaffene Makro-Paket gestattet eine besonders komfortable Beschreibung von mathematischen Texten. Hierbei handelt es sich aber um solche mathematische Texte, die mit sehr vielen mathematischen Sonderzeichen zu schreiben sind, so daß man von Texten in mathematischer Sprache reden kann. TEX selbst und erst recht LATEX lassen die Darstellung von mathematischen Schreibweisen zu, wenn keine extremen Anforderungen gestellt werden.

Die Realisierung von TEX ist auf vielen EDV-Systemen und Betriebssystemen erfolgt. Die verwendeten Sprachen sind Pascal oder C. Für IBM-kompatible PC's unter dem Betriebssystem MS-DOS sind zwei Realisierungen erhältlich. Die eine heißt Mikro-TEX (C-Realisierung), die andere PC-TEX (Pascal-Realisierung).
Auf UNIX-Systemen sind mehrere Realisierungen bekannt. Im Jahre 1987 hat die Firma Datapat in München eine Version für UNIX-Systeme verschiedener Hersteller erstellt. Diese Version von TEX liegt diesem Buch zugrunde.
Bevor die Systeme vertrieben werden können, werden sie einem von Donald E. Knuth entwickelten Test unterworfen. Nur die Systeme, die diesen Test bestehen, dürfen unter dem Namen TEX vertrieben werden.

Bei allen Realisierungen handelt es sich im Grunde um Realisierungen von Plain-TEX. Da es sich bei den Makro-Paketen um ASCII-Dateien handelt, sind alle Makro-Pakete unter den einzelnen Realisierungen so kompatibel wie ASCII-Dateien.

2.2 Zeichen in TEX

Texte sind aus Zeichen aufgebaut. In TEX gibt es folgende Zeichenarten.

Buchstaben	A, B, C, ... , Z, a, b, c, ... , z
deutsche Zeichen	Ä, Ö, Ü, ä, ö, ü, ß
Ziffern	0, 1, 2, 3, 4, 5, 6, 7, 8, 9
Sonderzeichen	. : ; , ! ' ' ( ) [ ] - / *
Spezialzeichen	# $ % & ~ _ ^ \ { }
math. Zeichen	+ = | <>
Bindestriche	-(in Worten) –(für Zahlbereiche) , —(Parenthese)

Abbildung 2.2: zugelassene Zeichen

2.2.1 Schreibregeln

Es gelten die im folgenden genauer aufgeführten Schreibregeln

1. Buchstaben, Ziffern und Sonderzeichen werden ohne jede Veränderung geschrieben.
2. Für deutsche Sonderzeichen (Umlaute und ß) gelten die in Abb. 2.3 zusammengefaßten Schreibregeln.

   Zur Realisierung dieser komplizierten Schreibweise gibt es zwei Ansätze.

   2.1 Bei 8-Bit-Terminals (z.B. alle PC's): Es werden alle Umlaute und ß ungeändert geschrieben. Nach der Erstellung des Quelltextes wird dieser durch ein Programm tr < name > umgesetzt und dieser umgesetzte Quelltext der TEX-Umwandlung übergeben.

   2.2 Bei 7-Bit-Terminals (z.B. alle UNIX-Systeme): Funktionstasten werden mit den deutschen Sonderzeichen beschriftet. Sie werden dann so belegt, daß durch Funktionstaste allein die für den kleinen Buchstaben geltende Sequenz aus der obigen Tabelle eingesetzt wird, während

Für	**ist zu schreiben:**
ä	`ä`
ö	`ö`
ü	`ü`
Ä	`Ä`
Ö	`Ö`
Ü	`Ü`
ß vor Leerzeichen	`\ss\`
ß sonst	`\ss`

Abbildung 2.3: Schreibregeln

Hochstellung – Funktionstaste die Sequenz für den entsprechenden großen Buchstaben liefert. Eine Funktionstaste wird für ß mit folgendem Leerzeichen und die Hochstellung dieser Funktionstaste für ß mit folgendem Zeichen, welches nicht das Leerzeichen ist, verwendet.

3. Spezialzeichen müssen durch vorangestellten \ besonders gekennzeichnet werden. (Also z.B. `\%` oder `\&`)

4. Mathematische Zeichen müssen in `$` eingeschlossen werden. (Also z.B. x `$<$` 1)

5. Bindestriche werden folgendermaßen geschrieben

   `-` für Bindestrich in Worten (z.B.EDV-System)

   `--` für Zahlbereiche (z.B. 3 – 4 Leute)

   `---` für Parenthese (z.B. TEX — das hier behandelte Textbearbeitungssystem — ist sehr flexibel.)

Will man verhindern, daß z.B. Namen beim Zeilenumbruch auf zwei Zeilen geraten, dann hat man `~` in die Zwischenräume einzufügen. Beispielsweise ist dann `Lothar~Schumann` zu schreiben, um zu erreichen, daß dieser Name als Ganzes betrachtet wird.

Will man ein Leerzeichen erreichen, dann kann stets \ geschrieben werden. Schreibt man `\verb*+\ +`, so erhält man das Zeichen `\␣`.

Aufgabe 1 Bitte schreiben Sie folgende Texte.

Diese Arbeit dauert 1 – 2 Minuten.
Die Firma heißt Kühne & Nagel.
“Haben Sie alles richtig verstanden?”

2.3 Seiten-Layout

Leslie Lamport hat in seinem LaTeX Festlegungen für eine parametrisierbare Strukturierung der Seiten in Form von Makros bereitgestellt. Dieser Form der Bearbeitung von Texten und seinen Definitionen wollen wir uns anschließen. Dies geschieht vor allem deshalb, weil die Makros genügend Spielraum für persönliche Strukturierung lassen, zum anderen aber verhindern, daß die persönliche Freiheit in Wildwuchs ausartet.

2.3.1 Definitionen

Realisierte Texte werden **Dokumente** genannt. Für Dokumente werden folgende **Stilarten** unterstützt.

1. article für Artikel (Texte beschränkten Umfangs mit 1–5 Seiten und einseitigem Satz)

2. report für Berichte (Texte mit mehreren Seiten, mit einseitigem Satz, mit einer angemessenen Gliederung)

3. book für Fachbücher (Texte mit zweiseitigem Satz, mit automatischen Seitenüberschriften)

4. skript für Fachskripten in DIN A5 (Texte mit zweiseitigem Satz, mit automatischen Seitenüberschriften, links letzte Abschnittsüberschrift und rechts letzte Kapitelüberschrift)

5. buch für Fachbücher in DIN A4 (Texte mit zweiseitigem Satz, mit automatischen Seitenüberschriften, links letzte Abschnittsüberschrift und rechts letzte Kapitelüberschrift)

Man beachte hierbei, daß für article-style und report-style stets zweiseitiger Satz (Vor- und Rückseite) gewählt werden kann. Für book, skript und buch ist allerdings zweiseitiger Satz fest vorgeschrieben.
Die Gliederung des Dokuments ist hierarchisch. Folgende Stufen sind vorgesehen.

- part Teil (eines Buches)
- chapter Kapitel Numerierung 1
- section Abschnitt Numerierung 1.1
- subsection Unterabschnitt Numerierung 1.1.1
- subsubsection Unterunterabschnitt Numerierung 1.1.1.1
- paragraph Paragraph keine Numerierung — Fettdruck — auf gleicher Zeile weiter

Gliederungsstufe	article	report	book, skript, buch
Part	—	—	X
Chapter	—	—	X
Section	X	X	X
Subsection	X	X	X
Subsubsection	X	X	X
Paragraph	X	X	X
Subparagraph	X	X	X

Abbildung 2.4: Gliederungsstufen bei Stilarten

- subparagraph Unterparagraph keine Numerierung — Fettdruck — auf gleicher Zeile weiter

Die Tabelle 2.4 auf Seite 23 gibt einen Überblick über die Verfügbarkeit der einzelnen Gliederungsstufen in den 3 Stilarten.

2.3.2 Gliederungsstufen

Für die einzelnen Gliederungsstufen gelten folgende Definitionen.

part Teil eines Buches. Diese Einteilung kann bei einem Fachbuch verwendet werden. Hier können einzelne Teile des Dokuments als höchste Stufe gekennzeichnet und numeriert werden. part ist nur bei book, skript oder buch zulässig.

chapter Kapitel eines Buches. Die Kapitel-Einteilung kann für Fachbücher verwendet werden. Sie ist die **zwingend vorgeschriebene** höchste Gliederungsstufe bei den Stilarten book, skript und buch. Die Kapitel werden (automatisch) numeriert. Kapitel beginnen immer auf einer rechten Seite (mit ungerader Seitennummer). Dies kann zur Folge haben, daß eine Seite vor einem Kapitelbeginn leer bleibt. Der Name des Kapitels wird stets auf der rechten Seite eines Buches als Seitentitel angegeben. Diese Angabe unterbleibt jeweils auf der ersten Seite eines Kapitels, bei skript wird sie auch auf der ersten Seite eines Kapitels angegeben.

section Abschnitt. Diese Einteilung kann für alle Stilarten verwendet werden. Beim book style, beim skript style und beim buch style dient die Überschrift des jeweiligen Abschnitts als Seitentitel auf den linken Seiten.

subsection Unterabschnitt. Diese Einteilung kann für alle Stilarten verwendet werden.

subsubsection Unterunterabschnitt. Diese Einteilung kann für alle Stilarten verwendet werden.

paragraph Paragraph. Paragraphen können für alle Stilarten verwendet werden. Die Paragraphen-Überschrift wird fett gedruckt. Die zugehörigen Texte werden nicht abgesetzt. Die Paragraphen-Überschrift beginnt gleichzeitig einen neuen Textabsatz, in dem sie aber außer der Tatsache, daß sie in Fettdruck gesetzt wird, nicht weiter abgehoben wird.

subparagraph Unter-Paragraph. Die Stufe Unter-Paragraph kann für alle Stilarten verwendet werden. Die Überschrift wird in Fettdruck gesetzt. Die zugehörigen Texte werden nicht abgesetzt. Die Überschrift beginnt gleichzeitig einen neuen Textabsatz, in dem sie aber außer der Tatsache, daß sie in Fettdruck gesetzt wird, nicht weiter abgehoben wird. Die Unter-Paragraphen unterscheiden sich nicht von den Paragraphen. Lediglich, wenn man die Numerierungstiefe hoch setzt, kann man erreichen, daß sich die Unter-Paragraphen durch eine höhere Numerierungstiefe von den Paragraphen unterscheiden.

2.4 Commands zur Erzeugung eines Dokuments

Ein Dokument besteht aus einer **Präambel** und aus einem **Dokumentenkörper**.

In der Präambel werden grundsätzliche Strukturierungen festgelegt. Hier wird z.B. entschieden, ob mit Absatz-Einzug gearbeitet wird oder nicht, welche Form der Seitennumerierung (arabisch, römisch) gewählt wird und welche Makropakete verwendet werden sollen. Es wird auch über die Stilart (article, report, book, skript, buch) entschieden.

Der Dokumentenkörper enthält den Text des Dokuments.

2.4.1 Grundsätzlicher Aufbau eines Dokuments

In der Abb. 2.5 auf Seite 25 wird der grundsätzliche Aufbau eines Dokuments dargestellt. Als Beispiel ist der skript-style ausgewählt. Diese Stilart wird diejenige sein, die in diesem Skript vorrangig gewählt wird. Zu den verwendeten Commands werden noch die folgenden Anmerkungen gemacht.

`\documentstyle{book}` Durch diesen Command wird die Stilart des Dokuments festgelegt. Es sind die Stilarten book, report, article, skript, buch mit gewissen Optionen zugelassen.

```
\documentstyle{skript}
\begin{document}

              Steuerung der Strukturierung
                          und
                   Text des Dokuments

\end{document}
```

Abbildung 2.5: Grundsätzlicher Aufbau documentstyle skript

`\begin{document}` Durch diesen Command wird der Anfang des Dokuments angezeigt.
`\end{document}` Durch diesen Command wird das Ende des Dokuments angezeigt.

2.4.2 Texte in Dokumenten

Der Text wird ohne Berücksichtigung von Zeilenumbrüchen geschrieben. Es ist also völlig gleich, ob die Zeilen einigermaßen im Block geschrieben werden oder ob z.B. jedes Wort auf eine Zeile geschrieben wird. Es ist auch gleichgültig, wieviel Zwischenraum (Leerstellen) zwischen den einzelnen Wörtern gelassen wird.
Leerzeilen (und nur diese) erzeugen einen Absatz. Hierbei ist es wieder gleichgültig, wieviele Leerzeilen gelassen werden. In jedem Falle wird zwischen dem Text, der vor den Leerzeilen steht und dem Text, der nach den Leerzeilen steht, ein Standard-Absatzabstand gelassen.

TEX erzeugt aus den eingegebenen Texten stets einen Blocksatz.
Silbentrennung wird automatisch durchgeführt. Das eingebaute Silbentrennungspaket arbeitet nach dem Muster-Verfahren. Es sind viele Muster von Silbentrennungen gespeichert. Die richtige Silbentrennung wird durch Vergleiche gefunden. Jederzeit kann eine bestimmte mögliche Silbentrennung vorgegeben werden. Hierfür ist die Zeichenkombination `\-` zu verwenden. So könnte man also schreiben `'Sil\-ben\-tren\-nung'`, um zu erreichen, daß dieses Wort an jeder der angegebenen Stellen getrennt werden kann oder auch ungetrennt in den Blocksatz eingefügt wird.
Es wird vom System versucht, alle Absätze dadurch in gut lesbaren Blocksatz zu verwandeln, daß die Zwischenräume zwischen den einzelnen Wörtern variiert werden. Wenn dies auch mit Hilfe der Silbentrennung nicht gelingt, dann entstehen bei der Übersetzung Warnings

Overfull hbox oder **Underfull hbox**.

Bei Overfull hbox (hbox = horizontal box) wird der Absatz durch Angabe der Zeilennummern (Anfang – Ende) sowie der Überhang in pt (72.27 pt = 2.54 cm) angegeben. Das Bearbeitungsverfahren besteht dann einfach darin, daß in diesem Absatz Text in der Größenordnung des Überhanges durch Umgestaltung des Textes entfernt werden muß.
Bei Underfull hbox wird der Absatz durch Angabe der Zeilennummern (Anfang – Ende) gekennzeichnet. Der Grad der Unterbesetzung wird durch eine penalty angegeben. Hier handelt es sich um einen Wert zwischen 0 (keine Underfull box) und 10000 (leere Zeile). Das Bearbeitungsverfahren besteht dann einfach darin, daß der Absatz so umgestaltet werden muß, daß der Block besser gefüllt ist.

2.5 Ein einfacher Text

Mit den bereits bekannten Techniken und Commands soll nun ein beispielhafter Text geschrieben werden. Es wird zunächst — im article-style — der Text so dargestellt, wie er vom Anwender zu schreiben ist.

```
\documentstyle{article}
\begin{document}
Normalerweise erstellt ein Autor ein Manuskript.  Er
oder ein spezieller typographischer Designer legt ---
meist durch Angabe von Steuerzeichen in Farbe oder am
Rand des Manuskripts --- die Formatierung des
Manuskripts fest.  Hierbei wird das Seitenformat
(Zeilenbreite und Zeilenzahl auf der Seite) fixiert.
Es wird die Stilart bestimmt.  Es wird bestimmt,
wieviel Zwischenraum von einem Absatz zum anderen
verwendet werden soll.
Es werden eine Reihe von Instruktionen festgehalten, an
die der Setzer sich zu halten hat.  Der Setzer
entscheidet im Rahmen dieser Richtlinien, wo die
einzelnen Textelemente ihren Platz auf der Seite
finden.  Der Setzer produziert bei normalem
Setzverfahren aus dem Satz eine Metall-Matrize, woraus
die einzelne Seite erzeugt wird.
Heute gehen wir anders vor.  An Stelle der
Metall-Matrize verwenden wir eine Datei.  \LaTeX\ ist
der typographische Designer und \TeX\ ist der Setzer.
Die \LaTeX-Commands werden dabei in
\TeX-Typensatz-Commands umgewandelt, dieses sind
primitive (d.h.  unzerlegbare) Commands zur Erzeugung
von Typensatz.
\end{document}
```

Dies produziert den folgenden Text.

Normalerweise erstellt ein Autor ein Manuskript. Er oder ein spezieller typographischer Designer legt — meist durch Angabe von Steuerzeichen in Farbe oder am Rand des Manuskripts — die Formatierung des Manuskripts fest. Hierbei wird das Seitenformat (Zeilenbreite und Zeilenzahl auf der Seite) festgelegt. Es wird die Stilart bestimmt. Es wird bestimmt, wieviel Zwischenraum von einem Absatz zum anderen verwendet werden soll.
Es werden eine Reihe von Instruktionen festgehalten, an die sich der Setzer zu halten hat. Der Setzer entscheidet im Rahmen dieser Richtlinien, wo die einzelnen Textelemente ihren Platz auf der Seite finden. Der Setzer produziert aus dem Satz eine Metall-Matrize, woraus die einzelne Seite erzeugt wird.
Heute gehen wir anders vor. An Stelle der Metall-Matrize verwenden wir eine Datei. LATEX ist der typographische Designer und TEX ist der Setzer. Die LATEX-Commands werden dabei in TEX-Typensatz-Commands umgewandelt, dieses sind primitive (unzerlegbare) Commands zur Erzeugung von Typensatz.

2.6 Zusätzliche Commands und Optionen

2.6.1 Zusätzliche Commands

Im Beispiel-Text wird das Logo TEX verwendet. Vergleicht man Eingabetext und Ausgabe, so sieht man, daß man zur Erzielung des Logos `\TeX` schreiben muß. Eine Kleinigkeit ist hierbei noch zu beachten. Das Logo beinhaltet nicht ein hintenangestelltes Leerzeichen. Wenn dies gewünscht wird, ist an das Logo noch `\ ` anzufügen.
Und es soll auch noch erwähnt werden, daß das ganze Skript mit dem in der Präambel (vor `\begin{document}`) abgesetzten Command

```
\parindent=0cm
```

arbeitet. Gibt man diesen Command nicht an, dann wird — wie in der amerikanischen Literatur üblich — bei jedem Absatz ein 'Absatz-Einzug' durchgeführt. (Die erste Zeile des Absatzes beginnt ca. 5 mm eingerückt.) Diese zusätzliche Methode der Absatzhervorhebung wird auch in Deutschland mehr und mehr üblich. (Beachten Sie bitte hierzu z.B. die Springer-Presse.)

2.6.2 Optionen des document-style

Der Command `\documentstyle{art}` wurde im vorigen Abschnitt behandelt. Seine endgültige Form lautet:

`\documentstyle` [$option_1, option_2, ..., option_n$]`{art}`

Folgende Stilarten sind zulässig.

article report book skript buch einseit

Die Normalschrift ist 10 pt Roman. Diese Schrift wird auch in diesem Skript verwendet. Werden keine Optionen angegeben, dann wird als Schrift stets 10 pt Roman verwendet.

11pt	11pt Roman Schrift
12pt	12pt Roman Schrift
twoside	2-seitiger Satz (Vor- und Rückseite)
twocolumn	2-spaltiger Satz
leqno	Gleichungs-Numerierung links
bezier	Gekrümmte Linien

Abbildung 2.6: Optionen

Die anderen Optionen, die in eckige Klammern, durch Kommata getrennt geschrieben werden, haben die angegebene Wirkung.
Erklärungen für die einzelnen Optionen:

11pt Die Standardschriftgröße ist 11 pt Roman. Es wird ein dieser Schriftgröße entsprechendes Seitenlayout gewählt. Das betrifft z.B. die Höhe von Kopf und Fuß der Seite.

12pt Die Standardschriftgröße ist 12 pt Roman. Es wird ein dieser Schriftgröße entsprechendes Seitenlayout gewählt. Das betrifft z.B. die Höhe von Kopf und Fuß der Seite.

twoside Der Satz ist zweiseitig. Dies bedeutet, daß der linke Rand der ungeraden Seite mit dem rechten Rand der geraden Seite übereinstimmt und der rechte Rand der ungeraden mit dem linken der geraden Seite. Auf diese Weise sind die Seiten, wenn man sie auf Gegenseiten des gleichen Blattes reproduziert, deckungsgleich.

twocolumn Der Satz wird in zwei Spalten durchgeführt. Bei letzten Seiten (z.B. im Kapitel) wird die linke Spalte bis zum Seitenende gesetzt, die rechte Seite nimmt den Rest des Textes auf.

leqno Normalerweise stehen die (vom System automatisch vergebenen Gleichungsnummern) rechtsbündig auf der Zeile, auf der die zu numerierende Gleichung steht. Durch diese Option wird die Gleichungsnummer linksbündig geschrieben.

bezier Die in TEX vorhandene Graphik beschränkt sich, wie schon gesagt, auf die Darstellung von Geraden und Kreisen. Um nun auch Kurven beliebiger Art darstellen zu können, ist die Option 'bezier' vorhanden. Hierdurch ist es möglich, eine Kurve durch Stücke von Bezier-Polynomen zu approximieren. Hierzu wird eine Kurve in mehrere Stücke eingeteilt. Für jedes Stück sind vorgebbar:

1. der Anfangspunkt durch seine Koordinaten,
2. die Richtung der Tangenten im Anfangspunkt,
3. der Endpunkt durch seine Koordinaten,
4. die Richtung der Tangenten im Endpunkt.

Wählt man den Endpunkt des n-ten Teilstücks als Anfangspunkt des Teilstücks Nummer n+1 und ferner die Richtung im Endpunkt des n-ten Teilstücks gleich der Richtung im Anfangspunkt der (n+1)-ten Teilstücks, dann kann auf diese Weise ein Kurvenzug konstruiert werden, der an jeder Stelle der Kurve eine sich stetig ändernde Richtung hat. (Die Kurve hat also keinen 'Knick'.) Diese mathematische Methode entspricht also dem Verfahren, das angewendet wird, wenn man mit einem Kurvenlineal eine Kurve zeichnet. Im Rahmen des Kapitels über Graphik werden wir auf die Konstruktion noch genauer eingehen.

Beispiel: Um im article-style in 11pt zu schreiben und dabei gekrümmte Linien verwenden zu können und wenn zusätzlich zweiseitig, zweispaltig geschrieben werden soll, dann ist

```
\documentstyle[11pt,twocolumn,twoside,bezier]{article}
```

zu schreiben.

Aufgabe 2 Bitte schreiben Sie eine Skizze für ein Dokument, welches ein Bericht werden soll. Es soll eine 11pt Roman Schrift verwendet werden. Es ist vorzusehen, daß die Ausgabe auf Vor- und Rückseite stattfindet.

Aufgabe 3 Was würde sich ändern, wenn der Anwender das Manuskript Abbildung 2.5 auf Seite 26 so geschrieben hätte, daß es maximal 2 inch breit ist?

2.7 Übersicht über alle verfügbaren Stilarten

Es hat sich herausgestellt, daß es zweckmäßig ist, wenn standardmäßig eine Reihe von Stilarten zur Verfügung stehen. Eine Übersicht über alle Stilarten wird in folgender Tabelle zusammengefaßt.

Name	Schrift	Texthöhe	Textbreite	ab Stufe	einseitig	Kopfart
book	10pt	504pt	4.5in	chapter	nein	Schrägdruck
book	11pt	530.4pt	5in	chapter	nein	Schrägdruck
book	12pt	536.5pt	5in	chapter	nein	Schrägdruck
report	10pt	528pt	345pt	section	ja	Schrägdruck
report	11pt	530.4pt	360pt	section	ja	Schrägdruck
report	12pt	536.5pt	390pt	section	ja	Schrägdruck
article	10pt	528pt	470pt	section	ja	Schrägdruck
article	11pt	530.4pt	360pt	section	ja	Schrägdruck
article	12pt	536.5pt	390pt	section	ja	Schrägdruck
skript	10pt	432pt	4.5in	chapter	nein	unterstrichen
skript	11pt	530.4pt	5in	chapter	nein	unterstrichen
skript	12pt	536.5pt	5in	chapter	nein	unterstrichen
buch	10pt	528pt	470pt	chapter	ja	unterstrichen
einseit	10pt	529pt	470pt	section	ja	unterstrichen

Für die Einsatzgebiete der einzelnen styles soll folgende Übersicht hilfreich sein.

book Amerikanisches Buchformat. Das Verhältnis von langer zu kurzer Rechteckseite ist größer als bei DINA5.

report Amerikanisches großes Format zum Schreiben von Berichten geeignet.

article Amerikanisches Format für einzelne Aufsätze.

skript Dieses Format eignet sich zum Entwickeln von Skripten im Format DIN A5.

buch Dieses Format eignet sich zum Entwickeln von DIN A4 großen Büchern z.B. für Bedienungsanleitungen.

einseit Dieses Format eignet sich zum Entwickeln von Einzelartikeln im Format DIN A4.

Die Zahl der Stilarten kann beliebig erweitert werden. Grundsätzlich ist es nicht schwierig, eine neue Stilart zu erzeugen. Es kann aber nicht Aufgabe dieses Lehrbuchs sein, hier weitere Stilarten vorzustellen, weil man im allgemeinen mit den angebotenen Stilarten auskommt.

Aufgabe 4 Bitte schreiben Sie den documentstyle-Command für folgende Anforderungen.

1. Bedienungsanleitung
2. 12pt Schriftgröße
3. Verwendung von Bezier-Stil

Kapitel 3

Schriftformate

3.1 Überblick

In TEX können unterschiedliche Schriftarten in unterschiedlichen Schriftgrößen verwendet werden. Unter einer Schriftart versteht man hierbei die geometrische Gestalt einer Schrift (roman, bold (fett), slanted (Schrägdruck) usw.). Die Schriftgröße ist ein Maß für die Größe der einzelnen Zeichen. Sie wird in pt gemessen.

Eine Schriftart in einer bestimmten Größe (z.B. 10pt) wird eine **Schrift** genannt. TEX enthält zur Zeit 75 Schriften.

TEX bietet grundsätzlich beliebige Schriften an. Das Prinzip der Definition von Zeichen für eine bestimmte Schrift schließt sich dem allgemeinen TEX-Prinzip an. Es gibt eine Reihe von primitiven Commands, mit denen man die geometrische Gestalt der einzelnen Zeichen (im allgemeinen 256 pro Schrift) festlegt. Hierbei werden gewisse Grundparameter verwendet. Dies sichert, daß alle Zeichen einer Schrift zueinander passen und daß unterschiedliche Schriftgrößen durch einfache Vergrößerung aus dem Grundtyp erstellt werden.

Einige Parameter von solchen Schriften sind mit ihrer Bedeutung in Abbildung 3.1 zusammengestellt.

Dies sind nur einige der Parameter, die bei der Definition von Zeichen für bestimmte Schriften nötig sind. Hierfür ist das System METAFONT entwikkelt worden, womit die Entwicklung von Schriften und auch speziellen Logo's möglich gemacht wird.

Wir unterscheiden hierbei unterschiedliche Klassen von Schriften.

1. Standardschriften: In LATEX werden eine Reihe von Schriftarten ausgewählt, die in verschiedenen Schriftgrößen benutzt werden können. Jede der 7 verschiedenen Schriftarten hat einen von Leslie Lamport

body-height	Zeichenhöhe
asc-height	Höhe von Klein-Buchstaben mit Oberlängen (b,d,f)
cap-height	Höhe der Groß-Buchstaben
fig-height	Höhe der Ziffern
x-height	Höhe von Kleinbuchstaben ohne Oberlängen (a,c,e,m)
desc-depth	Tiefe von Kleinbuchstaben mit Unterlängen (g,j,p)
comma-depth	Tiefe des Kommas
math-axis	Mitte der Paranthese
bar-height	Höhe des Bindestrichs

Abbildung 3.1: Zeichen-Parameter

festgelegten symbolischen Namen. Jede Schriftart kann in 10 verschiedenen Größen, die ebenfalls standardisierte Namen haben, gewählt werden. Damit stehen also $7 \times 10 = 70$ verschiedene Standardschriften zur Verfügung. Diese werden in allgemeinen ausreichen, um den Satz für ein Dokument durchzuführen.

2. Zusätzliche Schriften sind Schriften, die den Umfang der Standardschriften erweitern. Sie sind in TEX vorhanden. Jede Schrift (Schriftart + Schriftgröße) erhält vom Anwender einen frei wählbaren Namen. Dadurch wird der Umfang der Schriften fast verdoppelt.

3.2 Standardschriftarten

Die Basis-Schrift ist Roman. Dieses Skript ist in Roman gesetzt. Sollen bestimmte Text-Teile in einer anderen Schrift gesetzt werden, so sind die Text-Teile in geschweifte Klammern {} zu schreiben. Mögliche Schriftarten sind in der folgenden Tabelle übersichtlich zusammengestellt. (Diese Tabelle wird laufend erweitert!)

Schriftart	Text	Command
Roman	Dieser Text ist roman	`\rm`
Bold	**Dieser Text ist bold**	`\bf`
Slanted	*Dieser Text ist slanted*	`\sl`
Sans serif	Dieser Text ist sans serif	`\sf`
Typewriter	`Dieser Text ist Typewriter`	`\tt`
Italics	*Dieser Text ist italics*	`\it`
Small Caps	DIESER TEXT IST SMALL CAPS	`\sc`

Abbildung 3.2: Schriftarten

Wenn keine Festlegung der Schrift vorgenommen wird, ist die Schriftart roman gewählt. Die Schriftgröße ist im documentstyle gewählt. Wenn nichts gesagt wird, ist die Schriftgröße 10 pt.
Auf die Schriftart bold ('fett') kann durch die Angabe von `\bf` übergegangen werden. Diese Schriftart gilt, bis wieder eine neue Anweisung geschrieben wird, die die Schriftart festlegt.
Dieser Satz ist in bold gesetzt. Die Schriftart bold wird solange beibehalten, bis eine andere Schriftart gewählt wird. *Nun ist die Schriftart italics gewählt. Diese wird wiederum solange verwendet, bis im Text wieder eine andere Schrift ausgewählt wurde, z.B. wieder roman durch* `\rm`.
Will man erreichen, daß ein bestimmter Textteil in einer anderen Schriftart gesetzt wird, dann ist dieser Textteil, wie oben bereits ausgeführt, in geschweifte Klammern zu setzen. Schreibt man also

```
Die Bundesrepublik Deutschland ist eine {\bf
parlamentarische Demokratie}.  Der {\bf Bundeskanzler}
bestimmt die Richtlinien der Politik.
```

so erzielt man den folgenden Text:

> Die Bundesrepublik Deutschland ist eine **parlamentarische Demokratie**. Der **Bundeskanzler** bestimmt die Richtlinien der Politik.

Aufgabe 5 Bitte schreiben Sie den folgenden Text
Es ist nicht sinnvoll, immer mal die **Schrift zu wechseln**, um zu zeigen, wieviele *Schriften* im Schriftvorrat sind. Vielmehr soll das Geschriebene **gut lesbar** sein.

3.3 Standardschriftgrößen

Die Schriftgröße wird in pt (=point) gemessen. Hierbei ist 1 pt = 0.35146 mm, 72.27pt = 1 inch. Die Schriftgröße in diesem Skript beträgt 10 pt. Man spricht auch von 10-pt-Schrift. Die Schriftgröße kann mit folgenden Commands verändert werden. Die Auswirkungen der Commands auf die Schriftgröße können aus der Abb. 3.3 entnommen werden.

Aufgabe 6 Bitte schreiben Sie als Entwurf für einen Briefkopf

Klaus Haller KG.
Export und Import von Tee und Kaffee
Schauenburger Allee 9, 2 Hannover 1

Schriftgröße	Text	Command
Tiny	Information	\tiny
Scriptsize	Information	\scriptsize
Footnotesize	Information	\footnotesize
Small	Information	\small
Normalsize	Information	\normalsize
large	Information	\large
Large	Information	\Large
LARGE	Information	\LARGE
huge	Information	\huge
Huge	Information	\Huge

Abbildung 3.3: Schriftgrößen

3.4 Zusätzliche Schriften

Soll in einem Dokument eine 'zusätzliche' Schrift verwendet werden, so ist in der Präambel — oder jedenfalls vor erstmaliger Verwendung der Schrift im Dokument zu schreiben:

```
\font\NAME=SCHRIFTART scaled \magstepN
```

Hierbei bedeuten:

NAME	ein vom Anwender zu vergebender Name
SCHRIFTART	der Name der Schriftart in TEX
N	Vergrößerungsstufe

Damit wird die SCHRIFTART (standardisierte Bezeichnung in TEX) einem Anwendernamen (NAME) zugeordnet. Durch den 'scaling-factor' wird eine Schriftvergrößerung festgelegt. Die Vergrößerungen der Schriften gehen hierbei traditionell in Stufen von 1.2 vor sich. Dies bedeutet:

\magstepN = Vergrößerung 1.2^N

Es sind folgende Vergrößerungsstufen vorgesehen.

Vergrößerungsstufen		
N	magstepN	Faktor
0	magstep0	1.00000
half	magstephalf	1.09545
1	magstep1	1.20000
2	magstep2	1.44000
3	magstep3	1.72800
4	magstep4	2.07360
5	magstep5	2.44832

Wenn N = 0, dann kann die Klausel 'scaled \magstep0' wegfallen.
Die Wirkung der angegebenen Commands zeigen wir an dem Beispiel der Schriftart cmb. Es handelt sich um eine Computer Modern Bold Roman. Sie unterscheidet sich von der Standardschrift `\bf` dadurch, daß die Breite der Schrift (width) nicht erweitert ist. Die Schrift 'läuft nicht so breit' wie die Schrift `\bf`.
Von dieser Schriftart gibt es die Schriftgröße 10pt. Damit heißt die Schrift also cmb10.
Schreibt man nun:

```
\font\bo=cmb10
\font\boh=cmb10 scaled \magstephalf
\font\boe=cmb10 scaled \magstep1
\font\boz=cmb10 scaled \magstep2
\font\bod=cmb10 scaled \magstep3
\font\bov=cmb10 scaled \magstep4
\font\bof=cmb10 scaled \magstep5

{\bo Das ist Vergr\ö\ss erung 1}

{\boh Das ist Vergr\ö\ss erung 1.09545}

{\boe Das ist Vergr\ö\ss erung 1.20000}

{\boz Das ist Vergr\ö\ss erung 1.44000}

{\bod Das ist Vergr\ö\ss erung 1.72800}

{\bov Das ist Vergr\ö\ss erung 2.07360}

{\bof Das ist Vergr\ö\ss erung 2.44832}
```

So erhält man:

Das ist Vergrößerung 1

Das ist Vergrößerung 1.09545
Das ist Vergrößerung 1.20000
Das ist Vergrößerung 1.44000
Das ist Vergrößerung 1.72800
Das ist Vergrößerung 2.07360
Das ist Vergrößerung 2.44832

Hinweis 1: Durch die Vergrößerung z.B. einer 10-pt-Schrift entsteht nur näherungsweise eine zur 12-pt-Schrift äquivalente Schrift. Während die 12-pt-Schrift durch Wahl der geeigneten Werte für die einzelnen Parameter konstruiert wurde, handelt es sich bei der Vergrößerung mit dem Faktor 1.2 um eine reine Skalierung.

Hinweis 2: Um die Übersichtlichkeit der Anwendernamen zu erhalten, wird vorgeschlagen, die einzelnen Vergrößerungsstufen einer Schrift so zu benennen, daß die Schriftart und die Vergrößerungsstufe deutlich werden. Da Ziffern im Anwendernamen nicht zugelassen sind, empfiehlt sich das oben verwendete Verfahren: der Name aller Schriften wird durch die gleiche Zeichenkette eingeleitet (im Beispiel: bo). Die Vergrößerungsstufen werden durch die folgenden Einzelzeichen dargestellt.

Zeichen	Bedeutung
	(scaled \magstep0)
h	scaled \magstephalf
e	scaled \magstep1
z	scaled \magstep2
d	scaled \magstep3
v	scaled \magstep4
f	scaled \magstep5

Die Zeichen entsprechen hierbei den ersten Buchstaben der Ziffern 1 – 5.

3.5 Symbole

TeX gestattet die Darstellung unterschiedlicher Symbole. Eine Auswahl ist in der Tabelle 3.4 zusammengestellt.

ò	\`{o}	õ	\~{o}	ǒ	\v{o}	o̧	\c{o}
ó	\'{o}	ō	\={o}	ő	\H{o}	ọ	\d{o}
œ	\oe	Å	\AA\	æ	\ae	ø	\o
ô	\^{o}	ȯ	\.{o}	o͡o	\t{oo}	©	\copyright
o̲	\b{o}	§	\S	ç	\c{c}	£	\pounds
ö	\ö	ß	\ss				

Abbildung 3.4: Symbole

3.5.1 Symbole aus anderen Sprachen

In der Schrift kommen auch besondere Symbole vor. TEX ist hier sehr flexibel. Für alle vorkommenden Symbole sind Schreibmöglichkeiten geschaffen worden. Das Prinzip ist sehr einfach. Symbole aus anderen Sprachen und Spezialsymbole werden durch einen vorangestellten \ und eine Abkürzung dargestellt. Im folgenden sind hierfür einige Beispiele dargestellt.
Aus der letzten Zeile ist hierbei zu entnehmen, wie die deutschen Umlaute und ß geschrieben werden können. Der Anwender unserer TEX-Realisierung braucht sich hierum nicht zu kümmern. Bei 8-bit-Terminals wird die Umschlüsselung durch ein vorgeschaltetes Umsetzungsprogramm vorgenommen. Bei 7-bit-Terminals werden Funktionstasten mit den entsprechenden Sequenzen belegt, so daß durch **einen** Tastendruck (eventuell mit Hochstellung) die den deutschen Umlauten und ß entsprechenden Sequenzen erzeugt werden.

3.5.2 Spezialsymbole

Auch über die Sprachsymbole hinaus kann TEX noch andere Symbole darstellen. Die Mathematik hat eine große Anzahl von Symbolen vorrätig, die alle auch in TEX verwendet werden können. Mathematische Symbole werden in dem Kapitel "Mathematischer Satz" behandelt. Soweit es sich aber um Symbole handelt, die auch in der Datenverarbeitung oder Organisation sowie im allgemeinen Sprachgebrauch verwendet werden, sollen sie hier angegeben werden.
Zur Schreibweise bei diesen Symbolen ist zu beachten, daß sie nur dann gültig sind, wenn sich das System im mathematischen Satz befindet. Aus diesem Grunde müssen die Symbole in $ eingeschlossen werden. Es ist also zu schreiben **$\abk$**, und hierbei ist für das Symbol **\abk** die entsprechende Abkürzung zu verwenden.

Es wird davon ausgegangen, daß vor allem Herzen von Mathematikern höher schlagen, wenn sie die vielen mathematischen Symbole sehen, die in TEX dargestellt werden können. Manchmal wäre es ganz nützlich, wenn die Bedeutung der normierten Zeichen einer größeren Gruppe von Schreibern und Lesern geläufig wäre, weil dann manche Kommunikation besser geschehen

$\bullet$	`$\bullet$`	$\ast$	`$\ast$`
$\star$	`$\star$`	$\circ$	`$\circ$`
$\cdot$	`$\cdot$`	$\diamond$	`$\diamond$`
$\bigtriangleup$	`$\bigtriangleup$`	$\leftarrow$	`$\leftarrow$`
$\uparrow$	`$\uparrow$`	$\Leftarrow$	`$\Leftarrow$`
$\Longleftarrow$	`$\Longleftarrow$`	$\Longrightarrow$	`$\Longrightarrow$`
$\downarrow$	`$\downarrow$`	$\Downarrow$	`$\Downarrow$`
$\Longleftrightarrow$	`$\Longleftrightarrow$`	$\flat$	`$\flat$`
$\sharp$	`$\sharp$`	$\leq$	`$\leq$`
$\geq$	`$\geq$`	$\equiv$	`$\equiv$`
$\neq$	`$\neq$`	$\times$	`$\times$`
$\div$	`$\div$`	∞	`$\infty$`
∂	`$\partial$`	$\ll$	`$\ll$`
$\gg$	`$\gg$`	$\approx$	`$\approx$`
$\vee$	`$\vee$`	$\wedge$	`$\wedge$`
$\neg$	`$\neg$`	$\cap$	`$\cap$`
$\cup$	`$\cup$`	$\subset$	`$\subset$`
$\supset$	`$\supset$`	$\subseteq$	`$\subseteq$`
$\supseteq$	`$\supseteq$`	$\in$	`$\in$`
$\ni$	`$\ni$`	$\exists$	`$\exists$`

Abbildung 3.5: Spezialzeichen

könnte. Insbesondere für Mathematiker sei noch erwähnt, daß auch das gesamte griechische Alphabet (als mathematische Zeichen eingeschlossen in $) geschrieben werden kann. Als Abkürzung werden die üblichen Abkürzungen verwendet.
Wir nennen dafür beispielsweise

α	`$\alpha$`	β	`$\beta$`
γ	`$\gamma$`	δ	`$\delta$`
ε	`$\varepsilon$`	ϵ	`$\epsilon$`
π	`$\pi$`	ϕ	`$\phi$`
φ	`$\varphi$`	σ	`$\sigma$`
Π	`$\Pi$`	Φ	`$\Phi$`

Abbildung 3.6: Griechische Buchstaben

Aufgabe 7 Bitte schreiben Sie folgenden Text, wobei Sie bitte keine Umlaute verwenden sollen, sondern die in Abb. 3.4 angegebenen ASCII-Verschlüsselungen.

Um zu zeigen, wie gut er die französische Sprache beherrscht, rief er dem Kellner zu "Allez garçon!", um ihn zur Eile zu treiben. Er hätte auch gar nichts anderes sagen können, weil es die einzigen Worte waren, die er perfekt beherrschte.

3.6 Schriften

In diesem Abschnitt wird eine Übersicht über alle zur Zeit in TEX verfügbaren Schriften gegeben. Dabei unterteilen wir wieder in Standardschriften — diese sind 'preloaded' (d.h. sie sind mit dem Laden von LATEX in der beschriebenen Weise verfügbar) — und zusätzliche Schriften.

3.6.1 Standardschriften

Computer Modern Roman — Name: \rm	
Schrift	Vergrößerungsstufen außer 0, 1, half
cmr5	
cmr6	
cmr7	4
cmr8	
cmr9	
cmr10	2,3,4,5,6
cmr12	
cmr17	
Schriftprobe in 10-pt-Schrift:	
Gallia est omnis divisa in partes tres, quarum unam incolunt Belgae, aliam Aquitani, tertiam, qui in ipsorum lingua Galli appellantur.	

Computer Modern Bold Extended Roman — Name: \bf	
Schrift	Vergrößerungsstufen außer 0, 1, half
cmbx5	
cmbx6	
cmbx7	4
cmbx8	
cmbx9	
cmbx10	2,3,4,5,6
cmbx12	
Schriftprobe in 10-pt-Schrift:	
Gallia est omnis divisa in partes tres, quarum unam incolunt Belgae, aliam Aquitani, tertiam, qui in ipsorum lingua Galli appellantur.	

Computer Modern Typewriter — Name: \tt	
Schrift	Vergrößerungststufen außer 0, 1, half
cmtt8	
cmtt9	
cmtt10	2
cmtt12	
Schriftprobe in 10-pt-Schrift:	
`Gallia est omnis divisa in partes tres, quarum unam incolunt Belgae, aliam Aquitani, tertiam, qui in ipsorum lingua Galli appellantur.`	

Computer Modern Italics — Name: \it	
Schrift	Vergrößerungststufen außer 0, 1, half
cmit7	
cmit8	
cmit9	
cmit10	
cmit12	
cmit17	
Schriftprobe in 10-pt-Schrift:	
Gallia est omnis divisa in partes tres, quarum unam incolunt Belgae, aliam Aquitani, tertiam, qui in ipsorum lingua Galli appellantur.	

Computer Modern Sans Serif — Name: \sf	
Schrift	Vergrößerungststufen außer 0, 1, half
cmss8	
cmss9	
cmss10	
cmss12	
cmss17	
Schriftprobe in 10-pt-Schrift:	
Gallia est omnis divisa in partes tres, quarum unam incolunt Belgae, aliam Aquitani, tertiam, qui in ipsorum lingua Galli appellantur.	

Computer Modern Slanted — Name: \sl	
Schrift	Vergrößerungststufen außer 0, 1, half
cmsl8	
cmsl9	
cmsl10	
cmsl12	
Schriftprobe in 10-pt-Schrift:	
Gallia est omnis divisa in partes tres, quarum unam incolunt Belgae, aliam Aquitani, tertiam, qui in ipsorum lingua Galli appellantur.	

Computer Modern Small Caps — Name: \sc	
Schrift	Vergrößerungststufen außer 0, 1, half
cmsl8	
cmsl9	
cmsl10	
cmsl12	
Schriftprobe in 10-pt-Schrift:	
GALLIA EST OMNIS DIVISA IN PARTES TRES, QUARUM UNAM INCOLUNT BELGAE, ALIAM AQUITANI, TERTIAM, QUI IN IPSORUM LINGUA GALLI APPELLANTUR.	

3.6.2 Zusätzliche Schriften

Bei der Generierung von LATEX werden die bisher gezeigten Schriften automatisch generiert. Hierfür muß aber entsprechen Raum im Hauptspeicher freigehalten werden. Es werden ganze Schriftfamilien mit einem Namen versehen (z.B. rm). Für diese Familien stehen die genannten Vergrößerungsstufen (z.B. large, smalll) zur Verfügung. Im allgemeinen wird man mit den Standardschriften beim Satz von Büchern auskommen.

Bei den zusätzlichen Schriften ist hingegen stets nur eine Schrift definierbar. Es muß sowohl der Name wie auch die Größe angegeben werden. Der Name in TEX ist frei wählbar. Die Definition sollte in der Präambel erfolgen.

Hierbei ist zu beachten, daß aus zwei Gründen die Zahl der verwendeten Schriften beschränkt bleiben sollte. Zum einen wirkt das Dokument unruhig, wenn zu viele Schrifteen eingesetzt werden, zum anderen ist der Platz zum Speichern der Schriften im Hauptspeicher begrenzt. Bei zu vielen verwendeten Schriften kommt es zum Speicherüberlauf.

Computer Modern Sans Serif Bold Extended	
Schrift	Vergrößerungststufen außer 0, 1, half
cmssbx10	2, 3, 4, 5, 6
Schriftprobe in 10-pt-Schrift:	
Gallia est omnis divisa in partes tres, quarum unam incolunt Belgae, aliam Aquitani, tertiam, qui in ipsorum lingua Galli appellantur.	

Computer Modern Sans Serif Bold	
Schrift	Vergrößerungststufen außer 0, 1, half
cmbsl10	2, 3, 4, 5, 6
Schriftprobe in 10-pt-Schrift:	
Gallia est omnis divisa in partes tres, quarum unam incolunt Belgae, aliam Aquitani, tertiam, qui in ipsorum lingua Galli appellantur.	

Computer Modern Slanted Sans Serif	
Schrift	Vergrößerungststufen außer 0, 1, half
cmssi8	
cmssi9	
cmssi10	
cmssi12	
cmssi17	
Schriftprobe in 10-pt-Schrift:	
Gallia est omnis divisa in partes tres, quarum unam incolunt Belgae, aliam Aquitani, tertiam, qui in ipsorum lingua Galli appellantur.	

Computer Modern Bold	
Schrift	Vergrößerungststufen außer 0, 1, half
cmb10	
Schriftprobe in 10-pt-Schrift:	
Gallia est omnis divisa in partes tres, quarum unam incolunt Belgae, aliam Aquitani, tertiam, qui in ipsorum lingua Galli appellantur.	

Computer Modern Bold Extended Slanted	
Schrift	Vergrößerungststufen außer 0, 1, half
cmbxsl10	
Schriftprobe in 10-pt-Schrift:	
Gallia est omnis divisa in partes tres, quarum unam incolunt Belgae, aliam Aquitani, tertiam, qui in ipsorum lingua Galli appellantur.	

Computer Modern Bold Extended Text Italic	
Schrift	Vergrößerungststufen außer 0, 1, half
cmbsy10	
Schriftprobe in 10-pt-Schrift:	
Gallia est omnis divisa in partes tres, quarum unam incolunt Belgae, aliam Aquitani, tertiam, qui in ipsorum lingua Galli appellantur.	

Computer Modern Dunhill Roman	
Schrift	Vergrößerungststufen außer 0, 1, half
cmdunh10	
Schriftprobe in 10-pt-Schrift:	
Gallia est omnis divisa in partes tres, quarum unam incolunt Belgae, aliam Aquitani, tertiam, qui in ipsorum lingua Galli appellantur.	

Computer Modern Inch	
Schrift	Vergrößerungststufen außer 0, 1, half
cminch	
Schriftprobe in 1-inch-Schrift:	
GALLI	

Computer Modern Typewriter Italic	
Schrift	Vergrößerungststufen außer 0, 1, half
cmitt10	
Schriftprobe in 10-pt-Schrift:	
Gallia est omnis divisa in partes tres, quarum unam incolunt Belgae, aliam Aquitani, tertiam, qui in ipsorum lingua Galli appellantur.	

Computer Modern Mathematics Italic	
Schrift	Vergrößerungststufen außer 0, 1, half
cmmmi5	
cmmmi6	
cmmmi7	
cmmmi8	
cmmmi9	
cmmmi10	
cmmmi12	
Schriftprobe in 10-pt-Schrift:	
Gallia est omnis divisa in partes tres, quarum unam incolunt Belgae, aliam Aquitani, tertiam, qui in ipsorum lingua Galli appellantur.	

Computer Modern Bold Mathematics Italic	
Schrift	Vergrößerungststufen außer 0, 1, half
cmmmib10	
Schriftprobe in 10-pt-Schrift:	
Gallia est omnis divisa in partes tres, quarum unamincolunt Belgae, aliam Aquitani, tertiam, qui in ipsorumlingua Galli appellantur.	

Computer Modern Sans Serif Quotation	
Schrift	Vergrößerungststufen außer 0, 1, half
cmssq8	
Schriftprobe in 8-pt-Schrift:	
Gallia est omnis divisa in partes tres, quarum unam incolunt Belgae, aliam Aquitani, tertiam, qui in ipsorum lingua Galli appellantur.	

Computer Modern Sans Serif Quotation Italic	
Schrift	Vergrößerungststufen außer 0, 1, half
cmssqi8	
Schriftprobe in 8-pt-Schrift:	
Gallia est omnis divisa in partes tres, quarum unam incolunt Belgae, aliam Aquitani, tertiam, qui in ipsorum lingua Galli appellantur.	

Computer Modern Sans Serif Demi Bold	
Schrift	Vergrößerungststufen außer 0, 1, half
cmssdc10	
Schriftprobe in 10-pt-Schrift:	
Gallia est omnis divisa in partes tres, quarum unam incolunt Belgae, aliam Aquitani, tertiam, qui in ipsorum lingua Galli appellantur.	

Computer Modern Unslanted Text Italic	
Schrift	Vergrößerungststufen außer 0, 1, half
cmu10	
Schriftprobe in 10-pt-Schrift:	
Gallia est omnis divisa in partes tres, quarum unam incolunt Belgae, aliam Aquitani, tertiam, qui in ipsorum lingua Galli appellantur.	

Computer Modern Typewriter Variable Type	
Schrift	Vergrößerungststufen außer 0, 1, half
cmvtt10	
Schriftprobe in 10-pt-Schrift:	
Gallia est omnis divisa in partes tres, quarum unam incolunt Belgae, aliam Aquitani, tertiam, qui in ipsorum lingua Galli appellantur.	

Aufgabe 8 Welche Commands müssen geschrieben werden, wenn man 'Computer Modern Sans Serif Demi Bold' verwenden möchte? Welches ist dann die größte Schriftgröße?

Kapitel 4

Einfache Strukturen

Strukturierung eines Textes bedeutet definitionsgemäß die sachgemäße Anordnung eines Textes, so daß der Sinnzusammenhang dadurch besonders gut wiedergegeben wird. Bitte beachten Sie, daß es bei einem Text immer darauf ankommt, daß er gut gelesen werden kann, daß also eine optimale Kommunikation zwischen Schreiber und Leser zustande kommt.
In Texten kommt es häufig vor, daß bestimmte Erläuterungen erfolgen müssen, die den Text zusätzlich erklären. Diese sollen vom übrigen Text abgehoben werden. Man erreicht das dadurch, daß man z.B. den erläuternden Text einrückt. Unter Einrückungen oder Absatz-Einzug wollen wir dabei den Sachverhalt verstehen, daß Zeilen nicht am linken Textrand, sondern um ein kleines Stück nach rechts verschoben beginnen.
Manchmal bestehen diese Erläuterungen aus verschiedenen Textteilen, bei denen ein Begriff hervorgehoben werden soll. Diesen Begriff stellt man dann an den Anfang des Textteils.
In anderen Fällen ist es wichtig, die einzelnen Erläuterungen zu numerieren, um etwa die Priorität der einzelnen Punkte besonders zu betonen.
Es kann manchmal vorkommen, daß man Erläuterungen geben möchte, die zweigeteilt sind. Zum einen sollen nur die Elemente (wie in einer Liste) aufgezählt und dabei vielleicht betont werden. Zum anderen sollen die einzelnen Elemente noch erläutert werden. Für alle genannten Strukturen hat TEX grundsätzliche Elemente für den Satz von Texten vorbereitet. Sie heißen **environment**, was soviel wie Umgebung heißt, und im Sinne der Textbearbeitung vielleicht mit Erläuterung übersetzt werden könnte.
In der Steuersprache werden die environments durch die in Abb. 4.1 dargestellte Grundstruktur geschrieben. Folgende Strukturen sind vorgesehen.

1. quote für Einrückungen
2. quotation für Einrückungen mit mehreren Absätzen
3. description für Einrückungen mit hervorgehobenen Elementen

4. itemize für markierte Einrückungen
5. enumerate für numerierte Einrückungen
6. varlist für variable Listen (2-spaltig)
7. graubox für grau unterlegte Texte
8. verbatim für unübersetzte Texte

Dies ist gleichzeitig auch die Gliederung für das vorliegende Kapitel. Die einzelnen Strukturen werden im folgenden getrennt vorgestellt.

```
\begin{name-env}

                    Text in normaler ASCII-Form
                    mit beliebig vielen Zeilen

\end{name-env}
```

Abbildung 4.1: environment

Der name-env identifiziert die Art der Erläuterung.

4.1 'environment quote'

Diese Struktur wird verwandt, um Strukturen im Text einzurücken. Der name-env ist quote.
Im folgenden wird ein Beispiel für die Anwendung gegeben.

Sie schreiben:

```
Im folgenden wird eine Beschreibung der
Informationseinheiten und ihre Bearbeitung in der
Maschinensprache gegeben.
\begin{quote}
Informationseinheiten sind Bit, Byte, Wort und
Halbwort, Doppelwort.  Mehrere aufeinanderfolgende
Bytes werden als Feld verarbeitet.
\end{quote}
Die Instruktionen, welche Bits, Bytes, Felder und Worte
verarbeiten, sind sehr unterschiedlich. .......
```

und erhalten hieraus nach der Übersetzung:

Im folgenden wird eine Beschreibung der Informationseinheiten und ihre Bearbeitung in der Maschinensprache gegeben.

> Informationseinheiten sind Bit, Byte, Wort und Halbwort, Doppelwort. Mehrerere aufeinanderfolgende Bytes werden als Feld verarbeitet.

Die Instruktionen, welche Bits, Bytes, Felder und Worte verarbeiten, sind sehr unterschiedlich. ....

Schreibt man zwei environments, also:

```
\begin{quote}
TEXT1
\begin{quote}
TEXT2
\end{quote)
\end{quote}
```

so wird TEXT1 einmal, TEXT2 zweimal eingerückt. **Allgemein kann gesagt werden: Die Environments — auch unterschiedliche — können beliebig 'geschachtelt' werden.**

4.2 'environment quotation'

Diese Struktur wird verwandt, um Strukturen im Text einzurücken. Der Text darf hierbei aus mehreren Absätzen bestehen. Der name-env ist quotation. Im folgenden wird ein Beispiel für die Anwendung gegeben.

Sie schreiben:

```
Im folgenden wird eine Beschreibung der
Informationseinheiten und ihre Bearbeitung in der
Maschinensprache gegeben.
\begin{quotation}
Informationseinheiten sind Bit, Byte, Wort und
Halbwort, Doppelwort.  Mehrerere aufeinanderfolgende
Bytes werden als Feld verarbeitet.

Adressierbare Informationseinheiten sind Byte, Wort,
Feld und Halbwort, Doppelwort.
\end{quotation}
Die Instruktionen, welche Bits, Bytes, Felder und Worte
verarbeiten, sind sehr unterschiedlich. .......
```

und erhalten hieraus nach der Übersetzung:

Im folgenden wird eine Beschreibung der Informationseinheiten und ihre Bearbeitung in der Maschinensprache gegeben.

Informationseinheiten sind Bit, Byte, Wort und Halbwort, Doppelwort. Mehrerere aufeinanderfolgende Bytes werden als Feld verarbeitet.
Adressierbare Informationseinheiten sind Byte, Wort, Feld und Halbwort, Doppelwort.

Die Instruktionen, welche Bits, Bytes, Felder und Worte verarbeiten, sind sehr unterschiedlich. ....

4.3 'environment itemize'

Diese Struktur wird verwandt, um Strukturen im Text einzurücken und jeweils den Absatzanfang zu markieren. Der name-env ist itemize. Der Text darf aus mehreren Absätzen bestehen. Die einzelnen Absätze werden folgendermaßen geschrieben.

```
\item[markierung] text
```

Für markierung kann jedes beliebige Zeichen oder eine Zeichenfolge verwendet werden. Hiermit beginnt der jeweilige Absatz. Wird der Parameter markierung weggelassen, dann wird als Markierung • (`$\bullet$`) verwendet.

Im folgenden wird ein Beispiel für die Anwendung gegeben.

Sie schreiben:

```
Im folgenden wird eine Beschreibung der
Informationseinheiten und ihre Bearbeitung in der
Maschinensprache gegeben.
\begin{itemize}
\item [$\star$] Informationseinheiten sind Bit, Byte,
Wort und Halbwort und Doppelwort.  Mehrerere
aufeinanderfolgende Bytes werden als Feld verarbeitet.

\newpage %erzwungener Seitenumbruch 29.03.90
\item [$\star$] Adressierbare Informationseinheiten
sind Byte, Wort,Feld und Halbwort, Doppelwort.
\end{itemize}
Die Instruktionen, welche Bits, Bytes, Felder und Worte
verarbeiten, sind sehr unterschiedlich. .......
```

und erhalten hieraus nach der Übersetzung:

Im folgenden wird eine Beschreibung der Informationseinheiten und ihre Bearbeitung in der Maschinensprache gegeben.

- ⋆ Informationseinheiten sind Bit, Byte, Wort und Halbwort und Doppelwort. Mehrerere aufeinanderfolgende Bytes werden als Feld verarbeitet.

⋆ Adressierbare Informationseinheiten sind Byte, Wort, Feld und Halbwort, Doppelwort.

Die Instruktionen, welche Bits, Bytes, Felder und Worte verarbeiten, sind sehr unterschiedlich. ....

4.4 'environment description'

Diese Struktur wird verwandt, um Strukturen im Text einzurücken und jeweils am Absatzanfang in Fettdruck den Absatztitel anzugeben. Der name-env ist description. Der Text darf aus mehreren Absätzen bestehen. Die einzelnen Absätze werden folgendermaßen geschrieben.

```
\item[absatztitel] text
```

Als absatztitel kann jedes beliebige Zeichen oder eine Zeichenfolge verwendet werden. Hiermit beginnt der jeweilige Absatz. Der Parameter ist erforderlich. Im folgenden wird ein Beispiel für die Anwendung gegeben.

Sie schreiben:

```
Im folgenden wird eine Beschreibung der
Informationseinheiten und ihre Bearbeitung in der
Maschinensprache gegeben.

\newpage %erzwungener Seitenumbruch 29.03.90
\begin{description}
\item [Bit] Das Bit ist die kleinste
Informationseinheit.  Alle anderen
Informationseinheiten bauen auf dem Bit auf.
\item [Byte] Das Byte ist in Byte-Maschinen die
kleinste adressierbare Informationseinheit.  Das Byte
besteht aus 8 Datenbits und einem Parity-Bit zu
Kontrollzwecken.
\item [Wort] Das Wort ist in Wortmaschinen die kleinste
adressierbare Informationseinheit. Das Wort hat 16 oder
32 bit.
\item [Feld] Das Feld ist eine Byte-Folge.  Seine
Adresse ist die Adresse des linken Bytes.  Die Anzahl
von Bytes ist meist auf 256 begrenzt.
\end{description}
Die Instruktionen, welche Bits, Bytes, Felder und Worte
verarbeiten, sind sehr unterschiedlich. .......
```

und erhalten hieraus nach der Übersetzung:

Im folgenden wird eine Beschreibung der Informationseinheiten und ihre Bearbeitung in der Maschinensprache gegeben.

Bit Das Bit ist die kleinste Informationseinheit. Alle anderen Informationseinheiten bauen auf dem Bit auf.

Byte Das Byte ist in Byte-Maschinen die kleinste adressierbare Informationseinheit. Das Byte besteht aus 8 Datenbits und einem Parity-Bit zu Kontrollzwecken.

Wort Das Wort ist in Wortmaschinen die kleinste adressierbare Informationseinheit. Das Wort hat 16 oder 32 bit.

Feld Das Feld ist eine Byte-Folge. Seine Adresse ist die Adresse des linken Bytes. Die Anzahl von Bytes ist meist auf 256 begrenzt.

Die Instruktionen, welche Bits, Bytes, Felder und Worte verarbeiten, sind sehr unterschiedlich. ....

> Die description ist eine sehr spezielle Form der Listen mit Absatztitel, bei der auf gute Ausnutzung des Platzes geachtet wird. Zeilen sind jeweils um einen bestimmten Betrag eingerückt. Die Einrückung der ersten Zeile richtet sich nach der Länge des Absatztitels. Die erste Zeile beginnt ca. 1 em (Breite eines 'm') nach dem Ende des Absatztitels.

4.5 'environment enumerate'

Diese Struktur wird verwandt, um Strukturen im Text einzurücken und jeweils die einzelnen Absätze fortlaufend zu numerieren. Der name-env ist enumerate. Parameter werden nicht verwendet. Der Text darf aus mehreren Absätzen bestehen. Die einzelnen Absätze werden folgendermaßen geschrieben.

```
\item text
```

Im folgenden wird ein Beispiel für die Anwendung gegeben.

Sie schreiben:

```
Projekte werden in Phasen eingeteilt. In dem normalen
Phasenmodell unterscheidet man folgende Phasen.
\begin{enumerate}
\item Vorstudie
\item Istaufnahme und Informationsbedarfsbestimmung
\item Grobkonzept
\item Detailkonzept
\item Systemimplementierung
\item System-Test
\end{enumerate}
Nach Ende des Grobkonzepts wird ......
```

und erhalten hieraus nach der Übersetzung:

Projekte werden in Phasen eingeteilt. In dem normalen Phasenmodell unterscheidet man folgende Phasen.

1. Vorstudie
2. Istaufnahme und Informationsbedarfsbestimmung
3. Grobkonzept
4. Detailkonzept
5. Systemimplementierung
6. System-Test

Nach Ende des Grobkonzepts wird ......

Jedes item kann unterteilt werden. Hierzu verwendet man ein weiteres enumerate environment. In der nächsten Stufe werden dann die items z.B. durch 2.1, 2.2, usw. numeriert, wenn der Hauptabsatz die Numerierung 2 besaß. Schreibt man zum Beispiel:

```
\begin{enumerate}
  \item Hauptteil
     \begin{enumerate}
        \item Unterteil
        \item Unterteil
     \end{enumerate}
  \item Hauptteil
      \begin{enumerate}
        \item Unterteil
           \begin{enumerate}
              \item Unterunterteil
              \item Unterunterteil
              \item Unterunterteil
           \end{enumerate}
        \item Unterteil
        \item Unterteil
      \end{enumerate}
   \item Hauptteil
\end{enumerate}
```

So erhält man

1. Hauptteil

1.1 Unterteil

1.2 Unterteil

2. Hauptteil

2.1 Unterteil

2.1.1 Unterunterteil
2.1.2 Unterunterteil
2.1.3 Unterunterteil

2.2 Unterteil

2.3 Unterteil

3. Hauptteil

Die gestufte Schreibweise ist selbstverständlich nicht notwendig. Sie wurde nur eingesetzt, um die Übersichtlichkeit zu erhöhen.

4.6 'environment varlist'*

> Diese Struktur ist, wie alle Makros, die mit einem * gekennzeichnet sind, in einem Makropaket 'infmakro.tex' enthalten, das von der Informatika GmbH Hamburg als Zusatz angeboten wird. Das Makropaket ist in Text-Code (ASCII) und damit in jedem System verwendbar. Hierfür muß in der Präambel
>
> `\input{infmakro}`
>
> geschrieben werden.

Diese Struktur wird*) verwandt, wenn die jeweiligen Absatztitel in der ersten Spalte und die zugehörigen Absätze in der zweiten Spalte stehen sollen. Diese Struktur ist immer dann sehr übersichtlich, wenn einerseits die Absatztitel in ihrer Gesamtheit eine Information darstellen, wenn aber gleichzeitig, gewissermaßen als Definition, die Erläuterungen für die einzelnen Absatztitel eine zu anderem Zweck benötigte Information darstellen. Der name-env ist varlist. Der Text darf aus mehreren Absätzen bestehen.
Es handelt sich um eine variable Liste. Die Spaltenbreite der ersten Spalte (Absatztitel) kann vom Anwender festgelegt werden. Die zweite Spalte (die Texte) erhält dann den restlichen Platz auf der Seite.
Vor dem Aufruf des environments sind noch eine Reihe von Vorkehrungen zu treffen.

*) Makro aus infmakro.tex

1. In der Präambel ist eine Längenvariable zu definieren. Dies geschieht durch

   `\newlength{\varpar}`.

2. Vor dem Command `\begin{varlist}` ist diese Variable auf die vorgesehene Spaltenbreite zu setzen. Dies geschieht durch

   `\setlength{\varpar}{laenge}`.

   Hierbei kann die Länge in

   - pt (Punkt)
   - in (inch)
   - cm (Zentimeter)

   angegeben werden.

Insgesamt ergibt sich also für das environment varlist die folgende schematische Schreibweise.

```
............ vor \begin{document} ............

\newlength{\varpar}

............bei jeder variablen Liste .........

\setlength{\varpar}{xxpt}
      oder
\setlength{\varpar}{xxin}
      oder
\setlength{\varpar}{xxcm}

\begin{varlist}
\item[titel1]  text1

\item[titel2]  text2

........
\end{varlist}
```

An einem Beispiel soll der Sachverhalt noch einmal erläutert werden.

Sie schreiben:

```
Im folgenden wird eine Beschreibung der
Informationseinheiten und ihre Bearbeitung in der
Maschinensprache gegeben.
\setlength{\varpar}{2cm}
\begin{varlist}
\item [Bit] Das Bit ist die kleinste
Informationseinheit.  Alle anderen
Informationseinheiten bauen auf dem Bit auf.  \item
[Byte] Das Byte ist in Byte-Maschinen die kleinste
adressierbare Informationseinheit.
Das Byte besteht aus 8 Datenbits und einem Parity-Bit
zu Kontrollzwecken.
\item [Wort] Das Wort ist in Wortmaschinen die kleinste
adressierbare Informationseinheit. Das Wort hat 16 oder
32 bit.
\item [Feld] Das Feld ist eine Byte-Folge.  Seine
Adresse ist die Adresse des linken Bytes.  Die Anzahl
von Bytes ist meist auf 256 begrenzt.
\end{varlist}
Die Instruktionen, welche Bits, Bytes, Felder und Worte
verarbeiten, sind sehr unterschiedlich. .......
```

und erhalten hieraus nach der Übersetzung:

Im folgenden wird eine Beschreibung der Informationseinheiten und ihre Bearbeitung in der Maschinensprache gegeben.

Bit Das Bit ist die kleinste Informationseinheit. Alle anderen Informationseinheiten bauen auf dem Bit auf.

Byte Das Byte ist in Byte-Maschinen die kleinste adressierbare Informationseinheit. Das Byte besteht aus 8 Datenbits und einem Parity-Bit zu Kontrollzwecken.

Wort Das Wort ist in Wortmaschinen die kleinste adressierbare Informationseinheit. Das Wort hat 16 oder 32 bit.

Feld Das Feld ist eine Byte-Folge. Seine Adresse ist die Adresse des linken Bytes. Die Anzahl von Bytes ist meist auf 256 begrenzt.

Die Instruktionen, welche Bits, Bytes, Felder und Worte verarbeiten, sind sehr unterschiedlich. ....

Aufgabe 9 Bitte schreiben Sie folgende Texte.

Eine Ausbildung zum Informatiker muß aus folgenden Hauptgebieten bestehen:

· Datenverarbeitung

· Programmierung

· DV-Organisation

· Betriebswirtschaft

· Mathematik

Bitte beantworten Sie auch noch folgende Zusatzfragen:

1. Wie würde das Textstück aussehen, wenn die Teile fortlaufend zu numerieren wären?
2. Wie könnte man erreichen, daß vor den einzelnen Abschnitten als Markierung ein • ist?

Aufgabe 10 Bitte geben Sie an, welche Vorkehrungen Sie treffen müssen, wenn eine variable Liste geschrieben werden soll, deren erste Spalte 2.54 cm breit ist.

Aufgabe 11 Bitte schreiben Sie den Text auf Seite 45 von "Folgende Strukturen" ..... bis .... "im folgenden getrennt vorgestellt."

Aufgabe 12 Es ist auch möglich, die environments beliebig zu verschachteln. Hierbei sind dann die `\begin{name-env}` ... `\end{name-env}` wie geöffnete bzw. geschlossene Klammer zu betrachten. Es sind also z.B. folgende Strukturen denkbar.

```
\begin{name-env1}
     \item  text1
     \begin{name-env11}
          \item   text11
          \item   text12
     \end{name-env11}
     \item text2
     \item text3
\end{name-env1}
```

Bitte schreiben Sie nun den folgenden Text.

Ein DV-Projekt wird in mehreren Phasen abgewickelt. Dabei sind eine Reihe von Untersuchungen in den einzelnen Phasen durchzuführen.

1. Vorstudie

    - Projektziel
    - Durchführbarkeit
    - Wirtschaftlichkeit

2. Istaufnahme und Informationsbedarfsbestimmung
   - Istaufnahme
   - Schwachstellenanalyse
   - Informationsbedarf

....

4.7 'environment graubox'*

Diese Struktur*) wird verwandt, um besondere Hervorhebungen im Text zu erreichen. Es wird eine umrahmte Box mit Text zentriert erzeugt. Die Breite der Box und die Graustufe (0 – 100) können vom Anwender als Parameter gewählt werden. Hierbei ist die Graustufe 0 = weiß (keine Unterlegung), die Graustufe 100 ist schwarz. Dies kann nicht gewählt werden, weil sonst die darunterliegende Schrift nicht mehr zu sehen ist. In diesem Buch ist als Graustufe 8 gewählt.
Dieses environment hat zwei Parameter.

Graustufe Werte: 0(weiß) – 100(schwarz) gibt die Schwärze der unterlegten Farbe an.

Breite der Box Werte: xxin (Es sind aber auch Angaben wie 0.8\textwidth möglich. Damit würden 80 % der Textbreite für die Breite der Box genutzt.

Die Struktur hat also folgende Gestalt:

```
\begin{graubox}{Graustufe}{Breite der Box}
.....  Text, der in der Box stehen soll ....
\end{graubox}
```

Wenn Sie schreiben:

```
\begin{graubox}{8}{0.85\textwidth}
Die Bundesrepublik Deutschland ist eine
parlamentarische Demokratie. Der Bundeskanzler
bestimmt die Richtlinien der Politik.
\end{graubox}
```

dann erhält man hieraus nach der Übersetzung:

Die Bundesrepublik Deutschland ist eine parlamentarische Demokratie. Der Bundeskanzler bestimmt die Richtlinien der Politik.

*) Makro aus infmakro.tex

4.8 'environment verbatim'*

Gelegentlich kommt es vor, daß man einmal beschreiben möchte, wie die einzelnen Commands zu schreiben sind. Man will also erreichen, daß bestimmte Stücke des Textes nicht 'übersetzt' werden. Wie in diesem Buch zu sehen ist, handelt es sich hierbei um ein sehr nützliches Hilfsmittel.
Das environment verbatim setzt also den Übersetzungsvorgang aus. Die innerhalb stehenden Texte werden in \tt (Typewriter) ungeändert gesetzt.
Die Struktur hat die folgende Gestalt:

```
\begin{verbatim}

...... Texte, die nicht ver\ändert werden sollen .....

\end{verbatim}
```

Wenn Sie schreiben:

```
\begin{verbatim}
Das sind die Befehle, die stehen bleiben
und lediglich in Typewriter gesetzt werden.
Es findet kein Umbruch statt.
\end{verbatim}
```

dann erhält man hieraus nach der 'Übersetzung':

```
Das sind die Befehle, die stehen bleiben
und lediglich in Typewriter gesetzt werden.
Es findet kein Umbruch statt.
```

Hinweis: Soll im Text erreicht werden, daß einzelne Zeichen oder Zeichenketten unübersetzt bleiben, dann kann man

```
\verb+Zeichenkette ..... Zeichenkette+
```

Es wird damit die Wirkung erzielt, daß alle zwischen + und + stehenden Zeichen unübersetzt (d.h. in \tt) bleiben.

Dieses Verfahren kann man anwenden, wenn man z.B. einen Command schreiben möchte, ohne die Wirkung des Commands im Text zu erzielen, dann kann man

```
\verb+\+Command
```

schreiben. Es wird dadurch \Command erzeugt.

Anstelle des '+' kann auch ein anderes Zeichen verwendet werden, welches in der Zeichenkette nicht vorkommt.

4.9 Weitere Hilfsmittel

Im System gibt es eine Reihe weiterer Hilfsmittel, die manchmal eingesetzt werden können, um eine Struktur zu verbessern. In der folgenden Übersicht werden einzelne Commands mit der jeweiligen Wirkung dargestellt.

\newline Wird der Command geschrieben, so wird an dieser Stelle ein Zeilenumbruch erzeugt. Es beginnt eine neue Zeile.

\\\\ Wird der Command geschrieben, so wird an dieser Stelle ein Zeilenumbruch erzeugt. Es beginnt eine neue Zeile.

\newpage Wird der Command geschrieben, so wird an dieser Stelle ein Seitenumbruch erzeugt. Es beginnt eine neue Seite. Bitte beachten Sie, daß auf diese Weise in die Gesamtordnung des Dokuments (gesteuert durch den document-style) eingegriffen wird.

\hspace{lae} Der Command wird benutzt, um horizontal Leer-Raum zu erzeugen. Die Größe des Raumes wird durch lae angegeben. Hierbei kann lae in der Form

xx pt

xx in

xx cm

angegeben werden, wobei xx immer eine Zahl mit Dezimalpunkt oder eine ganze Zahl ist. Diese Zahl kann auch negativ sein, dann bewirkt sie eine horizontale Verschiebung nach links. `\hspace{0.5in}` erzielt also einen Leer-Raum von 0.5 inch. Hierbei ist aber zu beachten, daß Leer-Raum am Anfang oder Ende einer Zeile nicht erzeugt wird, auch wenn ein `\hspace`-Command abgesetzt wurde. Diese Einschränkung gilt nicht am Anfang oder Ende eines Absatzes.

Wenn Leer-Raum erzeugt werden soll, der ungeändert stehen bleiben soll, dann ist `\hspace*{lae}` zu schreiben.

\vspace{lae} Der Command wird benutzt um vertikalen Leer-Raum zu erzeugen. Die Größe des Raumes wird durch lae angegeben. Hierbei kann lae in der Form

xx pt

xx in

xx cm

angegeben werden, wobei xx immer eine Zahl mit Dezimalpunkt oder eine ganze Zahl ist. Die Zahl kann auch negativ sein, dann bewirkt sie eine Verschiebung nach oben. Dieser Command wird hauptsächlich benutzt, um Leer-Raum zwischen Absätzen zu schaffen. Wenn der Command auf einer Zeile gegeben wird, dann wird der Leer-Raum nach Vollendung dieser Zeile angelegt. `\vspace{0.5in}` erzielt also einen Leer-Raum von 0.5 inch. Hierbei ist aber zu beachten, daß Leer-Raum am Anfang oder Ende einer Seite nicht erzeugt wird, auch wenn ein `\vspace`-Command abgesetzt wurde.

Wenn Leer-Raum erzeugt werden soll, der ungeändert stehen bleiben soll, dann ist `\vspace*{lae}` zu schreiben.

\fill Wird in einem Text an irgendeiner Stelle `\fill` geschrieben, so wird an dieser Stelle zunächst horizontaler Leer-Raum der Länge Null gelassen. Stellt das System aber beim Satz — also bei der Umwandlung — fest, daß eine Underfull Box entsteht, dann wird an der Stelle, wo das `\fill` steht, Leer-Raum gelassen, und zwar soviel, daß der restliche Text optimale Abstände hat.

\hfill Dieses ist eine Abkürzung für `\hspace{\fill}`. `\hfill` ist also eine — je nach den Satzbedürfnissen — dehnbare Anzahl von Leerzeichen. Es sei noch bemerkt, daß zwei dehnbare Leer-Räume sich den freien Platz *gleichmäßig* teilen. Aus diesem Grunde entsteht aus

```
Das ist \hfill ein \hfill Versuch.
```

die Zeile

Das ist   ein   Versuch.

\dotfill Die Wirkung dieses Commands entspricht exakt der von `\hfill`. Es werden lediglich Punkte an Stelle von Leerzeichen eingesetzt. Aus diesem Grunde entsteht aus

```
Das ist \dotfill ein \dotfill Versuch.
```

die Zeile

Das ist ....ein ....Versuch.

\hrulefill Die Wirkung dieses Commands entspricht exakt der von `\hfill`. Es wird lediglich eine horizontale Linie an Stelle von Leerzeichen eingesetzt. Aus diesem Grunde entsteht aus

```
Das ist \hrulefill ein \hrulefill Versuch.
```

die Zeile

Das ist ______________ein ______________Versuch.

Aufgabe 13 Bitte schreiben Sie folgenden Text.

Dies ist Herr Schmidt aus Hamburg.

Dies ist .... Herr Schmidt .... aus Hamburg.

Aufgabe 14 Bitte erzeugen Sie folgende Box mit grauer Unterlegung. Bitte wählen Sie als Breite der Box 90 % der Textbreite. Versuchen Sie verschiedene Graustufen.

Achten Sie aber bitte darauf, daß Sie die Zeilenbreite innerhalb der grauen Box — also temporär — auf 90 % der Textbreite verändern müssen. Dies erreichen Sie durch

```
\linewidth=0.9\textwidth
```

Environments gestatten die Strukturierung von Dokumenten. Strukturierungen sind für die gute Lesbarkeit sehr wichtig.

1. quote für Einrückungen
2. quotation für Einrückungen mit Absätzen
3. description für Absätze mit Absatztitel
4. itemize für markierte Einrückungen
5. enumerate für numerierte Einrückungen
6. varlist für variable Listen
7. graubox für grau unterlegte, umrahmte Texte
8. verbatim für unübersetzte Texte

Kapitel 5

Tabellen

Tabellen sind ein Hilfsmittel zur übersichtlichen Darstellung von Zusammenhängen. In vielen Bereichen lassen sich Tabellen zur übersichtlichen Darstellung von Funktionen von bis zu zwei Variablen darstellen. Damit sind Tabellen ein wesentliches Werkzeug bei der Texterstellung überhaupt.

5.1 Beschreibung von Tabellen

Tabellen haben allgemein folgenden Aufbau.

Spalten

Zeilen

Tabelle	Nr.1	Nr.2	Nr.3	Nr.4	Nr.5	Nr.6
Nr.1	⋆	⋆	⋆	⋆	⋆	⋆
Nr.2	⋆	⋆	⋆	⋆	⋆	⋆
Nr.3	⋆	⋆	⋆	⋆	⋆	⋆
Nr.4	⋆	⋆	⋆	⋆	⋆	⋆
Nr.5	⋆	⋆	⋆	⋆	⋆	⋆

Abbildung 5.1: Tabellen

Dies ist eine Tabelle mit 5 Zeilen und 6 Spalten. Zusätzlich gibt es eine Zeile, die als Überschriftszeile und eine Spalte, die als Beschreibungsspalte verwendet wird.
Soll eine Tabelle in TEX beschrieben werden, dann sind folgende Funktionen zu unterstützen.

- Tabellengröße

  Anzahl Zeilen

  Anzahl Spalten

- Einrahmung der Tabelle
  - Normalstrichstärke (0.4 pt)
  - Fettstrichstärke (1.2 pt)
  - keine Umrahmung
- Senkrechte und waagerechte Linien
  - Normalstrichstärke (0.4 pt)
  - keine senkrechten oder waagerechten Linien
- Element-Stellung im Tabellenfeld (Box)
  - Element ist eine Zeile
    - linksbündig
    - rechtsbündig
    - zentriert
  - Element ist eine Box
    - linksbündig
    - rechtsbündig
    - zentriert

Aufgabe 15 Bitte stellen Sie fest, wie sich die Standardtabelle 5.1 Seite 61 durch diese angegebenen Funktionen beschreiben läßt.

5.2 Standardmodell zur Tabellenbeschreibung

Es gäbe grundsätzlich viele Möglichkeiten, in TEX Tabellen zu beschreiben. Auch hier führt die Vielzahl der Beschreibungsmöglichkeiten zu besonderen Schwierigkeiten. Zum einen muß man darauf achten, daß nicht durch eine Vielzahl von Formaten das ganze Dokument sehr unruhig wirkt. Zum anderen muß auch bei der Auswahl von Formaten beachtet werden, daß sie sich bequem beschreiben lassen, so daß möglichst wenig Beschreibungsfehler auftreten, weil diese ja immer mit Testaufwand verbunden sind. Aus diesem Grunde werden hier in diesem Skript zunächst sogenannte

Standard-Tabellen

behandelt. Diese sollen dazu dienen, Tabellen zu setzen, wie sie in einem Fachtext vorkommen. Auf alle satztechnischen Techniken zur 'Verschönerung' wird verzichtet. Die Standard-Tabelle ist

flexibel

bequem zu setzen

übersichtlich.

In einem weiteren Abschnitt werden wir *eine* mögliche Erweiterung angeben. Mit dem Tabellenmodell für gehobenere Ansprüche an die Schönheit ist es mit geringem zusätzlichen Satzaufwand möglich, Einrahmungen für die ganze Tabelle und für Tabellenteile durchzuführen, was in einigen Fällen die Lesbarkeit erhöhen kann. Hierbei wird es auch möglich, Überschriften noch besser von Tabellen-Einträgen abzusetzen und Tabellenteile durch Doppel-Linien besonders zu kennzeichnen. Dieses Tabellenmodell soll

erweiterte Standard-Tabelle

heißen.
Alle Tabellen in diesem Skript wurden als Standard-Tabelle oder als erweiterte Standardtabelle gesetzt.

5.2.1 Definition der Standard-Tabelle

Die Standard-Tabelle ist eine Auswahl aus möglichen Tabellen-Modellen. Dies bedeutet unter anderem, daß die im vorigen Abschnitt beschriebenen Funktionen nicht vollständig unterstützt werden.
Folgende das Modell der Standard-Tabelle beschreibende Funktionen werden unterstützt.

- Tabellengröße
  - Anzahl Zeilen
  - Anzahl Spalten
- Einrahmung der Tabelle
  - Normalstrichstärke (0.4 pt)
  - keine Umrahmung
- Senkrechte und waagerechte Linien
  - Normalstrichstärke (0.4 pt)
  - keine senkrechten oder waagerechten Linien
- Element-Stellung im Tabellenfeld (Box)
  - Element ist eine Zeile
    - linksbündig
    - rechtsbündig
    - zentriert
  - Element ist eine Box
    - linksbündig
    - rechtsbündig
    - zentriert

5.2.2 'environment tabular'

Zur Darstellung von Tabellen wird ein environment verwendet. Das environment heißt

tabular

Das environment verwendet einen erforderlichen Parameter. Dieser Parameter dient zu folgenden Beschreibungen.

Festlegung der Anzahl der Spalten

Festlegung der Anzahl und Lage der senkrechten Linien

Festlegung der Positionierung der Tabellenelemente in den einzelnen Spalten

Der Korpus des environments wird in einem bestimmten Format geschrieben, welches später erläutert wird.
Der Korpus dient zu folgenden Beschreibungen.

Festlegung der Anzahl der Zeilen

Festlegung der Anzahl und Lage der waagerechten Linien

Festlegung des Inhalts der Tabellenelemente in den einzelnen Zeilen

Das environment hat dabei folgende grundsätzliche Gestalt.

```
\begin{tabular}{parameter}

        Korpus des environments
          (Tabellenzeilen)

\end{tabular}
```

Abbildung 5.2: 'environment tabular'

Parameter von tabular

Der Parameter von tabular ist in mehrere Unterparameter

$$upar_1, upar_2, \ldots, upar_n$$

unterteilt. Jeder Unterparameter $upar_i$ gehört dabei zu je einer Spalte. Die Unterparameter können folgende Werte annehmen.

$$upar_i = \begin{cases} l & \text{linksbündige Elemente in dieser Spalte} \\ r & \text{rechtsbündige Elemente in dieser Spalte} \\ c & \text{zentrierte Elemente in dieser Spalte} \end{cases}$$

Die Struktur der Spalten ist erst dann vollständig beschrieben, wenn auch die zwischen den Spalten anzubringenden senkrechten Linien beschrieben sind. Hierfür gibt es folgende einfache Festlegung. Ist zwischen zwei Spalten i und $i+1$ eine senkrechte Linie vorzusehen, dann wird zwischen die Unterparameter $upar_i$ und $upar_{i+1}$ das Zeichen | geschrieben. Ist keine senkrechte Linie vorzusehen, dann werden die Unterparameter lückenlos nebeneinander geschrieben.

Beispiel 1 Es sei eine Tabelle mit 5 Spalten zu bearbeiten, wobei alle Elemente zentriert und alle Spalten durch senkrechte Linien getrennt werden sollen, dann ist als Parameter

parameter = |c|c|c|c|c|

zu schreiben. Bitte beachten Sie auch, daß stets für die linksseitige Einrahmung der Tabelle vor alle Spalten ein Zeichen | und für die rechtsseitige Einrahmung hinter die letzte Spalte ebenfalls ein Zeichen | zu schreiben ist.

Beispiel 2 Es soll eine Tabelle mit 7 Spalten bearbeitet werden, wobei alle Elemente linksbündig in den Spalten anzuordnen sind. Ferner ist vorgeschrieben, daß die Tabelle eingerahmt werden soll, daß aber sonst auf alle Spaltentrennungen verzichtet werden soll, dann ist

parameter = |lllllll|

zu schreiben.

Zeilenbeschreibung von tabular

Zur Strukturierung der Zeilen einer Tabelle werden noch zwei zusätzliche Ende-Zeichen verwendet.

& Ende eines Zeilen-Elements

\\ Ende einer Zeile

Die Beschreibungen der Zeilen haben dann folgende Gestalt,

$$elem_1 \ \& \ elem_2 \ \& \ \ldots \ \& \ elem_n \ \backslash\backslash$$

falls n Elemente in einer Zeile stehen. Die Tabelle hat dann also n Spalten. Die $elem_i$ sind dabei Texte, die in den Tabellenfeldern stehen.

Beispiel Eine Zeile könnte also folgendermaßen aussehen

Tabelle & Nr.1 & Nr.2 & Nr.3 & Nr.4 & Nr.5 & Nr.6 \\

Als letztes Beschreibungselement für einfache Standardtabellen ist noch eine Makro für die Erzeugung von horizontalen Linien vorhanden. Hierfür kann

```
\hline
```

geschrieben werden.

Beispiel für eine einfache Standard-Tabelle

Schreibt man:

```
\begin{tabular}{|c|c|c|c|c|c|c|c|c|c|c|} \hline
mal & 1 & 2 & 3 & 4 & 5 & 6 & 7 & 8 & 9 & 10\\ \hline
 1  & 1 & 2 & 3 & 4 & 5 & 6 & 7 & 8 & 9 & 10\\ \hline
 2  & 2 & 4 & 6 & 8 &10 &12 &14 &16 &18 & 20\\ \hline
 3  & 3 & 6 & 9 &12 &15 &18 &21 &24 &27 & 30\\ \hline
 4  & 4 & 8 &12 &16 &20 &24 &28 &32 &36 & 40\\ \hline
 5  & 5 &10 &15 &20 &25 &30 &35 &40 &45 & 50\\ \hline
 6  & 6 &12 &18 &24 &30 &36 &42 &48 &54 & 60\\ \hline
 7  & 7 &14 &21 &28 &35 &42 &49 &56 &63 & 70\\ \hline
 8  & 8 &16 &24 &32 &40 &48 &56 &64 &72 & 80\\ \hline
 9  & 9 &18 &27 &36 &45 &54 &63 &72 &81 & 90\\ \hline
10  &10 &20 &30 &40 &50 &60 &70 &80 &90 &100\\ \hline
\end{tabular}
```

so erhält man die folgende Tabelle.

mal	1	2	3	4	5	6	7	8	9	10
1	1	2	3	4	5	6	7	8	9	10
2	2	4	6	8	10	12	14	16	18	20
3	3	6	9	12	15	18	21	24	27	30
4	4	8	12	16	20	24	28	32	36	40
5	5	10	15	20	25	30	35	40	45	50
6	6	12	18	24	30	36	42	48	54	60
7	7	14	21	28	35	42	49	56	63	70
8	8	16	24	32	40	48	56	64	72	80
9	9	18	27	36	45	54	63	72	81	90
10	10	20	30	40	50	60	70	80	90	100

Abbildung 5.3: Kleines Einmaleins

Hier an dieser Stelle sei noch einmal besonders betont, daß es sich bei dem 'environment tabular' um eine Schreibhilfe handelt. Das System TEX prüft alle Anwenderangaben auf Richtigkeit. Der Anwender muß aber selbst darauf achten, daß die Zahl der Elemente in einer Zeile exakt mit der Anzahl der Spalten übereinstimmt, die im Parameter definiert wurden. Wenn n Unterparameter definiert wurden, wurdefestgelegt, daß die Zahl der Spalten n

beträgt. Das bedeutet, daß auch in jeder Zeile n Elemente definiert werden müssen. (Dies bedeutet, daß n - 1 Element-Ende-Kennzeichen & geschrieben werden müssen und genau ein Zeilen-Ende-Kennzeichen \\).
Da dem Anwender überlassen bleibt, wo er horizontale Linien einfügen will, kann das System auch nicht das Fehlen einer einzelnen horizontalen Linie feststellen. Horizontale Linien können nur am Anfang, nach dem Ende einer Zeile und am Ende der Tabelle (aber noch vor dem `\end{tabular}`-Statement geschrieben werden.

Aufgabe 16 Bitte setzen Sie folgende Tabelle.

Gliederungsstufe	article	report	book
Part	—	—	X
Chapter	—	—	X
Section	X	X	X
Subsection	X	X	X
Subsubsection	X	X	X
Paragraph	X	X	X
Subparagraph	X	X	X

Aufgabe 17 Bitte setzen Sie auch noch folgende Tabelle.

body-height	Zeichenhöhe
asc-height	Höhe von Klein-Buchstaben mit Oberlängen (b,d,f)
cap-height	Höhe der Groß-Buchstaben
fig-height	Höhe der Ziffern
x-height	Höhe von Kleinbuchstaben ohne Oberlängen (a,c,e,m)
desc-depth	Tiefe von Kleinbuchstaben mit Unterlängen (g,j,p)
comma-depth	Tiefe des Kommas
math-axis	Mitte der Parenthese
bar-height	Höhe des Bindestrichs

5.3 Erweiterte Standardtabelle

Bei den Tabellen kommt es vor (z.B. bei Überschriften), daß Texte über mehrere Spalten hinweglaufen müssen. Gleichfalls kommt es vor, daß horizontale Linien nur über einige Spalten und nicht über die gesamte Breite der Tabelle laufen müssen. Hierfür sind von Leslie Lamport zwei zusätzliche Makros entwickelt worden, diese werden im nächsten Abschnitt behandelt. Durch diese Makros wird die Anwendbarkeit des tabular environment noch erheblich erweitert. Insbesondere ist es mit diesen Makros auch möglich, unterschiedliche Positionierungen von Elementen verschiedener Zeilen aber gleicher Spalte vorzunehmen.

5.3.1 Mehrspalten-Elemente — multicolumn —

Das Makro

```
\multicolumn{anzahl}{parameter}{element}
```

gestattet die Angabe von Elementen, die über mehrere Spalten gehen. An Stelle eines einfachen Elements wird hier ein Mehrfachelement angegeben. Dabei haben die 3 Parameter des Commands die folgende Bedeutung.

anzahl	Anzahl der Spalten
parameter =	*l* linksbündige Elemente in dieser Spalte *r* rechtsbündige Elemente in dieser Spalte *c* zentrierte Elemente in dieser Spalte
element	Text für das Anzahl Spalten überspannende Element

Oft kommt es vor, daß die Spaltenüberschriften anders ausgerichtet sein müssen (z.B. zentriert) als die Tabellenelemente (z.B. rechtsbündig). Auch in diesem Falle kann der multicolumn-Command gute Dienste leisten. Dies sieht man an folgendem Beispiel:

	Umsatz in Mio. DM			
Bereich	1.Quartal	2.Quartal	3.Quartal	4.Quartal
Software	1.2	1.1	0.4	1.6
Hardware	5.4	6.8	9.3	2.6
Beratung	2.1	1.8	2.4	1.6

Diese Form der Tabelle wurde aus Demonstrationsgründen in dieser Form dargestellt. Deutlich ist die unterschiedliche Ausrichtung der Spaltenüberschriften und der Tabellenelemente zu sehen.
Um dies zu erreichen, muß man schreiben:

```
\begin{center}
\begin{tabular}{|l|r|r|r|r|} \hline
&\multicolumn{4}{|c|}{Umsatz in Mio. DM}\\ \cline {2-5}
Bereich&
\multicolumn{1}{c|}{1.Quartal}&
\multicolumn{1}{c|}{2.Quartal}&
\multicolumn{1}{c|}{3.Quartal}&
\multicolumn{1}{c|}{4.Quartal}\\ \hline
Software&1.2  &  1.1    &  0.4    &  1.6   \\ \hline
Hardware&5.4  &  6.8    &  9.3    &  2.6    \\ \hline
Beratung&2.1  &  1.8    &  2.4    &  1.6    \\ \hline
\end{tabular}
\end{center}
```

> Der multicolumn-Command dient dazu, Überschriften über mehrere Spalten zu setzen, er kann aber auch verwendet werden, wenn unterschiedliche Positionierungen der Überschriften und Tabellenelemente einer Spalte vorzunehmen sind.

5.3.2 Horizontale Linien über n Spalten — cline

Um horizontale Linien auch über die Breite von einigen Spalten setzen zu können, ist der Command

```
\cline{spanf-spend}
```

zu schreiben. Hierbei ist

spanf	Spaltennummer Beginn horizontale Linie
spend	Spaltennummer Ende horizontale Linie

Als Beispiel für die Anwendung des multicolumn-Commands soll gezeigt werden, wie die Tabelle 5.3 Seite 66 mit einer Überschrift versehen werden kann. Hierzu ist folgendes zu schreiben.

```
\begin{tabular}{|c|c|c|c|c|c|c|c|c|c|c|} \hline
\multicolumn{11}{|c|}
{Kleines Einmaleins}\\ \hline
mal & 1 & 2 & 3 & 4 & 5 & 6 & 7 & 8 & 9 & 10\\ \hline
 1  & 1 & 2 & 3 & 4 & 5 & 6 & 7 & 8 & 9 & 10\\ \hline

    .........

 9  & 9 &18 &27 &36 &45 &54 &63 &72 &81 & 90\\ \hline
10  &10 &20 &30 &40 &50 &60 &70 &80 &90 &100\\ \hline
\end{tabular}
```

Man erhält dann die folgende Tabelle

Kleines Einmaleins										
mal	1	2	3	4	5	6	7	8	9	10
1	1	2	3	4	5	6	7	8	9	10
2	2	4	6	8	10	12	14	16	18	20
3	3	6	9	12	15	18	21	24	27	30
4	4	8	12	16	20	24	28	32	36	40
5	5	10	15	20	25	30	35	40	45	50
6	6	12	18	24	30	36	42	48	54	60
7	7	14	21	28	35	42	49	56	63	70
8	8	16	24	32	40	48	56	64	72	80
9	9	18	27	36	45	54	63	72	81	90
10	10	20	30	40	50	60	70	80	90	100

Die Anwendung des Commands cline wird an folgendem Beispiel erläutert.

Schreibt man:

```
\begin{tabular}{|l|c|c|c|c|} \hline
&\multicolumn{4}{|c|}{Umsatz in Mio. DM}\\ \cline {2-5}
Bereich&1.Quartal&2.Quartal&3.Quartal&4.Quartal\\ \hline
Software&1.2     & 1.1    & 0.4    & 1.6    \\ \hline
Hardware&5.4     & 6.8    & 9.3    & 2.6    \\ \hline
Beratung&2.1     & 1.8    & 2.4    & 1.6    \\ \hline
\end{tabular}
```

so erhält man:

	Umsatz in Mio. DM			
Bereich	1.Quartal	2.Quartal	3.Quartal	4.Quartal
Software	1.2	1.1	0.4	1.6
Hardware	5.4	6.8	9.3	2.6
Beratung	2.1	1.8	2.4	1.6

5.3.3 Boxes als Tabellen-Elemente — p{}

Eine zusätzliche Erweiterung der Einsatzbreite von Tabellen ist dadurch gegeben, daß die Unterparameter auch noch Boxes bestimmter Breite sein können. Hierbei verstehen wir unter Box ein Rechteck bestimmter horizontaler Breite (width) und vertikaler Länge (length).
Zum Beispiel ist eine Seite eine solche Box. Sie hat eine Breite (die Länge einer Textzeile) und eine Länge (die Seitenlänge).
In solch einer Box kann die Satzrichtung entweder horizontal sein, dann spricht man von einer horizontalen Box, sie kann aber auch vertikal sein, dann spricht man von einer vertikalen Box. Damit ist es also möglich, mehrzeilige Texte als Tabellen-Elemente zu verwenden. Hierbei ist allerdings zu beachten, daß wegen sonst entstehender Umbruchprobleme die Box-Breite nicht zu klein gewählt werden sollte. Es hat sich herausgestellt, daß 2 inch eine noch eben praktikable Breite ist, um ohne größere Umbruchprobleme Tabellen mit Boxes zu setzen.
Formal wird die Möglichkeit dadurch eröffnet, daß anstelle eines Unterparameters geschrieben werden kann

```
p{breite}
```

Hierbei ist für breite, die Breite der Box in Längeneinheiten anzugeben. (z.B. 2in).
Hierdurch wird es möglich, variable Listen auch als Tabellen zu setzen. Wir demonstrieren das an einem Beispiel.

Sie schreiben:

```
\begin{tabular}{lp{3.5in}}
{\bf Bit} & Das Bit ist die kleinste
Informationseinheit, Informationen werden in Bit
gemessen.\\
{\bf Byte} & Das Byte ist die kleinste adressierbare
Einheit.  Ein Byte besteht aus 8 Datenbits und einem
Control-Bit.\\
{\bf Wort} & Das Wort ist die kleinste adressierbare
Einheit bei Wortmaschinen.  Das Wort hat 16 oder 32 Bit
\\
\end{tabular}
```

und erhalten

Bit	Das Bit ist die kleinste Informationseinheit, Informationen werden in Bit gemessen.
Byte	Das Byte ist die kleinste adressierbare Einheit. Ein Byte besteht aus 8 Datenbits und einem Control-Bit.
Wort	Das Wort ist die kleinste adressierbare Einheit bei Wortmaschinen. Das Wort hat 16 oder 32 Bit.

Aufgabe 18 Bitte setzen Sie folgenden Text als Tabelle.

Die systematische Entwicklung eines Projektes findet nach einem sogenannten **Phasenmodell** statt. Dieses wird im folgenden untergliedert dargestellt.

Vorstudie	Ziel des Projektes
	Durchführbarkeit
	Wirtschaftlichkeit
Istaufnahme	Istzustand
	Schwachstellenanalyse
	Informationsbedarfsbestimmung
Grobkonzept	Ziel des Projektes
	Wirtschaftlichkeit
	Datenmodell
	Funktionenmodell
	Mengengerüst
Detailkonzept	Datenbeschreibung
	Aufgabenbeschreibung
	Terminplan
Implementierung	Programmierung
	Test

5.3.4 Zusätzliche Hilfsmittel der Gestaltung

In diesem Abschnitt soll über solche Hilfsmittel der Gestaltung berichtet werden, mit denen man

die Ausrichtung der Tabelle im Text

den Abstand der Tabellenzeilen

die Stellung eines Tabellenelements in der Tabelle

beeinflussen kann.

5.3.4.1 'environment center'

Das environment center kann verwendet werden, um z.B. eine Tabelle zu zentrieren.
Mit Hilfe der Schreibweise

```
\begin{center}
    \begin{tabular}{......}
          ........
          ........
    \end{tabular}
\end{center}
```

entsteht eine — in bezug auf die gesamte Textbreite — zentrierte Tabelle. Will man die Zentrierung von normalem Text durchführen, dann hat man zu beachten, daß die Zentrierung zeilenweise geschieht. Die Zeilen sind jeweils durch \\ abzuschließen. Dies ist aus folgendem Beispiel zu sehen.
Es wird folgender Text geschrieben.

```
\begin{center}
Das ist die erste geschriebene Zeile.\\
Das ist die zweite Zeile.\\
Und das ist die letzte Zeile.
\end{center}
```

Hieraus entsteht nach der Übersetzung.

Das ist die erste geschriebene Zeile.
Das ist die zweite Zeile.
Und das ist die letzte Zeile.

5.3.4.2 'environment centerb'*

Möchte man eine Zentrierung im Block erreichen, dann muß das 'environment centerb' verwendet werden*). Es handelt sich um ein zusätzliches environment mit zwei Parametern. Der erste Parameter ist die Blockbreite. Der zweite Parameter ist der Text. Man beachte, daß aus diesem Grunde der Text in geschweifte Klammern einzuschließen ist.
Soll der im vorigen Beispiel verwendete Text im Block der Breite 1.8 inch zentriert werden, dann ist

```
\begin{centerb}{1.8in}
{Das ist die erste geschriebene Zeile.
Das ist die zweite Zeile.
Und das ist die letzte Zeile.}
\end{centerb}
```

zu schreiben.
Hieraus entsteht nach der Übersetzung.

Das ist die erste geschriebene
Zeile. Das ist die zweite Zeile.
Und das ist die letzte Zeile.

5.3.4.3 Zentrierung von anderen environments

Es sei noch erwähnt, daß die Zentrierung nicht auf das 'environment tabular' beschränkt ist. Jedes andere environment (z.B. itemize, quote, quotation, description, enumerate) kann zentriert werden. Allerdings muß hier das 'environment centerb' benutzt werden. Die ist darin zu sehen, daß die anderen environments sämtlich als Breite die Zeilenbreite verwenden. Damit hätte die Zentrierung mit dem 'environment center' keine Wirkung. Im 'environment centerb' wird als die Zentrierung mit der als Parameter angegebenen Block-Breite durchgeführt. Hierbei ist allerdings zu beachten, daß diese vom Anwender so gewählt werden muß, daß die längste Zeile darin untergebracht werden kann — andernfalls entstehen 'Overfull Boxes'.

Schreibt man z.B.:

```
Die Scholle schmeckt am besten in den Monaten ohne 'r'
also:
\begin{centerb}{2cm}
\begin{itemize}
\item Mai
\item Juni
\item Juli
```

*) Makro aus infmakro.tex

```
\item August
\end{itemize}
\end{centerb}
```

so erhält daraus:
Die Scholle schmeckt am besten in den Monaten ohne 'r' also:

- Mai
- Juni
- Juli
- August

Ohne die Zentrierung wäre:
Die Scholle schmeckt am besten in den Monaten ohne 'r' also:

- Mai
- Juni
- Juli
- August

entstanden.

> Environments — außer dem 'tabular environment' — können nur mit dem 'centerb environment' zentriert werden. Die Zentrierung mit dem 'center environment' bleibt wirkungslos.

5.3.4.4 Veränderung des Zeilenabstands

Der Zeilenabstand ist mit 12 pt vorbesetzt. Dieser Wert wird in einem Längenregister gespeichert, das baselineskip heißt. Der Zeilenabstand kann geändert werden, indem man

```
\baselineskip=xxpt
```

schreibt. Hierbei ist xx der Zeilenabstand in pt.
Damit dieser Zeilenabstand nur in einer Tabelle wirksam wird und nicht von da an im gesamten Dokument, wird diese Setzung und das 'environment tabular' in geschweifte Klammern eingeschlossen.
Die Tabelle auf Seite 70 hat die folgende Gestalt, wenn man sie mit einem Zeilenabstand von 18 pt schreibt.

	Umsatz in Mio. DM			
Bereich	1.Quartal	2.Quartal	3.Quartal	4.Quartal
Software	1.2	1.1	0.4	1.6
Hardware	5.4	6.8	9.3	2.6
Beratung	2.1	1.8	2.4	1.6

Dies wurde durch die Schreibweise

```
{\baselineskip=18 pt
\tabbox{12.5}{5.5}
\begin{tabular}{|l|c|c|c|c|} \hline
&\multicolumn{4}{|c|}{Umsatz in Mio. DM}\\ \cline {2-5}
Bereich&1.Quartal&2.Quartal&3.Quartal&4.Quartal\\ \hline
Software&1.2      & 1.1    &  0.4   &  1.6    \\ \hline
Hardware&5.4      & 6.8    &  9.3   &  2.6    \\ \hline
Beratung&2.1      & 1.8    &  2.4   &  1.6    \\ \hline
\end{tabular}
}
```

erreicht.

5.3.4.5 Stellung der Tabellenelemente

TEX arbeitet mit Boxes. Jeder Satz ist eine Zusammensetzung von Boxes. Die kleinste Box, die man erzielen kann, ist die Box eines einzelnen Zeichens.

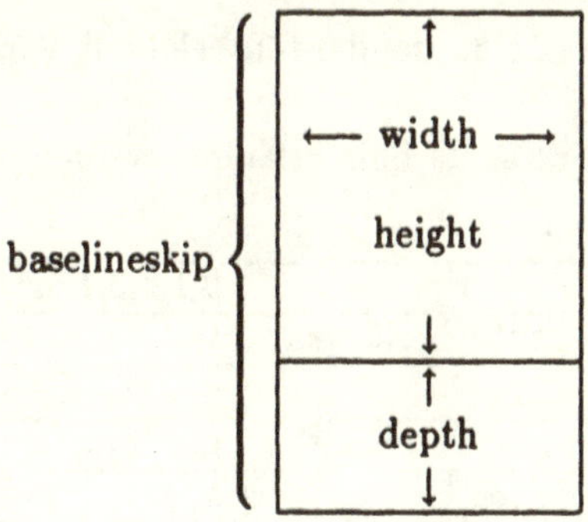

Abbildung 5.4: Box eines Zeichens

Hierbei bedeuten

baselineskip	Zeilenabstand
height	Höhe eines Zeichens über Basislinie
depth	Tiefe eines Zeichens unter Basislinie
width	Breite eines Zeichens

Hierbei ist stets

$$\textbf{baselineskip} = \textbf{height} + \textbf{depth}$$

und es gelten folgende Standardwerte

baselineskip	12pt
height	8.5pt
depth	3.5pt

Diese Standardeinstellungen können durch den Command

```
\tabbox{height}{depth}
```

lokal bei jeder Tabelle verändert werden.
Abbildung 5.5 zeigt ein Muster für die vollständige Gestaltung einer erweiterten Standardtabelle.

```
{\baselineskip=xx pt
\tabbox{height}{depth}
\begin{tabular}{......}
 ..........
\end{tabular}
}
```

Abbildung 5.5: Standard-Tabelle mit Variation

An einem Beispiel soll diese Technik erläutert werden. Wir gehen von einer Standardtabelle aus.

Ziffern	0,1,2,3,4,5,6,7,8,9
Buchstaben mit Oberlängen	I, A, b, d, f, h, k, l, t
Umlaute	ä, ö, ü, Ä, Ö, Ü
Buchstaben mit Unterlängen	g, j, p, q, y
Buchstaben ohne beides	a, c, e, i, m, n, o, r, s

Wie man sieht, stoßen die Buchstaben mit Oberlängen (große Umlaute) an die horizontalen Linien. Dies kann vermieden werden, wenn man zur Gestaltung der Tabelle folgende Zusätze verwendet.

height wird um 2 pt erhöht

depth wird um 2 pt erhöht

baselineskip wird um 4 pt = 2 pt + 2 pt erhöht

Dann erhält man die folgende Gestalt.

Ziffern	0,1,2,3,4,5,6,7,8,9
Buchstaben mit Oberlängen	I,A, b, d, f, h, k, l, t
Umlaute	ä, ö, ü, Ä, Ö, Ü
Buchstaben mit Unterlängen	g, j, p, q, y
Buchstaben ohne beides	a, c, e, i, m, n, o, r, s

Aufgabe 19 Bitte geben Sie die Parameter-Setzungen für die obige Tabelle an.

Aufgabe 20 Bitte setzen Sie die folgende Tabelle. Der Zeilenabstand soll 13 pt betragen, die Oberlänge (height) 11.5 pt. (Wie groß ist dann die Unterlänge (depth)?)

Buchstaben	A, B, C, ... , Z, a, b, c, ... , z
deutsche Zeichen	Ä, Ö, Ü, ä, ö, ü, ß
Ziffern	0, 1, 2, 3, 4, 5, 6, 7, 8, 9
Sonderzeichen	. : ; , ! ' ' ( ) [ ] - / *
Spezialzeichen	# $ % & ˜ _ ˆ \ { }
math. Zeichen	+ = | <>
Bindestriche	- (in Worten) – (Zahlbereiche) , — (Parenthese)

5.3.4.6 Verstärkte horizontale und vertikale Linien

In einigen Fällen kann es wünschenswert sein, bestimmte horizontale bzw. vertikale Linien zu verstärken. Das gilt auch für die aus horizontalen und vertikalen Linien zusammengesetzte Einrahmung.
Das Prinzip dieser Technik ist sehr einfach.

1. Am Anfang des Parameters steht `\tabpl` am Ende `\tabpr`, wenn eine verstärkte Einrahmung gewünscht wird.
   Beispiel: `{\tabpl c|c \tabpr}`
2. In jeder Zeile ist als erstes Element `\tabanf` einzutragen, als letztes Element `\tabend`, wenn eine verstärkte Einrahmung gewünscht wird.
   Beispiel: `\tabanf&16.0&12.4&\tabend\\`
3. Horizontale verstärkte Linien entstehen durch `\tabline`.

Ein Beispiel für die Anwendung dieser Technik stellt die bereits als Beispiel verwendete Tabelle dar.

	Umsatz in Mio. DM			
Bereich	1.Quartal	2.Quartal	3.Quartal	4.Quartal
Software	1.2	1.1	0.4	1.6
Hardware	5.4	6.8	9.3	2.6
Beratung	2.1	1.8	2.4	1.6

Aufgabe 21 Bitte setzen Sie die die obige Tabelle.

Aufgabe 22 Auch das folgende Beispiel ist mit Hilfe der Tabellen gesetzt. Damit die umrahmte Box zentriert wird, verwenden Sie das environment center. Eine umrahmte Box können Sie als Tabelle mit nur einem Element auffassen, welches durch p{} beschrieben wird. Wählen Sie bitte eine Breite von 40 % der Textbreite.

Die Bundesrepublik Deutschland ist eine parlamentarische Demokratie. Der Bundeskanzler bestimmt die Richtlinien der Politik.

Zusatzfrage: Mit welcher im vorigen Abschnitt behandelten Technik hätten Sie den gleichen Effekt erzielen können? Sie sehen daraus, daß TEX Werkzeuge bereitstellt, die lückenlos das Aufgabengebiet des Satzes abdecken. (Die beiden Methoden sind ja nicht gleichwertig, sie können nur für diese Aufgabe beide benutzt werden.!!)

Aufgabe 23 Bitte setzen Sie auch noch die folgende Tabelle.

Tabelle	Nr.1	Nr.2	Nr.3	Nr.4	Nr.5	Nr.6
Nr.1	⋆	⋆	⋆	⋆	⋆	⋆
Nr.2	⋆	⋆	⋆	⋆	⋆	⋆
Nr.3	⋆	⋆	⋆	⋆	⋆	⋆
Nr.4	⋆	⋆	⋆	⋆	⋆	⋆
Nr.5	⋆	⋆	⋆	⋆	⋆	⋆

Nach dem nächsten Abschnitt werden Sie hieraus die volle Abbildung 5.1 konstruieren können!

Kapitel 6

Mathematische Texte

Das TEX-System ist auf den Satz mathematischer Texte vorbereitet. Eine große Anzahl von besonderen Schriftzeichen, die nur in der Mathematik verwendet werden, sind als Standard vorhanden. Besondere, in der Mathematik verwendete Strukturen werden standardmäßig in TEX unterstützt. So sind besondere Verfahren vorhanden, die das Schreiben von Gleichungen und Theoremen unterstützen. Jederzeit kann auf solche Gleichungen und Theoreme als Referenz wieder zugegriffen werden. Die Behandlung in diesem Skript soll aber etwas eingeschränkt werden. Zum einen soll das Skript auch für solche Anwender lesbar sein, die Bezüge zur höheren Mathematik nicht nachvollziehen können. Zum anderen ist die Flexibilität von TEX gerade auf dem mathematischen Sektor so hoch, daß bei vollständiger Behandlung der Rahmen dieses Buches gesprengt würde. Das wird auch dadurch erhellt, daß es eine spezielle Realisierung von TEX gibt, die sich allein mit dem Satz von mathematisch-technischen Texten befaßt.
Aus diesem Grunde beschränkt sich dieses Skript auf die Darstellung folgender Sachverhalte.

Subskripte und Superskripte

Brüche und Wurzeln

Gleichungen

Summen mit Summenzeichen

Vertikal ausgerichtete Strukturen

6.1 Verarbeitungsarten in TEX (processing mode)

Wenn TEX Text übersetzt, dann liegen eine von drei Verarbeitungsarten vor.

paragraph mode Paragraph mode ist die normale Verarbeitungsart. Dieser Text ist in paragraph mode geschrieben. TEX betrachtet den Quelltext als eine Folge von Worten in Sätzen. Diese Folge wird in Zeilen, Absätze (Paragraphen) und Seiten umgebrochen.

mathematical mode In dieser Verarbeitungsart bearbeitet TEX mathematischen Text. Text wird als mathematisch erkannt, wenn dieser innerhalb eines mathematical environment steht (mathematische environments siehe nächsten Abschnitt). In diesem Falle wird der Quelltext als eine Folge von Symbolen interpretiert. Leerzeichen bleiben unberücksichtigt. Z.B. werden Zeichenkombinationen 'i s' als das Produkt is geschrieben und 'i+s' als $i + s$. (Man beachte, daß hier also zusätzlicher Leer-Raum um das Zeichen '+' eingefügt wurde.

LR mode Dieser mode verarbeitet L(eft) (to) R(ight). Der Quelltext wird als Folge von Worten und Leerzeichen aufgefaßt. Jedoch wird niemals ein Zeilenumbruch durchgeführt. Die Verarbeitungsrichtung ist fortlaufend von links nach rechts. Niemals wird eine neue Zeile begonnen. Diese Verarbeitungsart wird in einem später zu behandelnden Makro (mbox) verwendet. Hierdurch ist eine Methode vorhanden, innerhalb von mathematical mode Texte in der im paragraph mode definierten Schrift zu setzen.

6.2 Das mathematische environment

Um im Text festzulegen, daß es sich um Mathematik-Satz handelt, sind mehrere environments möglich.

Sind im Text nur kleine mathematische Teile (wie z.B. Größen mit Indizes) eingeschlossen, dann wird das environment

```
$ .......... $
```

verwendet. Der Mathematik-Satz wird in $ eingeschlossen.

Für mathematische Textteile, die im Mathematik-Satz erstellt werden sollen, ist als environment

```
\(  ............................  \)
```

vorzusehen. Hier handelt es sich um mathematischen Satz, der inmitten von anderem Text auftritt. Die Schriftgröße ist so gewählt, daß der mathematische Satz in der Größe zum umgebenden Text paßt. Der gesetzte Text wird in \(und \) eingeschlossen.

Für unnumerierte Textteile, die im Mathematik-Satz erstellt werden sollen, ist als environment

```
\[
....................
....................
....................
\]
```

vorzusehen. Hier handelt es sich um mathematischen Satz, der von anderem Text getrennt auftritt. Der Satz geschieht in einer anderen Schriftgröße. Die Schriftgröße muß nicht im Rahmen des Zeilenabstands des umgebenden Textes passen. Der gesetzte Text wird in `\[` und `\]` eingeschlossen.
Eine numerierte Gleichung wird durch das 'environment equation' erzielt. Die Numerierung der Gleichungen geschieht automatisch vom System. Es ist jederzeit möglich, auf die Gleichungen und ihre Nummern Bezug zu nehmen. Das environment wird durch

```
\begin{equation}
...........
...........
...........
\end{equation}
```

beschrieben.
Die Gleichungsnummern stehen rechts. Will man die Gleichungsnummern links haben, so muß man in den Optionen `leqno` schreiben. Ein report könnte dann also durch

```
\documentstyle[11pt,leqno]{report}
```

beschrieben werden.

6.3 Subskripte und Superskripte

Subskripte sind tiefgestellte Ziffern, Buchstaben oder Sonderzeichen oder Kombinationen hieraus. Superskripte sind hochgestellte Ziffern, Buchstaben oder Sonderzeichen oder Kombinationen hieraus.
Um sicherzustellen, daß Subskripte bzw. Superskripte vom System erkannt werden können, ist ein mathematisches environment zu wählen. Wir benutzen in diesem Abschnitt stets das environment `$ ..... $`, aber selbstverständlich werden Subskripte und Superskripte vom System auch erkannt, wenn das 'environment `\[...\]`' oder das 'environment `\(...\)`' oder das 'environment equation' gewählt wurde.

Subskript Voraussetzung ist, daß eines der mathematischen environments vorliegt. Das Subskript wird dadurch angegeben, daß ein Zeichen _ gegeben wird. Das Subskript selbst wird dann in `{}` eingeschlossen.

Schreibt man also: `$x_{1}$` so wird x_1 gesetzt. Es können als Subskript auch arithmetische Ausdrücke gesetzt werden. Schreibt man: `$x_{i+j+3}$`, so erhält man x_{i+j+3}

Superskript Voraussetzung ist, daß eines der mathematischen environments vorliegt. Das Superskript wird dadurch angegeben, daß ein Zeichen ^ gegeben wird. Das Superskript selbst wird dann in {} eingeschlossen.
Schreibt man also: `$x^{1}$` so wird x^1 gesetzt. Es können als Subskript auch arithmetische Ausdrücke gesetzt werden. Schreibt man: `$x^{i+j+3}$`, so erhält man x^{i+j+3}.

6.4 Brüche

Für die Schreibweise von Brüchen oder gebrochen rationalen Funktionen ist das Makro `\frac{zaehler}{nenner}` vorhanden. Voraussetzung für die Anwendung ist wiederum, daß dieses Makro nur in einem mathematischen environment benutzt werden kann.
Im Text kann z.B. ein echter Bruch $\frac{1}{2}$ in der Form `$\frac{1}{2}$` geschrieben werden. Will man ganze Formeln schreiben, so kann man z.B.

```
\begin{quote}
\[
z = \frac{x^2 + y^2}{2x + 5}
\]
\end{quote}
```

schreiben.
Man erhält dann

$$z = \frac{x^2 + y^2}{2x + 5}$$

Hinweis für den Satz: Wenn in einem Text Brüche vorkommen, ist es zweckmäßig, diese durch das 'environment `\[...\]`' auf getrennten Zeilen zu setzen. Würde man den obigen Bruch inmitten von Text setzen, dann würde man etwa den folgenden Satz erzielen.
Anfang des Textes .... Anfang des Textes
.... Und es entsteht $z = \frac{x^2+y^2}{2x+5}$ aus den oben gemachten Angaben. Dabei ist noch zu berücksichtigen, daß .z.B. durch `\newline` eine Zeile begonnen werden muß, damit `\dotfill` wirksam wird, wie im folgenden:
Ende des Textes .... Ende des Textes.

Dieses Beispiel macht deutlich, daß bei normalem mathematischen Satz Formeln stets außerhalb des normalen Satzes gesetzt werden sollten, da sonst die Lesbarkeit stark beeinträchtigt wird.

Aufgabe 24 Bitte schreiben Sie folgenden Text.

$$(a+b)^2 = a^2 + 2ab + b^2$$

ist eine der wichtigsten Formeln aus der Mathematik. Für Ihr Alter ist es aber auch wichtig, daß Sie wissen, daß eine Rente nach n Jahren einen Endwert von

$$K = r\frac{q^n - 1}{q - 1}$$

besitzt, wenn r die jährliche Einzahlung und p der Prozentsatz und $q = 1 + \frac{p}{100}$ ist.

Zur Darstellung von Wurzeln ist ebenfalls ein sehr bequemes Makro vorhanden. Es lautet

```
\sqrt{radikand}
```

Schreibt man zum Beispiel

```
\[ a + b = \sqrt{a^{2} + 2ab + b^{2}} \]
```

so erhält man die folgende Darstellung

$$a + b = \sqrt{a^2 + 2ab + b^2}$$

6.5 'environment equation'

Alle Darstellungen, die bis jetzt genannt worden sind, lassen sich auch innerhalb des 'environment equation' setzen.
Es wird geschrieben

```
Die beiden Gleichungen
\begin{equation}
(a + b)^{2} = a^{2} + 2ab + b^{2}
\end{equation}
und
\begin{equation}
a + b = \sqrt{a^{2} + 2ab + b^{2}}
\end{equation}
sind gleichwertig.
```

Hierfür erhält man den folgenden Satz.
Die beiden Gleichungen

$$(a+b)^2 = a^2 + 2ab + b^2 \tag{6.1}$$

und

$$a+b = \sqrt{a^2 + 2ab + b^2} \tag{6.2}$$

sind gleichwertig.

Wie man sieht, sind die Gleichungen jetzt rechts numeriert. Die erste Nummer bedeutet dabei das Kapitel, die zweite die Nummer der Gleichung innerhalb des Kapitels. Es wird im nächsten Kapitel gezeigt werden, wie man sich im Text auf diese Gleichungs-Nummern beziehen kann.

6.6 Summen mit Summenzeichen

In der höheren Mathematik wird zur Abkürzung der Schreibweise für Summen ein Summenzeichen mit einer bestimmten Bedeutung benutzt. So kann man dann schreiben.

$$a_1 + a_2 + \ldots + a_n = \sum_{i=1}^{n} a_i$$

Um diese Gleichung schreiben zu können, sind noch zwei Definitionen nötig.

1. `\ldots` erzeugt "Fortsetzungs"-Punkte, die soviel bedeuten wie 'es geht so weiter bis'

2. `\sum_{unten}^{oben}` erzeugt ein Summenzeichen

   $$\sum_{unten}^{oben}$$

   wobei ersichtlich 'unten' den Text enthalten muß, der unter das Summenzeichen zu schreiben ist, und 'oben' den Text, der über das Summenzeichen zu schreiben ist.

6.7 Vertikal ausgerichtete Strukturen - array

Nicht nur in der Mathematik ist es häufig erwünscht, bestimmte Texte vertikal ausgerichtet auszugeben. Hierfür ist in TeX das environment

array

vorhanden. Hiermit kann ein array (=Bereich) vertikal ausgerichtet gesetzt werden.
Das 'environment array' hat einen Parameter, der dem Parameter aus dem 'environment tabular' entspricht.
Die Zahl der Unterparameter entspricht genau der Anzahl der Spalten des Arrays.
Für jeden Unterparameter sind folgende Eintragungen möglich.

$$\text{Unterparameter} = \left\{ \begin{array}{cl} \text{l} & \text{linksbündige Elemente in dieser Spalte} \\ \text{r} & \text{rechtsbündige Elemente in dieser Spalte} \\ \text{c} & \text{zentrierte Elemente in dieser Spalte} \\ \text{p\{brei\}} & \text{Box der Breite brei} \end{array} \right.$$

Die Trennung der einzelnen Elemente in den Zeilen wird wie beim 'environment tabular' durch & erreicht, durch \\ wird das Zeilenende markiert. (`\hline` ist nicht zugelassen!)
Umrahmungen der Spalten und der ganzen Tabelle sind nur beim 'environment tabular' möglich. Alle Tabellen-Elemente werden im normalen Satz gesetzt. Wenn mathematischer Satz gewünscht wird, muß dies elementweise besonders angegeben werden, z.B. durch **$$**-Umrahmung.
Beim 'environment array' findet der gesamte Satz in einem mathematischen environment statt. Alle Elemente werden im mathematical mode gesetzt.
Falls normaler Textsatz in einem Element gewünscht wird, ist

```
\mbox{normaltext}
```

zu schreiben.
Ein array-Element kann ein 'environment tabular' sein. Dieses arbeitet dann wie eine mbox. (Der mode innerhalb des 'environment tabular' ist paragraph mode.)

Das 'environment array' wird verwendet, wenn erreicht werden soll, daß z.B. linke Seiten oder rechte Seiten von Gleichungen senkrecht untereinander stehen.
Beispiel: Schreibt man

```
\(
\begin{array}{ll}
a+b&=\sqrt{a^{2}+2ab+b^{2}}\\
(a+b)^{2}&=a^{2}+2ab+b^{2}
\end{array}
\)
```

so ist damit sichergestellt, daß die '=' untereinanderstehen.

$$\begin{array}{ll} a+b & =\sqrt{a^{2}+2ab+b^{2}} \\ (a+b)^{2} & =a^{2}+2ab+b^{2} \end{array}$$

Ist ein Element von einem array ein 'environment tabular', dann werden Einzelelemente in der Höhe zentriert gesetzt. Dies erläutert folgendes Beispiel

```
\(
\begin{array}{ll}
Einzelzeile& \begin{tabular}{|l|c|}
               Erstens& 1.Zeile\\
               Zweitens& 2.Zeile\\
               Drittens& 3.Zeile
             \end{tabular}
\end{array}
\)
```

Dies führt nämlich zu

	Erstens	1.Zeile
Einzelzeile	Zweitens	2.Zeile
	Drittens	3.Zeile

Man beachte hierbei, daß 'Einzelzeile' im mathematical mode, die Tabelle aber im paragraph mode gesetzt wird. Wollte man Einzelzeile auch im paragraph mode setzen, dann ist `\mbox{Einzelzeile}` zu schreiben.

6.8 Klammern als Strukturelemente

Klammern		
Name	Command	Wirkung
Überklammer	`\overbrace{element}`	$\overbrace{\qquad}$
Unterklammer	`\underbrace{element}`	$\underbrace{\qquad}$
geschweifte Klammer auf	`\left\{{element}`	$\left\{ \vphantom{\int} \right.$
geschweifte Klammer zu	`{element}\right\}`	$\left. \vphantom{\int} \right\}$
Klammer auf	`\left({element}`	$\left(\vphantom{\int} \right.$
Klammer zu	`{element}\right)`	$\left. \vphantom{\int} \right)$

Abbildung 6.1: Klammern

Häufig kommt es vor, daß Klammern oder andere graphische Zeichen benutzt werden sollen, um gewissen Zusammenhänge zu verdeutlichen. Hierbei wird zunächst an die Symbole Abb. 6.1 Seite 86 gedacht.

Für die Anwendung werden noch folgende Hinweise gegeben.

1. Die Verwendung von Klammern dieser strukturierenden Art setzt immer ein mathematisches Environment voraus. Dieses wird in folgender Reihenfolge geschrieben.

   1.1 Environment-Anfang ($ oder `\(` oder `\[`)

   1.2 **`\left`** gefolgt von einem Symbol für die zu verwendende Klammer (das könnte auch eine schließende Klammer sein!)

   1.3 Das Element (Text oder tabular environment oder array environment)

   1.4 **`\right`** gefolgt von einem Symbol für die zu verwendende Klammer (das könnte auch eine öffnende Klammer sein!)

   1.5 Environment-Ende ($ oder `\)` oder `\]`)

2. Es muß darauf geachtet werden, daß die Klammern, die mit left bzw. right geschrieben werden, paarweise auftreten. Falls man eine einzelne Klammer erzeugen möchte, ist bei einer left-Klammer stets

   `$\right.$`

   `hinter {element}` zu schreiben, bei einer right-Klammer ist

   `$\left.$`

   `vor {element}` zu schreiben.

3. Als Elemente können dabei

   3.1 Tabellenelemente

   3.2 ganze Tabellen

   3.3 arrays

   Verwendung finden.

4. Es können alle mathematischen environments verwendet werden.

Schreibt man

```
\[
\mbox{Unterparameter} = \left\{
   \begin{tabular}{cl}
    l&linksb\ündige Elemente in dieser Spalte\\
    r&rechtsb\ündige Elemente in dieser Spalte\\
    c&zentrierte Elemente in dieser Spalte \\
    p\{brei\}&Box der Breite brei
   \end{tabular}
        \right.
\]
```

so erhält man

$$\text{Unterparameter} = \left\{ \begin{array}{cl} \text{l} & \text{linksbündige Elemente in dieser Spalte} \\ \text{r} & \text{rechtsbündige Elemente in dieser Spalte} \\ \text{c} & \text{zentrierte Elemente in dieser Spalte} \\ \text{p\{brei\}} & \text{Box der Breite brei} \end{array} \right.$$

Aufgabe 25 Bitte schreiben Sie folgenden Text.
In einem Fuhrpark-Informationssystem fahren die Lkw die Touren nach vorgegebenen Fahrbefehlen ab. Die Touren sind durch Verbindungen von Knoten festgelegt. Hierbei haben Knoten unterschiedliche Bedeutung.

$$Knoten \left\{ \begin{array}{l} Depot \\ Kundenort \\ Endpunkt \left\{ \begin{array}{l} Fahrer-Endpunkt \\ Lager \end{array} \right. \end{array} \right.$$

Aufgabe 26 Der Text der vorigen Aufgabe soll nun noch in folgender Form geschrieben werden. Welche Änderungen müssen dazu angebracht werden (**zwei** prinzipielle Änderungen!)

$$\text{Knoten} \left\{ \begin{array}{l} \text{Depot} \\ \text{Kundenort} \\ \text{Endpunkt} \left\{ \begin{array}{l} \text{Fahrer-Endpunkt} \\ \text{Lager} \end{array} \right. \end{array} \right.$$

Aus diesen beiden Beispielen ist zu sehen, welche Vorteile die mathematische Satztechnik auch für andere Bereiche hat. Hierdurch wird insbesondere die Möglichkeit des strukturierten Schreibens (und vorher: Denkens) erheblich unterstützt.

> Immer, wenn
>
> - Zeichen, die zum mathematischen Satz gehören
> - mathematische Gleichungen
> - mathematische Strukturen (array)
> - Strukturklammern
>
> gesetzt werden sollen, ist ein mathematisches environment
> $ .... $, \(.......... \) oder \[.......... \] zu verwenden.

Kapitel 7

Graphik

7.1 Abbildungen – 'environment figure'

Abbildungen spielen in Texten eine besondere Rolle. Es ist möglichst automatisch abzusichern, daß der Text oder die Graphik, die zusammengehört, auch auf einer Seite des Dokuments abgebildet wird. In TEX ist hierfür das 'environment figure' vorhanden.
Schreibt man

```
\begin{figure}[ort]
    ........
    ........
    ........
\caption{\label{kennung}Beispiel einer Bildunterschrift}
\end{figure}
```

Abbildung 7.1: Beispiel einer Bildunterschrift

so wird hiermit eine Abbildung mit der Bildunterschrift 'Beispiel einer Bildunterschrift' definiert.
Der Text 'kennung' muß die Abbildung eindeutig identifizieren.
Die Abbildung wird auf einer Seite des Dokuments gesetzt. Mit dem Parameter ort kann der Anwender darüber entscheiden, an welcher Stelle die Abbildung im Dokument auftaucht.

$$\text{ort} = \begin{cases} \text{h} & \text{hier – an der laufenden Textstelle} \\ \text{t} & \text{am Kopf der nächsten Seite} \\ \text{b} & \text{am Fuß der nächsten Seite} \\ \text{p} & \text{auf einer Sonderseite} \end{cases}$$

Im Parameter ort werden alle der zugelassenen Parameter in der Reihenfolge der Priorität angegeben. Wird kein Parameter angegeben, so gilt als Standard

htbp. Die Abbildung wird also entweder am Kopf der nächsten Seite oder, wenn das bereits durch eine andere Abbildung besetzt ist, am Fuß oder auf einer getrennten Seite am Ende des Dokuments gesetzt.
Normalerweise wird man ht wählen, womit erreicht wird, daß die Abbildung entweder direkt gesetzt wird oder auf die folgende Seite oben. Es sei allerdings angemerkt, daß dies nur zulässig ist, wenn abgesichert ist, daß auf diese Weise keine Konkurrenzsituation erzeugt wird. In diesem Falle würde p gewählt, die Abbildung auf Seiten am Ende des Dokuments verschoben.
Mit Hilfe der im label angegebenen kennung, ist im weiteren Text jederzeit ein Bezug auf die Abbildung möglich.
Schreibt man

```
\ref{kennung}
```

so erhält man mit

7.1

die Abbildungsnummer.
Schreibt man

```
\pageref{kennung}
```

so erhält man mit

89

die Seite, auf der die Abbildung vorkommt.

Aufgabe 27 Bitte schreiben Sie ein environment für eine Abbildung, die möglichst an der Textstelle auftreten soll, sonst auf der nächsten Seite oben. Die Bildunterschrift soll "Tabelle der Projekte" lauten. Mit der Referenz "projekte" soll man sich im Text stets auf diese Tabelle beziehen können.

7.2 Grundsätzliches über Graphik

Für die Gestaltung von Graphik mit den Elementen

Gerade

Vektor

Rechteck

Kreis (bis 40 pt Durchmesser)

Oval

sind Makros vorhanden, welche die komfortable Gestaltung von Graphik gestatten, wenn nur normale Anforderungen gestellt werden.
Es wurde insbesondere dafür gesorgt, daß in der Datenverarbeitung und Organisation auftretende Strukturelemente bequem gesetzt werden können. Hierfür wurden zusätzliche Makros geschaffen. Diese werden im nächsten Kapitel behandelt.

7.3 Größe der Abbildung und Lage der Elemente

Das 'environment picture' ist dafür geschaffen worden, um Zeichnungen setzen zu können, die aus den oben genannten Elementen aufbaubar sind.

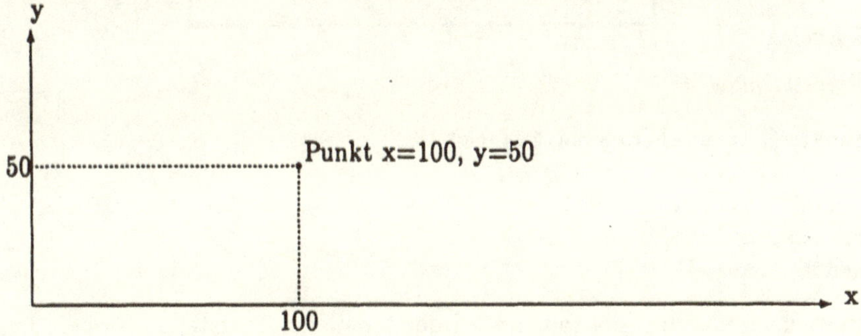

Abbildung 7.2: Koordinaten-System beim 'environment picture'

Das Prinzip der Darstellung ist sehr einfach. Das 'environment picture' gestattet die Angabe einer Abbildungs-Größe (Rechteck mit Breite und Länge) und von Elementen innerhalb dieses Rechtecks. Um die Lage der Elemente angeben zu können, wird ein übliches rechtwinkliges Koordinatensystem innerhalb des Rechtecks zugrundegelegt.
Für jedes 'environment picture' werden

- Breite (x-Richtung)
- Länge (y-Richtung)

des Rechtecks vom Anwender vorgegeben.
Und es ist

Ursprung	die linke untere Ecke des Rechtecks
Längeneinheit	\unitlength (standardmäßig 1 pt)

Graphisch wird also die Abb.7.2 Seite 91 mit dem gezeichneten Koordinatensystem zugrunde gelegt, wenn man eine Breite von 325 Einheiten und eine Länge von 100 Einheiten vorsieht.

7.4 'environment picture'

Das Haupthilfsmittel für die Gestaltung von einfacher Graphik stellt das 'environment picture' dar. Das 'environment picture' legt gewissermaßen das Koordinatensystem fest. Hierzu werden

- Koordinaten-Ursprung
- Breite und Länge der Abbildung
- Längeneinheit der Darstellung

festgelegt.

Schreibt man:

```
\begin{picture}(breite,laenge)
..............
..............
..............
\end{picture}
```

so wird hierdurch — beginnend bei der jeweiligen Textstelle als obere linke Ecke des Rechtecks — ein Rechteck der Breite breite und der Länge laenge als Koordinatensystem festgelegt.
Für Breite und Länge gilt als Einheit die durch

\unitlength

festgelegte Angabe. Standardmäßig ist

\unitlength = 1pt

vorbesetzt. Dies kann aber — auch lokal durch Benutzung von geschweiften Strukturklammern — durch

\unitlength = xxpt

auf xxpt gesetzt werden.
Der Koordinaten-Ursprung($x = 0, y = 0$) ist stets der linke untere Eckpunkt des durch das 'environment picture' definierten Rechtecks. Es ist günstig, wenn vor dem 'environment picture' (z.B. durch eine eingeschobene Leerzeile) abgesichert wird, daß dieses auf Zeilenanfang beginnt. Dann liegt der Koordinaten-Ursprung auf dem linken Textrand soweit von dem zuletzt geschriebenen Text entfernt, wie es die im 'environment picture' eingetragene Länge angibt.
Wenn nach dem 'environment picture' wieder auf dem Zeilenanfang begonnen werden soll, ist wiederum eine Leerzeile im Quelltext anzubringen.

7.5 Basis-Makro put

Zur Lokalisierung von graphischen Elementen innerhalb eines 'environment picture' dient das Makro put. Das Makro put hat den folgenden Aufbau

```
\put(x-koordinate,y-koordinate){element}
```

Durch x-koordinate wird die x-Koordinate, durch y-koordinate wird die y-Koordiante für den Bezugspunkt des graphischen Elements angegeben. In den folgenden Unterabschnitten werden die graphischen Elemente und ihre Schreibweise behandelt. Dabei ist dann jeweils der Bezugspunkt anzugeben. Für die Lage des Elements ist das put-Makro verantwortlich. Dieses legt den Bezugspunkt fest.

7.5.1 Text

Für das Element Text gelten folgende Regeln.

Wirkung An einer bestimmten Stelle des 'environment picture' ist Text zu positionieren.

Bezugspunkt Der Text wird in einer horizontalen Box gesetzt, die linksbündig und oben bei x-koordinate, y-koordinate beginnt.

Schreibt man

```
\begin{picture}(300,100)
\put(150,50){text}
\end{picture}
```

so erhält man

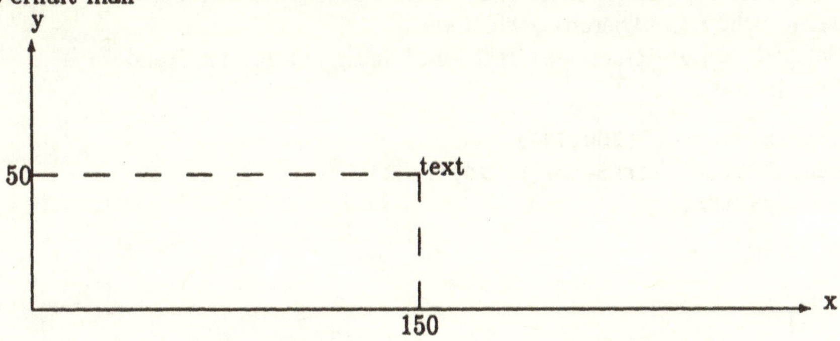

Das Achsenkreuz, die gestrichelten Linien und die Koordinaten sind lediglich zur Orientierung angebracht, sie werden durch das environment nicht erzeugt.

7.5.2 Umrahmtes Rechteck

Für das Element umrahmtes Rechteck gelten folgende Regeln.

Wirkung Es soll an einer bestimmten Stelle des 'environment picture' ein umrahmtes Rechteck mit Text stehen.

Bezugspunkt Der linke untere Eckpunkt des Rechtecks ist der Bezugspunkt.

Makro Für die Darstellung des umrahmten Rechtecks wird das Makro

```
\framebox(breite,laenge)[ort]{text}
```

verwendet. Hierbei bedeuten

breite	Breite des Rechtecks
laenge	Länge des Rechtecks
text	Text, der in dem Rechteck stehen soll

Und für den ort (Plazierung des Textes) gibt es folgende Festlegungen

$$\text{ort} = \begin{cases} \text{l} & \text{linksbündig} \\ \text{r} & \text{rechtsbündig} \\ \text{c} & \text{zentriert} \\ \text{t} & \text{vertikal 'oben'} \\ \text{b} & \text{vertikal 'unten'} \end{cases}$$

Es müssen stets horizontale und vertikale Positionierung angegeben werden, wenn nicht c (zentrieren) gewählt wird.
Beispiel: bl positioniert den Text linksbündig am unteren Rand.
Schreibt man

```
\begin{picture}(300,100)
\put(150,50){\framebox(50,20){text}}
\end{picture}
```

so erhält man

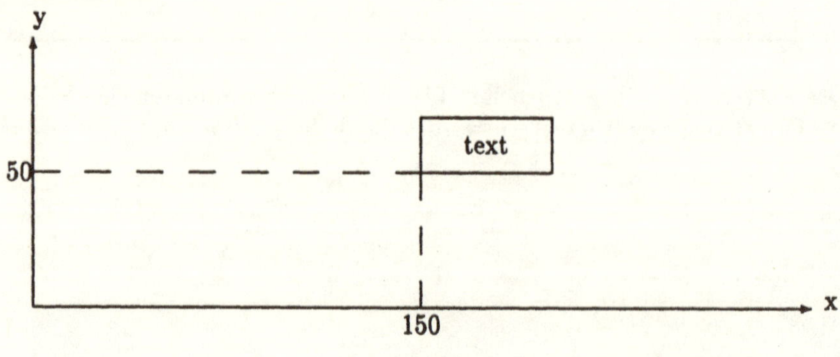

Das Achsenkreuz, die gestrichelten Linien und die Koordinaten sind lediglich zur Orientierung angebracht, sie werden durch das environment nicht erzeugt.

Wenn das umrahmte Rechteck z.B. mit dem Paramter lt (Text links oben positionieren) versehen wird, dann erhält man die folgende Darstellung.

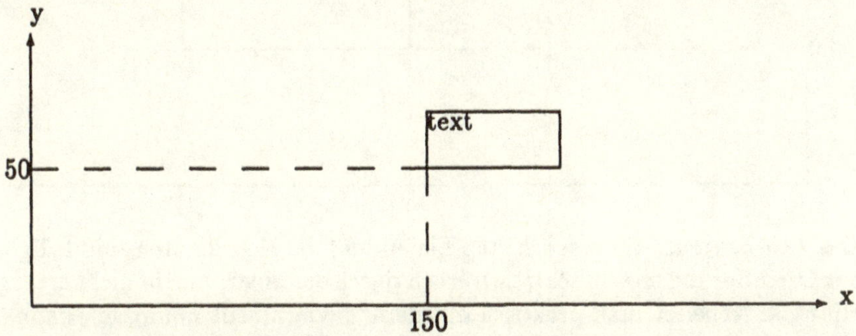

Das Achsenkreuz, die gestrichelten Linien und die Koordinaten sind lediglich zur Orientierung angebracht, sie werden durch das environment nicht erzeugt. Soll in dem eingerahmten Rechteck Zeilenumbruch stattfinden, dann kann man an Stelle von text

```
\begin{minipage}[pos]{breite}
   text
\end{minipage}
```

schreiben. Hierbei bedeuten

breite	Breite der minipage = Breite framebox
pos	Positionierung = ort framebox

Dies wird an einem Beispiel demonstriert, wobei als Text
erste Zeile
zweite Zeile
dritte Zeile
gewählt wurde.
Die Box ist jetzt 80 pt breit.
Schreibt man

```
\begin{picture}(300,100)
\put(150,50){\framebox(80,40)[lt]{
                                   \begin{minipage}[lt]{80pt}
                                     1. Text 2. Text
                                     3. Text 4. Text
                                   \end{minipage}
                                   }
              }
\end{picture}
```

so erhält man

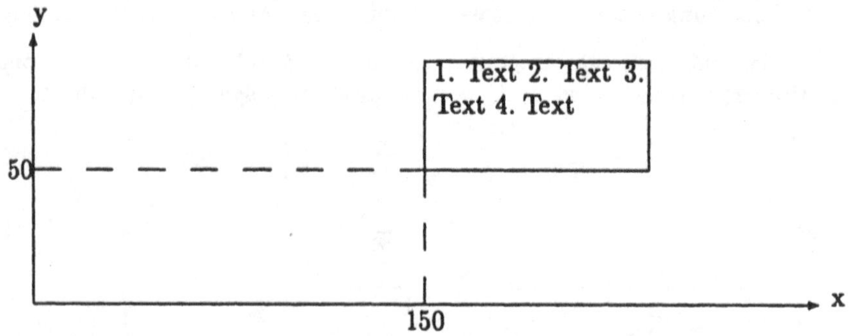

Das Achsenkreuz, die gestrichelten Linien und die Koordinaten sind lediglich zur Orientierung angebracht, sie werden durch das environment nicht erzeugt. Hinweis: Arbeitet man praktisch mit dem 'environment minipage', dann ist es gut, die Breite ca. 5 pt kleiner zu wählen, als die Breite der framebox, um Überschneidungen zu vermeiden.

7.5.3 Rechteck ohne Rahmen

Für das Element Rechteck ohne Rahmen gelten folgende Regeln.

Wirkung Es soll an einer bestimmten Stelle des 'environment picture' ein Rechteck ohne Rahmen mit Text stehen.

Bezugspunkt Der linke untere Eckpunkt des Rechtecks ist der Bezugspunkt.

Makro Als Makro für die Darstellung des Rechtecks ohne Rahmen wird

```
\makebox(breite,laenge)[ort]{text}
```

verwendet. Hierbei bedeuten

breite	Breite des Rechtecks
laenge	Länge des Rechtecks
text	Text, der in dem Rechteck stehen soll

Und für den ort gibt es folgende Festlegungen

$$\text{ort} = \begin{cases} \text{l} & \text{linksbündig} \\ \text{r} & \text{rechtsbündig} \\ \text{c} & \text{zentriert} \\ \text{t} & \text{vertikal 'oben'} \\ \text{b} & \text{vertikal 'unten'} \end{cases}$$

Es müssen stets horizontale und vertikale Positionierung angegeben werden, wenn nicht c (zentrieren) gewählt wird.
Beispiel: bl positioniert den Text linksbündig am unteren Rand.
Schreibt man

```
\begin{picture}(300,100)
\put(150,50){\makebox(50,20){text}}
\end{picture}
```

so erhält man

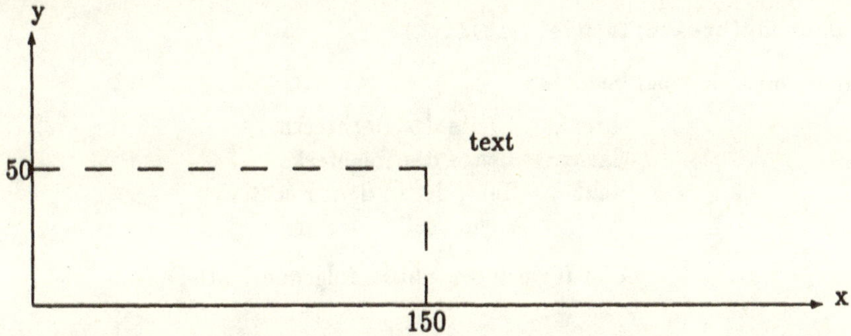

Das Achsenkreuz, die gestrichelten Linien und die Koordinaten sind lediglich zur Orientierung angebracht, sie werden durch das environment nicht erzeugt.

Die bei der framebox gemachten Erörterungen gelten genau so. Würde man das letzte Beispiel mit einer makebox gestalten, dann erhielte man die folgende Graphik. Die Lage der Box ist dabei gestrichelt angegeben. Außerdem wurde hier als Positionierung zentrieren verwendet.

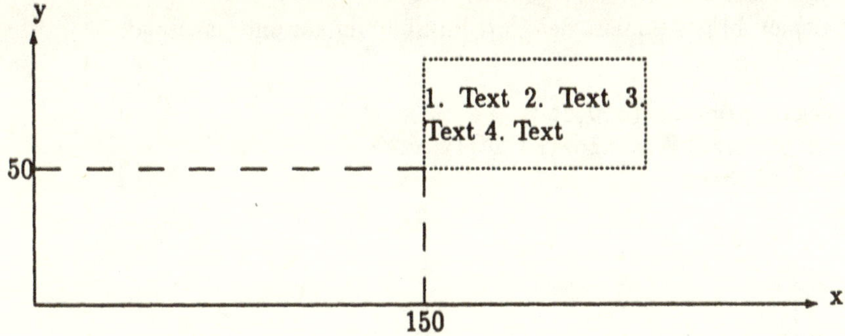

Das Achsenkreuz, die gestrichelten Linien und die Koordinaten sind lediglich zur Orientierung angebracht, sie werden durch das environment nicht erzeugt.

7.5.4 Rechteck mit gestricheltem Rahmen

Für das Element Rechteck mit gestricheltem Rahmen gelten folgende Regeln.

Wirkung Es soll an einer bestimmten Stelle des 'environment picture' ein Rechteck mit gestricheltem Rahmen mit Text stehen.

Bezugspunkt Der linke untere Eckpunkt des Rechtecks ist der Bezugspunkt.

Makro Als Makro für die Darstellung des Rechtecks mit gestricheltem Rahmen wird

```
\dashbox(breite,laenge)[ort]{text}
```

verwendet. Hierbei bedeuten

breite	Breite des Rechtecks
laenge	Länge des Rechtecks
text	Text, der in dem Rechteck stehen soll

Und für den ort gibt es folgende Festlegungen

$$\text{ort} = \begin{cases} \text{l} & \text{linksbündig} \\ \text{r} & \text{rechtsbündig} \\ \text{c} & \text{zentriert} \\ \text{t} & \text{vertikal 'oben'} \\ \text{b} & \text{vertikal 'unten'} \end{cases}$$

Es müssen stets horizontale und vertikale Positionierung angegeben werden, wenn nicht c (zentrieren) gewählt wird.
Beispiel: bl positioniert den Text linksbündig am unteren Rand.
Schreibt man

```
\begin{picture}(300,100)
\put(150,50){\dashbox(50,20){text}}
\end{picture}
```

so erhält man

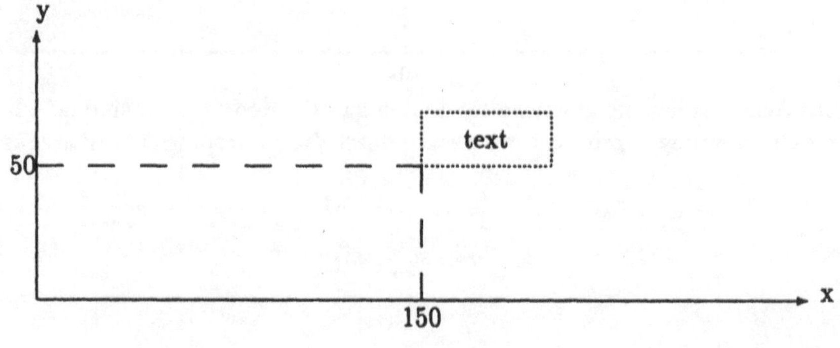

Das Achsenkreuz, die gestrichelten Linien, die auf die Koordinaten hinweisen und die Koordinaten sind lediglich zur Orientierung angebracht, sie werden durch das environment nicht erzeugt. Die gestrichelten Linien, die die Begrenzung der box darstellen, entstehen aus dem command **\dashbox**.
Die bei der framebox gemachten Erörterungen gelten genau so. Würde man das letzte Beispiel mit einer dashbox gestalten, bei der als Positionierung 'rechts unten' rb verwendet wird, dann erhielte man die folgende Graphik:

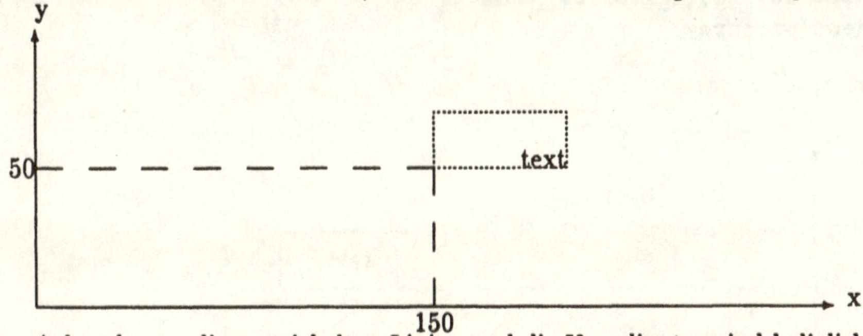

Das Achsenkreuz, die gestrichelten Linien und die Koordinaten sind lediglich zur Orientierung angebracht, sie werden durch das environment nicht erzeugt.

Aufgabe 28 Bitte entwickeln Sie ein doppelt gerahmtes Schild der Breite 80 pt und der Länge 40 pt, welches zentriert im Text auftritt. Der Abstand der inneren Linien von den äußeren sei jeweils 2 pt.

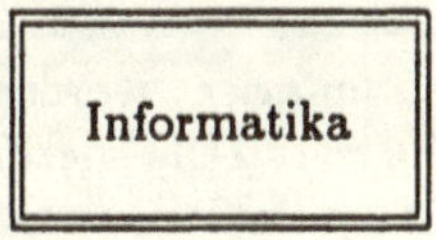

7.5.5 Grau-Unterlegung von Boxes*

Will man eine graue Unterlegung von Boxes*) erreichen, dann ist dies für alle Arten von Boxes möglich, die bisher genannt wurden.

Schreibt man:

```
\begin{picture}(breite,laenge)
\put(x,y){\...box(breite-box,l\änge-box)[ort]{....text...}}
\put(x,y){\gr{grau}{breite-box}{l\änge-box}}
\end{picture}
```

so erhält man

eine ...box, die mit der Graustufe
grau (0(=weiß) – 100(=schwarz))

*) Makro aus infmakro.tex

unterlegt ist.
Wir demonstrieren dies an dem Beispiel eines umrahmten Rechtecks.

Schreibt man:

```
\begin{picture}(300,100)
\put(100,50){\framebox(50,20){text}}
\put(100,50){\gr{8}{50}{20}}
\end{picture}
```

so erhält man:

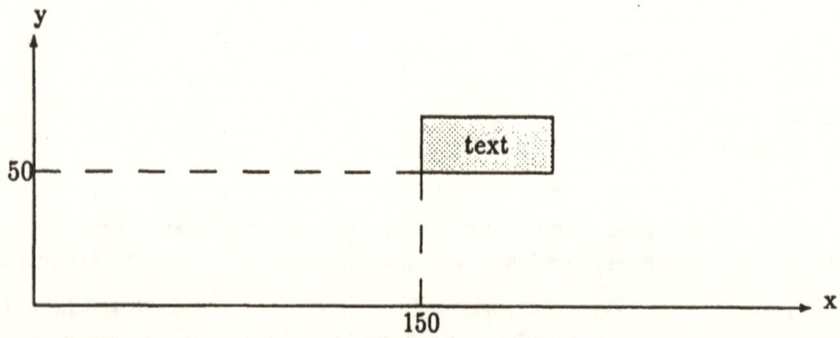

Das Achsenkreuz, die gestrichelten Linien und die Koordinaten sind lediglich zur Orientierung angebracht, sie werden durch das environment nicht erzeugt.

> Soll ein Rechteck grau unterlegt werden, so sind stets zwei Zeilen zu schreiben. Die erste Zeile spezifiziert die Boxart und den Inhalt der Box, die zweite Zeile spezifiziert die Graustufe. In der zweiten Zeile müssen die Koordinaten sowie Breite und Länge des Rechtecks aus der ersten Zeile übernommen werden.

7.5.6 Gerade Linie

Für das Element gerade Linie gelten folgende Regeln.

Wirkung Es soll eine gerade Linie vom Punkt P_0 mit den Koordinaten (x_0, y_0) in der Richtung (x,y) gezogen werden, deren Projektion in x-Richtung eine Länge von l hat.

Bezugspunkt Der Anfangspunkt P_0 ist der Bezugspunkt.

Makro Als Makro für die Darstellung der geraden Linie wird `\line(x,y){l}` verwendet.

Einschränkungen Hinsichtlich x und y gelten folgende Einschränkungen. x und y sind ganzzahlig. x und y unterliegen der Beschränkung $-6 \leq x, y \leq 6$. x und y dürfen keinen gemeinsamen Teiler besitzen. Für vertikale Linien ist $x = 0, y = +1$ oder $y = -1$ und l ist die Länge der Linie.

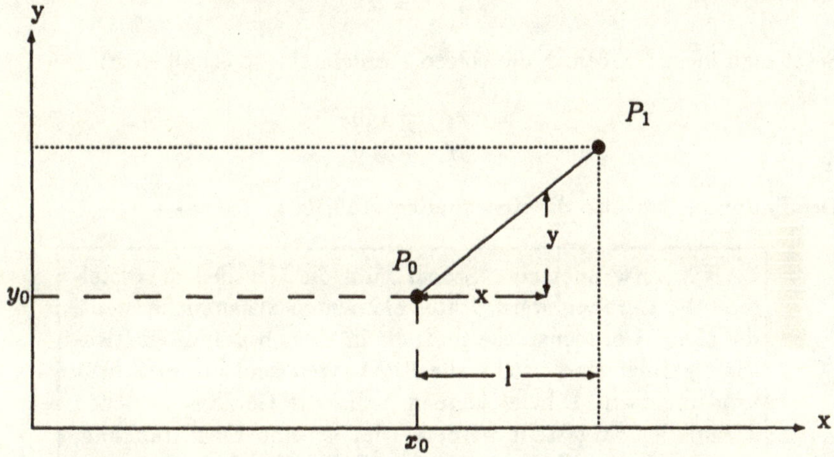

Abbildung 7.3: Bedeutung von Richtung (x,y) und Länge (l)

Die Koordinaten für den Anfangspunkt, die Richtung und die Projektion der Länge bestimmen die Koordinaten für den Endpunkt wie folgt.

P_0	$= (x_0, y_0)$	der Anfangspunkt
und		
(x, y)		die Richtung
sowie		
l		die Länge der Projektion

dann ist

$$\begin{aligned} x_1 &= x_0 + l \\ y_1 &= y_0 + \tfrac{l}{x} y \end{aligned}$$

und $P_1 = (x_1, y_1)$ ist der Endpunkt. Die Abbildung 7.3 auf Seite 101 veranschaulicht die Bedeutung der Parameter x,y,l.

An einem Beispiel sei dies noch einmal erläutert.

Der Anfangspunkt sei (80,20) die Richtung (3,4) und die Länge sei 60. Die Richtung ist zulässig, denn beide Zahlen liegen zwischen 1 und 6 und außerdem sind die Zahlen 3 und 4 teilerfremd.

Dann ist also gemäß den getroffenen Vereinbarungen über die Bezeichnungen:

$$\begin{aligned} x_0 &= 80 \\ y_0 &= 20 \\ x &= 3 \\ y &= 4 \\ l &= 60 \end{aligned}$$

Setzt man diese Größen in die obigen Formeln ein, so erhält man:

$$\begin{aligned} x_1 &= 140 \\ y_1 &= 100 \end{aligned}$$

Der Endpunkt hat also die Koordinaten (140,100).

> LATEX verwendet eine 'Schrift', um die Geraden darzustellen. Die Geraden werden aus Elementen zusammengestellt, die kleine Geradenstücke sind, die in einer bestimmten Richtung geneigt sind. Nicht alle Richtungen sind in der Schrift implementiert. D.h. es können nicht alle Geraden zwischen 2 Punkten dargestellt werden. Dies ist eine Einschränkung, aber in allen praktisch wichtigen Fällen der Erstellung von Dokumenten ist das ausreichend.

Schreibt man:

```
\begin{picture}(300,130)
\put(80,20){\line(3,4){60}}
\end{picture}
```

so erhält man

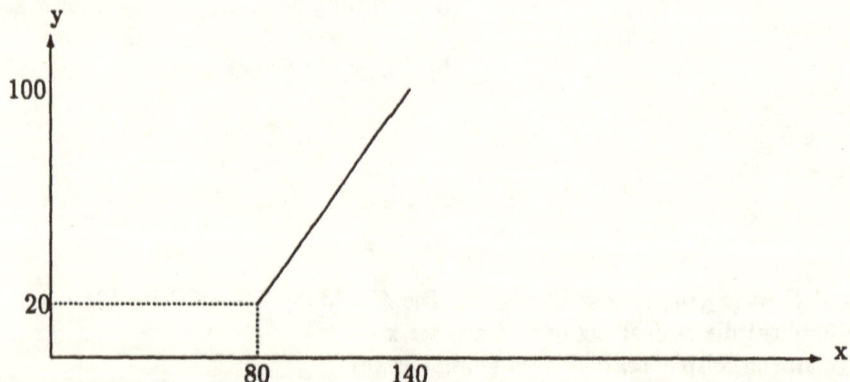

Das Achsenkreuz, die gestrichelten Linien und die Koordinaten sind lediglich zur Orientierung angebracht, sie werden durch das environment nicht erzeugt.

Aufgabe 29 Bitte setzen Sie mit Hilfe des picture environments den nachfolgend abgebildeten Rhombus.
Folgende Hinweise für die Maße werden gegeben. Breite der Zeichnung 200 pt, Länge 100 pt. Die Punkte haben die Koordinaten $1 = (0,75)$ $2 = (100,150)$ $3 = (0,200)$ $4 = (100,0)$.

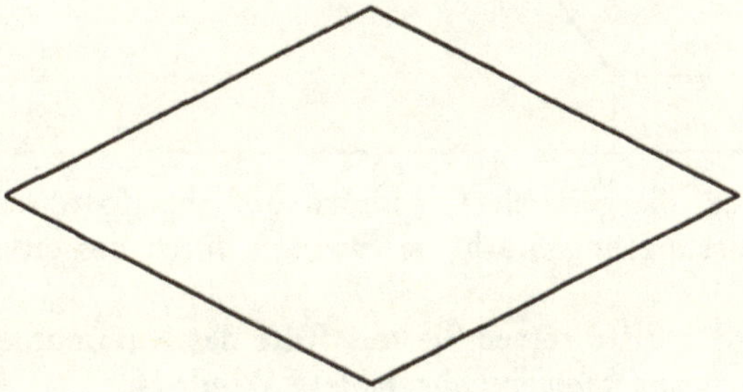

7.5.7 Vektoren — Pfeile

Für das Element Vektor (Pfeil) gelten folgende Regeln.

Wirkung Es soll ein Vektor vom Punkt P_0 mit den Koordinaten (x_0, y_0) in der Richtung (x,y) gezogen werden, deren Projektion in x-Richtung eine Länge von l hat.

Bezugspunkt Der Anfangspunkt P_0 ist der Bezugspunkt.

Makro Als Makro für die Darstellung der geraden Linie wird `\vector(x,y){l}` verwendet.

Einschränkungen Hinsichtlich x und y gelten folgende Einschränkungen. x und y sind ganzzahlig. x und y unterliegen der Beschränkung $-6 \leq x \leq 6$ und $-4 \leq y \leq 4$. x und y dürfen keinen gemeinsamen Teiler besitzen. Für vertikale Linien ist $x = 0, y = +1$ oder $y = -1$ und l ist die Länge der Linie.

Die Bedeutung der Parameter x,y,l kann der Abbildung 7.3 entnommen werden. Die Berechnungsformeln für die Koordinaten des Endpunkts gelten so wie bei der geraden Linie (siehe Seite 101).

Schreibt man

```
\begin{picture}(300,130)
\put(80,20){\vector(3,4){60}}
\end{picture}
```

so erhält man

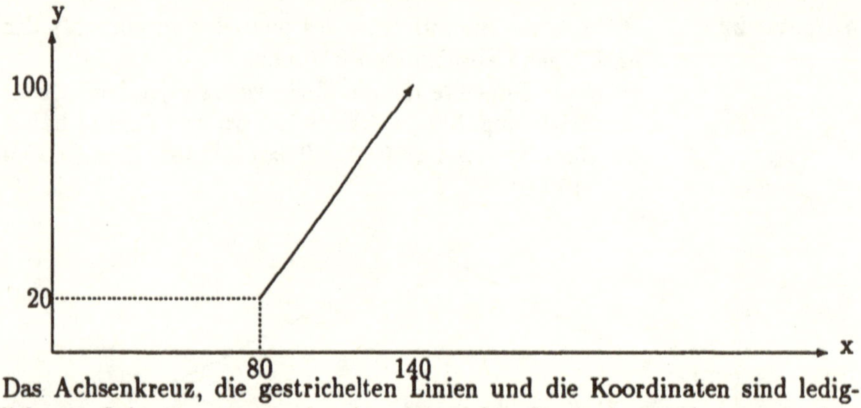

Das Achsenkreuz, die gestrichelten Linien und die Koordinaten sind lediglich zur Orientierung angebracht, sie werden durch das environment nicht erzeugt.

Aufgabe 30 Bitte setzen Sie mit Hilfe des 'environment picture' die nachfolgend abgebildete Windrose.
Folgende Hinweise für die Maße werden gegeben. Breite der Zeichnung 120 pt, Länge 120 pt. Die Endpunkte der Pfeile haben die Koordinaten $1 = (10, 60)$ $2 = (60, 110)$ $3 = (110, 60)$ $4 = (60, 10)$.

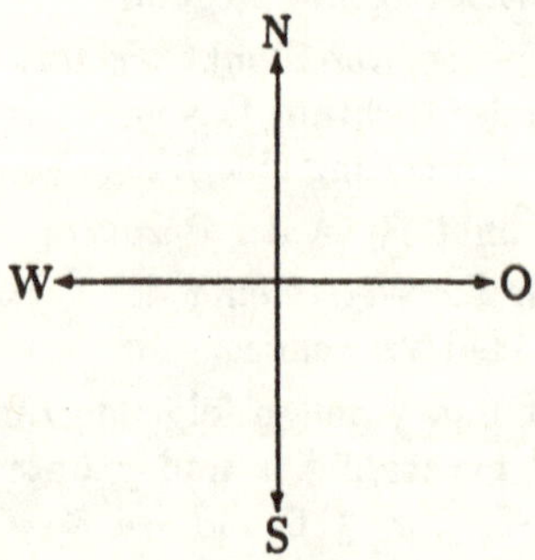

7.5.8 Kreise

Für das Element Kreis gelten folgende Regeln.

Wirkung Es soll an einer bestimmten Stelle des 'environment picture' ein Kreis mit vorgegebenem Durchmesser stehen.

Bezugspunkt Der Mittelpunkt des Kreises ist der Bezugspunkt.

Einschränkungen Der Durchmesser des Kreises darf maximal 40 pt betragen.

Makro Als Makro für die Darstellung des Kreises wird

```
\circle{durchm}          Kreis
        oder
\circle*{durchm}         Kreisscheibe
```

verwendet. Hierbei bedeuten

durchm Durchmesser

Schreibt man

```
\begin{picture}(300,100)
\put(150,50){\circle{20}}
\end{picture}
```

so erhält man

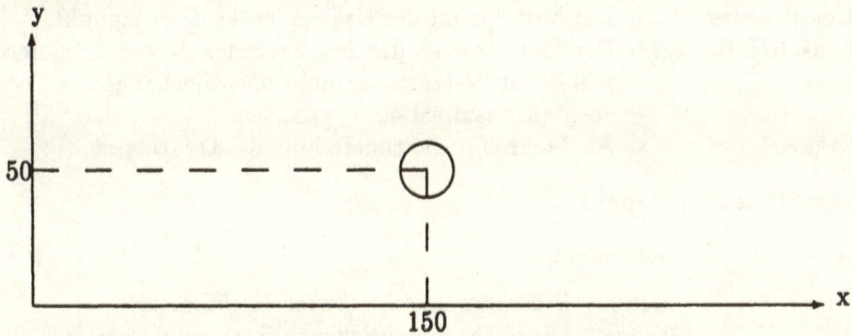

Das Achsenkreuz, die gestrichelten Linien und die Koordinaten sind lediglich zur Orientierung angebracht, sie werden durch das environment nicht erzeugt.

Wird anstelle von circle circle* verwendet, so wird der Kreis ausgefüllt. Es entsteht dann

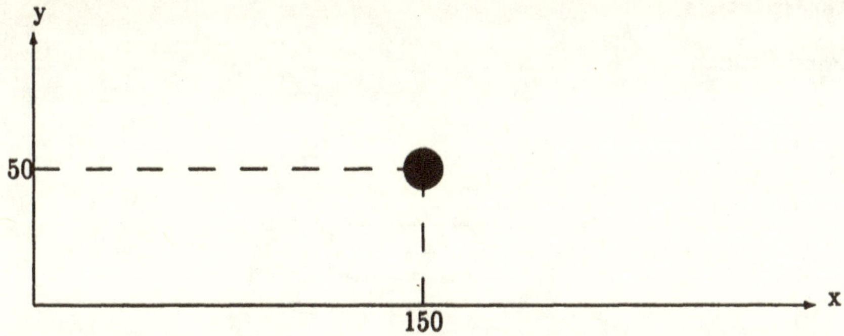

Das Achsenkreuz, die gestrichelten Linien und die Koordinaten sind lediglich zur Orientierung angebracht, sie werden durch das environment nicht erzeugt.

7.5.9 Ovale

Unter Ovalen werden in TEX Figuren vestanden, die aus Rechtecken entstehen, wenn man die vertikalen Seiten des Rechtecks durch Halbkreise ersetzt. Es entstehen dann Figuren der folgenden Gestalt.

Der Symmetrie-Mittelpunkt der Figur wird als Mittelpunkt definiert. Die Breite des umschriebenen Rechtsecks heißt Breite des Ovals, die Länge des umschriebenen Rechtecks heißt Länge des Ovals. Für das element Oval gelten folgende Regeln.

Wirkung	Es soll an einer bestimmten Stelle des 'environment picture' ein Oval mit vorgegebenem Durchmesser stehen.
Bezugspunkt	Der Mittelpunkt des Kreises ist der Bezugspunkt.
Einschränkungen	Der Durchmesser der begrenzenden Kreise darf maximal 40 pt betragen, deshalb darf die Länge des Ovals ebenfalls maximal 40 pt groß sein.
Makro	Als Makro für die Darstellung des Ovals wird

```
\oval(breite,laenge)
```

verwendet. Hierbei bedeuten

breite	Breite des umschriebenen Rechtecks
laenge	Länge des umschriebenen Rechtecks

Schreibt man

```
\begin{picture}(300,100)
\put(150,50){\oval(60,20)}
\end{picture}
```

so erhält man

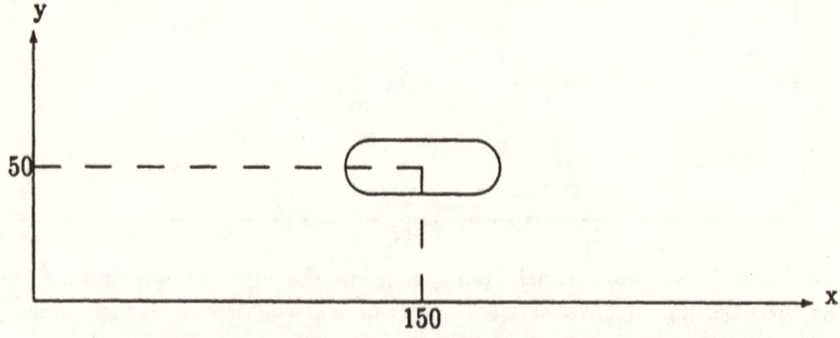

Das Achsenkreuz, die gestrichelten Linien und die Koordinaten sind lediglich zur Orientierung angebracht, sie werden durch das environment nicht erzeugt.

Eine Sonderform der Ovale gestattet auch noch, Rechtecke mit abgerundeten Ecken zu konstruieren. Dies wird dadurch erreicht, daß noch ein zusätzlicher Parameter verwendet wird. Dann hat das Oval-Makro die folgende Gestalt.

```
\oval(breite,laenge)[ort]
```

Und für den ort gibt es folgende Festlegungen

$$\text{ort} = \begin{cases} \text{l} & \text{linke Ecke} \\ \text{r} & \text{rechte Ecke} \\ \text{t} & \text{obere Ecke} \\ \text{b} & \text{untere Ecke'} \end{cases}$$

Die möglichen Parameter sind lt, rt, lb, rb.
Als Beispiel für eine mögliche Anwendung sei ein von vertikaler Richtung in horizontale Richtung abknickender Pfeil dargestellt, bei dem die Ecke abgerundet ist.
Schreibt man

```
\begin{picture}(320,100)
\put(120,80){\line(0,-1){30}}
\put(140,50){\oval(40,40)[lb]}
\put(140,30){\vector(1,0){40}}
\end{picture}
```

so erhält man

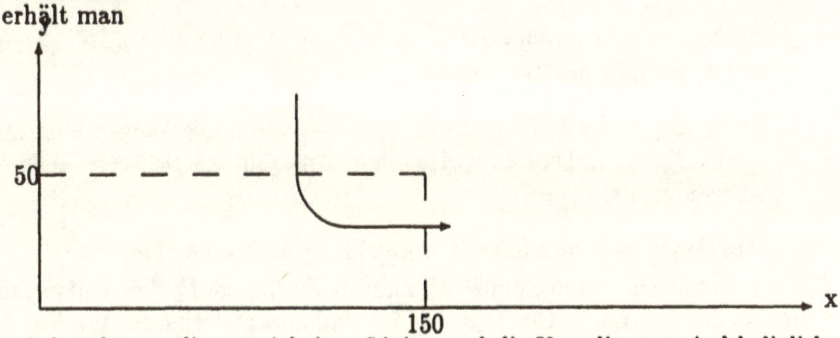

Das Achsenkreuz, die gestrichelten Linien und die Koordinaten sind lediglich zur Orientierung angebracht, sie werden durch das environment nicht erzeugt.

7.6 Kurven

7.6.1 Geometrische Lösung

In den Anwendungen kann es vorkommen, daß außer den graphischen Grundelementen (Gerade, Rechteck, Kreis, Pfeil, Oval) noch komplexere Abbildungen dargestellt werden sollen.
Auch hierfür ist **integriert in TEX** ein Werkzeug vorhanden.

> Beliebige Kurven können in TEX mit Hilfe von BEZIER-Polynomen (kubische Parabeln) approximiert dargestellt werden.

Das Verfahren wird im folgenden im einzelnen erläutert. Es handelt sich hierbei um ein Verfahren, welches dem Verfahren nachgebildet ist, welches man verwendet, wenn Kurven mit einem Kurvenlineal von Hand gezeichnet werden sollen:

1. Man zerlegt die Kurve in mehrere Teile.

2. Man zeichnet mit dem Kurvenlineal ein Kurvenstück. Dabei sucht man eine geeignetes Stück des Kurvenlineals aus, welches in diesem Bereich den — meist durch einzelne Punkte bekannten — Kurvenverlauf approximiert.

3. Beim Übergang auf das nächste Kurvenstück achtet man darauf, daß die Kurven an der Ansatzstelle keinen Knick erhalten. (Die Tangente im Endpunkt eines Teilstücks sollte gleich der Tangente im Anfangspunkt des Folgestücks sein.

Bei der Approximation mit BEZIER-Polynomen geht man ähnlich vor.

1. Man zerlegt die Kurve in mehrere Teile. Dabei soll die Kurve sich in dem Teilstück durch eine kubische Parabel approximieren lassen.

2. Die Kurve geht durch die Punkte P_a und P_e (Dies sind Anfangspunkt und Endpunkt des Teilstücks.)

3. Die Tangente im Anfangspunkt soll $P_a - P_t$ sein, die Tangente im Endpunkt $P_t - P_e$. Dies entspricht dem Anlegen des richtigen Teils des Kurvenlineals.

Der Sachverhalt ist in der folgenden Abbildung noch einmal erläutert.

Die Kurve hat als Anfangspunkt P_a und als Endpunkt P_t. Die Anfangstangente ist die 45°–Linie. Die Tangente im Endpunkt ist eine Senkrechte. Die beiden Geraden schneiden sich in P_t.

Sei

$$P_a = (0,0) \text{ und } P_e = (100,0)$$

so ist die Tangente im Anfangspunkt

$$y = x$$

und die Tangente im Endpunkt

$$x = 100$$

Der Schnittpunkt der beiden Tangenten ist also

$$P_t = (100,100)$$

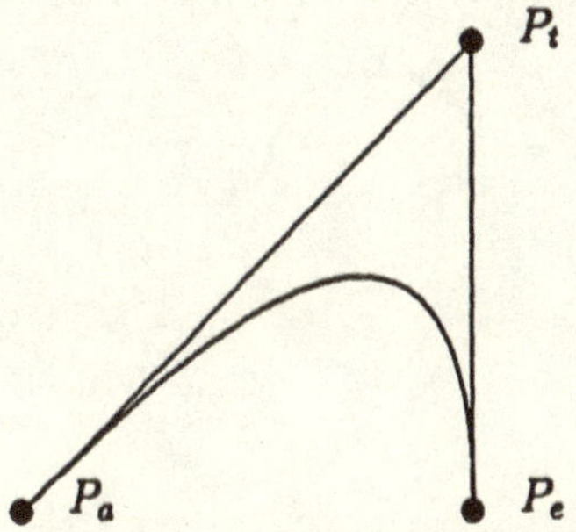

Abbildung 7.4: Approximation durch BEZIER-Polynome

7.6.2 Lösung in TEX

Die Lösung in TEX ist außerordentlich einfach. Soweit das möglich ist, wurden die Operationen durch einfach anzuwendende Makros unterstützt.

1. Es muß dafür gesorgt werden, daß die Option 'bezier.sty' verwendet wird. Dies geschieht im documentstyle durch
   `\documentstyle[bezier]{.....}`

   Hierbei ist für '.....' die jeweilige Stilart einzusetzen. (bezier.sty läßt sich in jeder Stilart verwenden.) Diese Technik ist im LATEX standardmäßig vorgesehen.

2. Es muß ein 'picture environment' verwendet werden.

3. Die Funktion lautet:
   `\bezier{anzahl}` $(x_a, y_a)(x_t, y_t)(x_e, y_e)$

   Hierbei gilt:

anzahl	=	Anzahl der Punkte
(x_i, y_i)	=	Koordinaten des Punktes P_i, $i = a, t, e$

   Die Kurven werden durch eine Aneinanderreihung von Punkten erzeugt. 'anzahl' gibt die Anzahl der verwendeten Punkte für das jeweilige Teilstück an. Man sollte eine Anzahl von ca. 100 Punkte per inch verwenden.

7.6.3 Anwendungsbeispiel

In diesem Abschnitt soll nun als Anwendungsbeispiel die folgende Abbildung erzeugt werden. Die Figur wurde ausgewählt, um zu zeigen, wie das Verfahren arbeitet, wenn etwas komplexere Kurven darzustellen sind.

Abbildung 7.5: Darzustellende Abbildung

Die Grauunterlegung wurde lediglich gewählt, um die Größe der Abbildung und ihre Einmischung in das gesamte Dokument zu demonstrieren. Die Gesamtgröße beträgt 100pt × 100pt.

1. Schritt

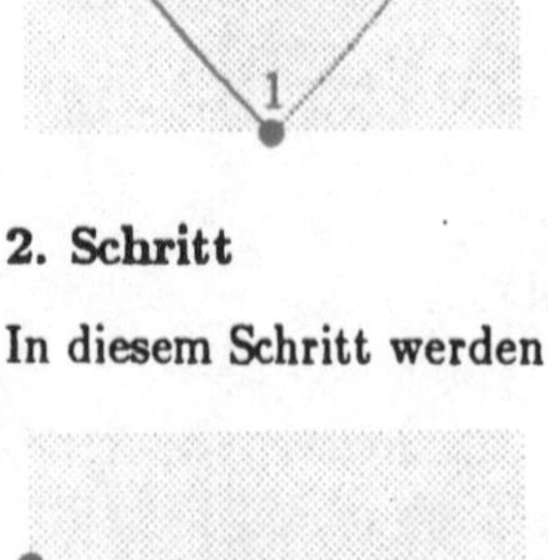

Im ersten Schritt findet die Aufteilung der Gesamtkurve in Teilstücke statt. Die so eingezeichneten Punkte markieren die Teilstücke. 3 Teilstücke werden betrachtet. Wir befassen uns wegen der Symmetrie der Kurve zunächst nur mit dem linken Teil der Kurve. Die Anfangs- bzw. Endpunkte der Teilstücke haben folgende Koordinaten (alle Angaben in pt) $(x_1, y_1) = (50,0)$ $(x_2, y_2) = (0,75)$ $(x_3, y_3) = (25,100)$ $(x_4, y_4) = (50,75)$

2. Schritt

In diesem Schritt werden hintereinander die Teilstücke bearbeitet.

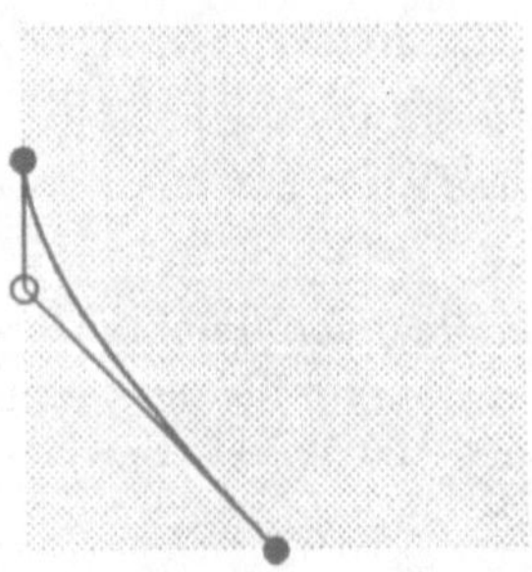

Im zweiten Schritt werden die Teilstücke bearbeitet. Wir bearbeiten das 1. Teilstück. Die Punkte haben nun die folgenden Koordinaten $(x_a, y_a) = (50,0)$ $(x_t, y_t) = (0,50)$ $(x_e, y_e) = (0,75)$

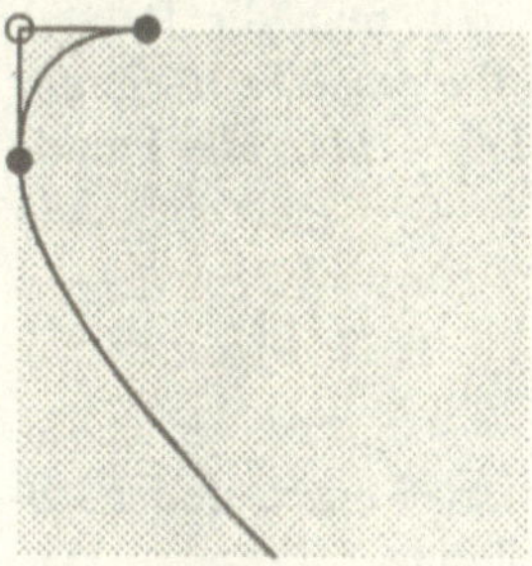

Im zweiten Schritt werden die Teilstücke bearbeitet. Wir bearbeiten das 2. Teilstück. Die Punkte haben nun die folgenden Koordinaten $(x_a, y_a) = (0,75)$ $(x_t, y_t) = (0,100)$ $(x_e, y_e) = (25,100)$

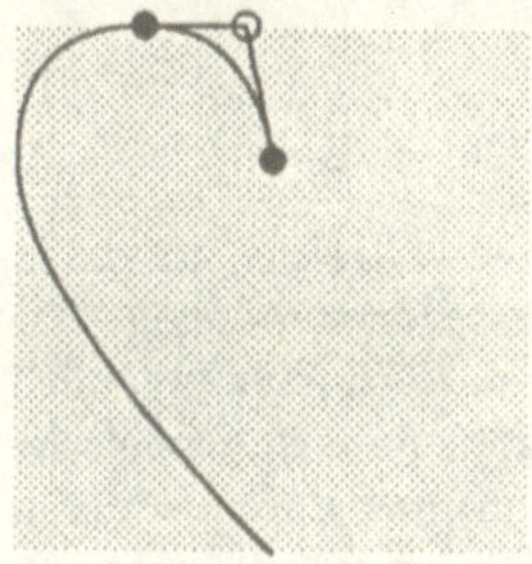

Im zweiten Schritt werden die Teilstücke bearbeitet. Wir bearbeiten das 3. Teilstück. Die Punkte haben nun die folgenden Koordinaten $(x_a, y_a) = (25,100)$ $(x_t, y_t) = (45,100)$ $(x_e, y_e) = (50,75)$

Die geometrischen Überlegungen sind damit abgeschlossen. Alle Koordinaten für Punkte sind bestimmt.

3.Schritt

Schreibt man also:

```
\begin{center}
\begin{picture}(100,100)
\bezier{400}(50,0)(0,50)(0,75)
\bezier{100}(0,75)(0,100)(25,100)
\bezier{100}(25,100)(45,100)(50,75)
\end{picture}
\end{center}
```

so erhält man:

Damit ist die eine Hälfte der Darstellung zu Ende. Will man die Darstellung für die andere Hälfte durchführen, braucht man die gesamte Rechnung nicht zu wiederholen. Da $x = 50$ die Symmetrielinie ist, werden alle Punkte folgendermaßen transformiert.

$$\begin{aligned} y_i &= y_i \\ x_i &= 50 - x_i \end{aligned}$$

Aufgabe 31 Bitte führen Sie die Transformationen durch und zeichnen Sie nun die Darstellung Abbildung 7.5.

7.7 Zusammenfassung

Die in LATEX enthaltenen graphischen Elemente reichen völlig aus, um die in üblichen Dokumentationen anfallenden Graphiken darstellen zu können. Wir werden im nächsten Kapitel sehen, daß die Schreibweise noch ganz erheblich vereinfacht werden kann, wenn in einem eingeschränkten Bereich graphische Darstellungen gewünscht werden. In diesem Falle kann man durch Schaffen von Makros sehr schlagkräftige Werkzeuge jeweils problemangepaßt erzeugen. Selbstverständlich reichen diese Hilfsmittel nicht aus, wenn man in einem Bereich der Technik eine Dokumentation erstellen muß, die im wesentlichen aus technischen Zeichnungen und graphischen Darstellungen besteht.
Dies gilt auch, wenn in mathematischen Abhandlungen Funktionsdarstellungen gewünscht sind.
Für beide Anwendungsfälle empfiehlt sich dann das folgende Vorgehen. Man verwende ein getrenntes Softwarepaket zum Erzeugen der Zeichnungen mit hohen Anforderungen an die Graphikfähigkeit. Die einzige Bedingung für die Auswahl eines solchen Softwarepaketes besteht dann darin, daß als Ergebnis

ein dvi-file

erzeugt wird. Wir werden im Kapitel 'Schnittstellen von TEX zu anderen Systemen' sehen, daß hier sehr einfache Möglichkeiten bestehen, diese Ergebnisse in TEX zu verarbeiten.

Kapitel 8

Spezielle Graphik für EDV-Anwendungen*

8.1 Ziel und verwendete Methodik

In der EDV werden spezielle Symbole verwendet, um Programmablaufpläne zu erstellen. Für dieses Aufgabengebiet wurden von Informatika spezielle Makros*) entwickelt, die die Erstellung von solchen Programmablaufplänen sehr erleichtern.
Die verwendete Methodik zeigt auch, daß es immer möglich ist, TEX auf eine ganz spezielle Anwendung vorzubereiten. Hierzu ist es nur notwendig, eine entsprechend bequeme Schreibweise für den Quelltext festzulegen und die nötigen Makros zu entwickeln.
Es soll hiermit auch an einem Beispiel gezeigt werden, daß TEX umso mehr flexibel einsatzfähig wird, je größer die Anzahl der entwickelten Makros ist.

8.2 Tool-Box

Für die Lösung des beschriebenen Problems wurden die folgenden einzelnen Rechtecke durch Makros erzeugt. Die Namen der Makros stehen jeweils in den einzelnen Bildchen aufgeführt. (Dies ist auch gleichzeitig die Referenz zu dem weiteren Text, der die Anwendung noch weiter erläutern soll.)
Das Prinzip der Erstellung von Programmablaufplänen ist nun sehr einfach. Der zu erstellende Programmablaufplan ist in Zeilen und Spalten aufzuteilen. Hierdurch entstehen Rechtecke. Diese Rechtecke sind (von unten nach oben) durch Zeilen-Nummern (von 0 beginnend) und (von links nach rechts) durch Spaltennummern (von 0 beginnend) identifiziert.
Der Anwender legt folgende Daten fest.

1. Zeicheneinheit (unitlength)

2. Anzahl der Spalten des Programmablaufplans

*) Makropaket pap.tex von Informatika

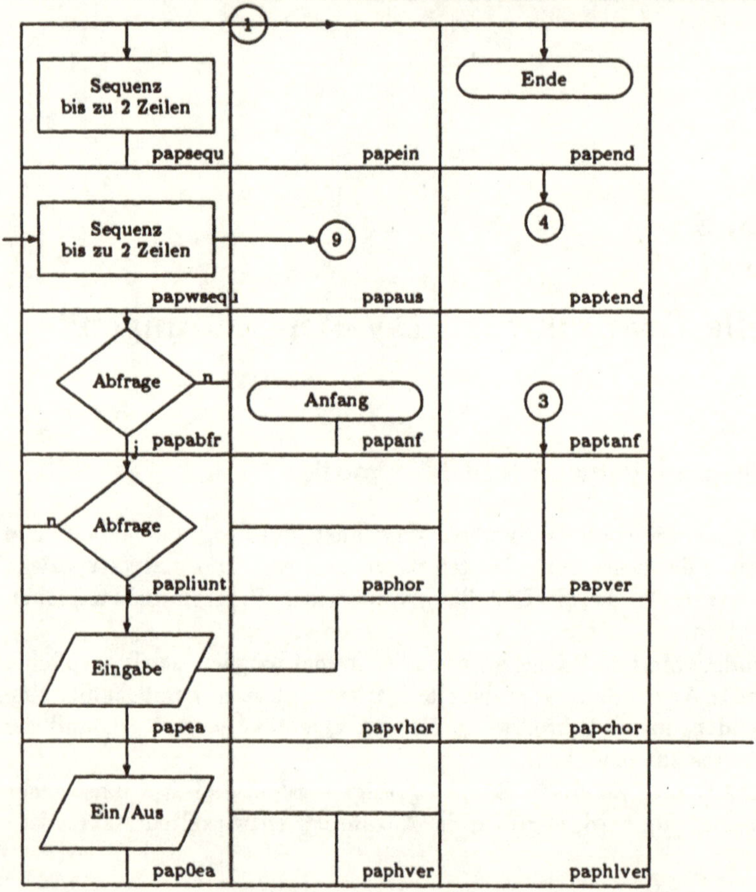

Abbildung 8.1: "Tool-Kasten" für PAP

3. Anzahl der Zeilen des Programmablaufplans

4. Für jedes Unter-Rechteck (Bildchen)
   Name des Symbols (des Makros)
   Text, der eingesetzt werden soll
   Zusatzangaben (z.B. bei papabfr)

8.3 Erzeugung von Programm-Ablaufplänen

In diesem Abschnitt werden die einzelnen Schritte, die zur Erzeugung eines Programmablaufplans notwendig sind, genauer erläutert. Im einzelnen sind das:

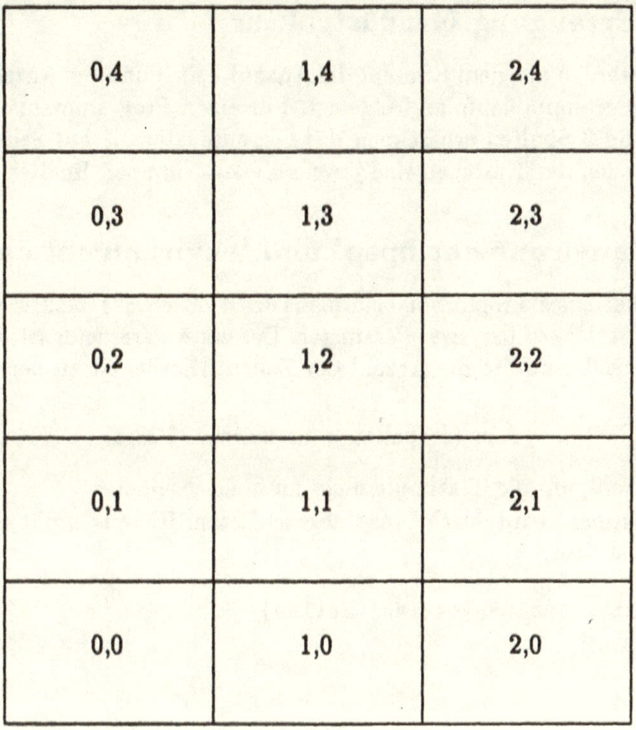

Abbildung 8.2: Grundmuster eines PAP

1. Festlegung der unitlength
2. Erzeugung der Grundstruktur (wieviel Zeilen, Spalten?)
3. Erzeugung des Makros bpap
4. Eintragung der einzelnen Makros in die Grundstruktur

8.3.1 Festlegung von unitlength

Aus der Anzahl der Spalten und Zeilen ist die Längeneinheit unitlength zu bestimmen. Die Längeneinheit ist dabei so zu wählen, daß

$$\text{Anzahl Spalten} \times \mathit{unitlength} \leq 28pt$$

ausfallen muß, um die Textbreite nicht zu überschreiten.
Sind 3 Spalten vorgesehen, dann folgt hieraus, daß

$$3 \times \mathit{unitlength} \leq 28pt$$

Setzt man `unitlength=6.75pt`, so ist diese Forderung erfüllt.

8.3.2 Erzeugung Grundstruktur

Zunächst werden aus dem Konzept die Anzahl Zeilen und die Anzahl Spalten für den Programmablaufplan festgelegt. Für einen Programmablaufplan mit 5 Zeilen und 3 Spalten erhält man das Grundmuster 8.2 auf Seite 115. Die Beschriftungen der Kästchen sind jeweils Zeilen-Nummer, Spalten-Nummer.

8.3.3 'environment bpap' und 'environment epap'

Die Graphik eines Programmablaufplans wird durch das Makro `\bpap` eingeleitet. Das Makro hat zwei Parameter. Der erste Parameter ist die Anzahl der Spalten, der zweite die Anzahl der Zeilen. Hierbei ist zu beachten, daß stets

$$\text{Anzahl Spalten} \times \mathit{unitlength} \leq 28pt$$

ausfallen muß, um die Textbreite nicht zu überschreiten.
Das environment wird durch `\epap` abgeschlossen. Hieraus ergibt sich folgender Grundaufbau.

```
\bpap{Anzahl Spalten}{Anzahl Zeilen}
.......
.......
.......
\epap
```

8.3.4 Makros für die Elemente

Die Erzeugung des Programmablaufplans geschieht nun elementweise. Jedes Element erhält als Hauptparameter die Zuweisung der Zeilen und Spalten gemäß der Festlegung im Grundmuster 8.2 Seite 115.
Über die Art des Elements entscheidet der Element-Name, der auch der Makro-Name ist.

8.3.4.1 Sequenz — papsequ

Name des Elements	papsequ
Anzahl Parameter	3
Format	`\papsequ{Zeile}{Spalte}{text}`

Element

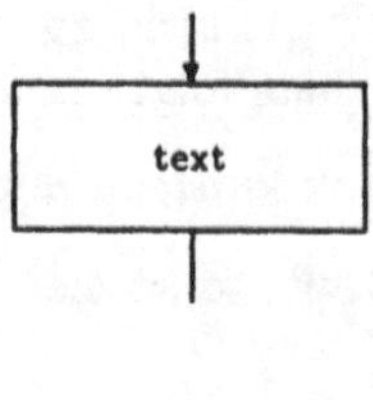

Der Text kann zweizeilig geschrieben werden. In diesem Falle sind die beiden Zeilen durch \\ zu trennen. Die Zeilen werden dann einzeln links-rechts-zentriert. Eingang und Ausgang sind oben bzw. unten. (vgl. auch papwsequ).

8.3.4.2 Sequenz — papwsequ

Name des Elements	papwsequ
Anzahl Parameter	3
Format	`\papwsequ{Zeile}{Spalte}{text}`

Element

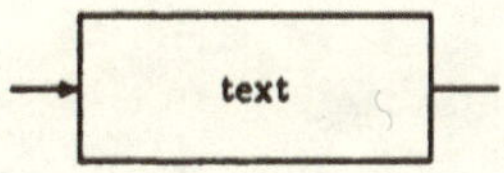

Der Text kann zweizeilig geschrieben werden. In diesem Falle sind die beiden Zeilen durch \\ zu trennen. Die Zeilen werden dann einzeln links-rechts-zentriert. Eingang und Ausgang sind links bzw. rechts ('w' = waagerecht). (vgl. auch papsequ). Die Länge der Ein- bzw. Ausgänge sind so gestaltet, daß auch mehrere Rechtecke papwsequ von links nach rechts aneinandergekettet werden können.

8.3.4.3 Eingabe — papea

Name des Elements	papea
Anzahl Parameter	3
Format	`\papea{Zeile}{Spalte}{text}`

Element

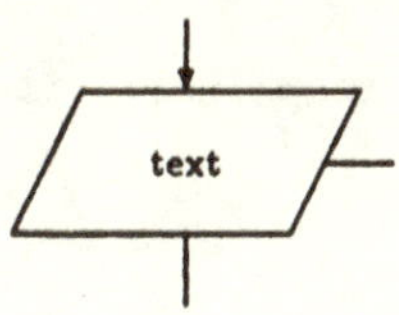

Der rechte Ausgang wird für Ende-Bedingungen benutzt.

8.3.4.4 Eingabe/Ausgabe — pap0ea

Name des Elements	pap0ea
Anzahl Parameter	3
Format	`\pap0ea{Zeile}{Spalte}{text}`

Element

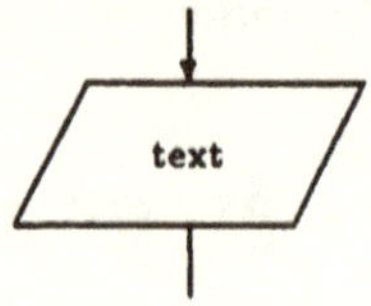

Es ist kein Ausgang für Ende-Bedingung vorgesehen. Hierfür soll papea verwendet werden.

8.3.4.5 Abfrage — papabfr

Name des Elements	papabfr
Anzahl Parameter	5
Format	`\papabfr{Zeile}{Spalte}{unt.}{re.}{text}`

Element

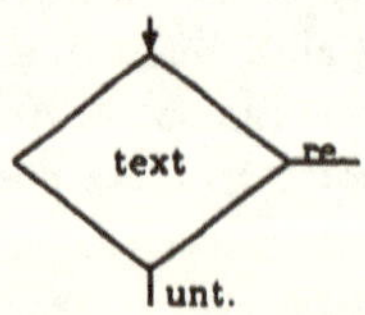

In den Parametern rechts bzw. unten werden die Texte (z.B. j, J, N, n) angegeben, die an dem rechten bzw. unteren Ausgang angebracht werden. Die Ausgänge sind rechts und unten. (vgl. auch papliunt)

8.3.4.6 Abfrage — papliunt

Name des Elements	papliunt
Anzahl Parameter	5
Format	`\papliunt{Zeile}{Spalte}{unt.}{li.}{text}`

Element

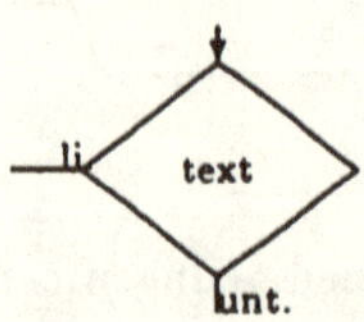

In den Parametern links bzw. unten werden die Texte (z.B. j, J, N, n) angegeben, die an dem linken bzw. unteren Ausgang angebracht werden. Die Ausgänge sind links und unten. (vgl. auch papabfr)

8.3.4.7 Programm-Anfang — papanf

Name des Elements	papanf
Anzahl Parameter	3
Format	`\papanf{Zeile}{Spalte}{text}`

Element

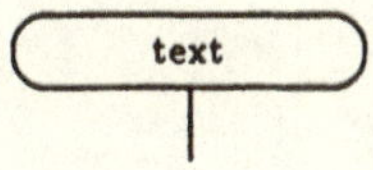

Dieses Symbol sollte lediglich am Programmanfang oder am Anfang einer Unterprogramms verwendet werden.

8.3.4.8 Programm-Ende — papend

Name des Elements	papend
Anzahl Parameter	3
Format	`\papend{Zeile}{Spalte}{text}`

Element

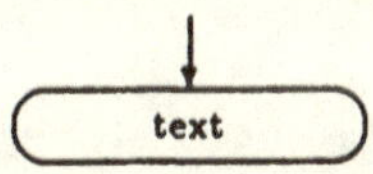

Dieses Symbol sollte nur am Ende eines Programms oder am Ende eines Unterprogramms (dann mit der Eintragung RETURN) verwendet werden.

8.3.4.9 Programmteil-Anfang — paptanf

Name des Elements	paptanf
Anzahl Parameter	3
Format	`\paptanf{Zeile}{Spalte}{nr}`

Element

Dieses Symbol bezeichnet eine Eingangsschnittstelle für einen Teilprogramm-Eingang nach unten.

8.3.4.10 Programmteil-Ende — paptend

Name des Elements	paptend
Anzahl Parameter	3
Format	`\paptend{Zeile}{Spalte}{nr}`

Element

Dieses Symbol bezeichnet eine Eingangsschnittstelle für einen Teilprogramm-Ausgang von oben.

8.3.4.11 Konnektor Eingang — papein

Name des Elements	papein
Anzahl Parameter	3
Format	`\papein{Zeile}{Spalte}{nr}`

Element

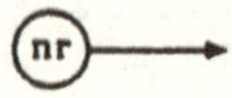

Es handelt sich um einen Teilprogramm-Eingang von links. Die Identifikation des Symbols, vor dem der Einsprung erfolgen soll, sei Zeile z und Spalte s. Der Konnektor papein erhält dann ebenfalls als Zeile z und als Spalte s.

8.3.4.12 Konnektor Ausgang — papaus

Name des Elements	papaus
Anzahl Parameter	3
Format	`\papaus{Zeile}{Spalte}{nr}`

Element

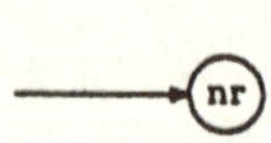

Es handelt sich um einen Teilprogramm-Ausgang nach rechts. Die Identifikation des Symbols, vor dem der Einsprung erfolgen soll, sei Zeile z und Spalte s. Der Konnektor papein erhält dann ebenfalls als Zeile z und als Spalte s.

8.3.4.13 horizontale Verbindung — paphor

Name des Elements	paphor
Anzahl Parameter	2
Format	`\paphor{Zeile}{Spalte}`
Element	

8.3.4.14 vertikale Verbindung — papver

Name des Elements	papver
Anzahl Parameter	2
Format	`\papver{Zeile}{Spalte}`
Element	

8.3.4.15 horizontal-vertikale Ecke — paphver

Name des Elements	paphver
Anzahl Parameter	2
Format	`\paphver{Zeile}{Spalte}`
Element	

8.3.4.16 horizontal(links)-vertikale Ecke — paphlver

Name des Elements	paphlver
Anzahl Parameter	2
Format	`\paphlver{Zeile}{Spalte}`
Element	

8.3.4.17 vertikal-horizontale Ecke - papvhor

Name des Elements	papvhor
Anzahl Parameter	2
Format	`\papvhor{Zeile}{Spalte}`

Element

8.3.4.18 horizontale Verbindung — papchor

Name des Elements	papchor
Anzahl Parameter	2
Format	`\papchor{Zeile}{Spalte}`

Element

Die hier aufgeführten Makros wurden von der Informatika GmbH Hamburg entwickelt. Sie werden in einem — von infmakro.tex getrennten — Makropaket pap.tex zusammengestellt. Dieses Makropaket kann in der Präambel durch

`\input{pap}`

aufgerufen werden. Die Trennung der beiden Makropakete erfolgte, um infmakro.tex ohne pap.tex laden zu können.
Dieses Makropaket ist ein Beispiel für die Methodik von TEX. Für sehr viele Strukturen sind bequeme Schreibhilfen (Makros) im Standard-TEX vorhanden. Diese werden noch durch Makros aus LATEX ergänzt. Wenn aber in einem Arbeitsgebiet — so wie hier bei der Erstellung von Programmablaufplänen — spezielle Strukturen vorkommen, dann müssen auch entsprechende Werkzeuge (Makros) konstruiert werden. Dies ist allerdings eine Anforderung an optimale Arbeitsplanung.

8.4 Anwendungsbeispiel

Dieses Anwendungsbeispiel stellt einen Programmablaufplan für einen einfachen Gruppenwechsel mit dieser Methodik dar.
Der Programmablaufplan liege als Skizze vor. Er soll mit TEX gesetzt werden. Aus der Skizze ist zu entnehmen, daß die Grundstruktur

3 Spalten und 9 Zeilen

haben wird.
Als Maßeinheit wird

unitlength = 6.25pt

gewählt. Damit ist die in 8.3.1 angegebene Forderung mit

$$3 \times \text{unitlength} = 18.75 \text{ pt} \leq 28\text{pt}$$

erfüllt.
Nun werden die Symbole den einzelnen Rechtecken des Grundmusters zugewiesen. Dies ist sehr einfach, wenn man vorher auf der Skizze die einzelnen Zeilen von unten beginnend von 0 bis 8 numeriert und von links beginnend die Spalten von 0 bis 2. Damit entsteht dann das folgende Dokument.

```
\begin{figure}[ht] \scriptsize
      \bpap{3}{9} \papanf{8}{0}{Programm-Start}
                  \pap0ea{7}{0}{Er\öffnen}
                  \papsequ{6}{0}{Schalter ein}
                  \papea{5}{0}{Einlesen Satz}
                  \papein{5}{0}{4}
                  \papabfr{4}{0}{n}{j}{Schalter ein}
                  \papabfr{3}{0}{n}{j}{Gruppenw.}
                  \papein{2}{0}{3}
                  \papsequ{2}{0}{Einzelverarb.}
                  \paptend{1}{0}{4}
                  \paptanf{8}{1}{1}
                  \pap0ea{7}{1}{Abschlu\ss }
                  \papend{6}{1}{Programm-Ende}
                  \papaus{5}{1}{1}
                  \paphor{4}{1} \paphver{3}{1}
                  \papsequ{2}{1}{Gruppen-Verarb.}
                  \papsequ{1}{1}{Vorb.n.Gruppe}
                  \paptend{0}{1}{3}
                  \paphver{4}{2}
                  \papsequ{3}{2}{Schalter aus}
                  \papver{2}{2} \papchor{2}{1}
           \epap
\end{figure}
```

Man beachte auch, daß sich dieser Programmablaufplan sehr bequem ändern läßt, was bei konventionell erstellten Programmablaufplänen ja gerade nicht gilt.

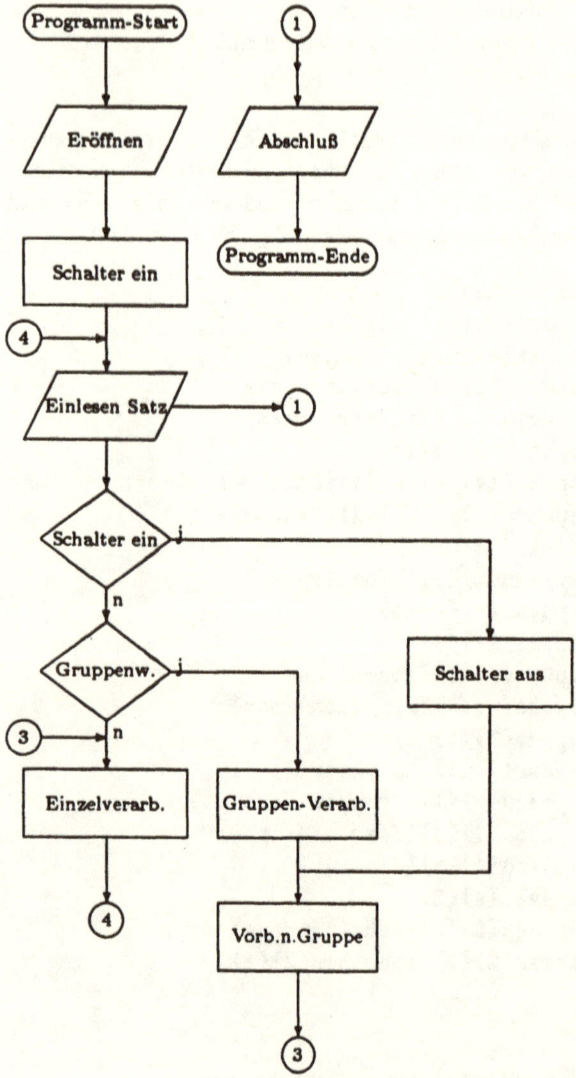

Abb.8.3 Programmablaufplan Gruppenwechsel

Kapitel 9

Organisation von Buchsatz

9.1 Übersicht

Die Forderung nach möglichst großer Übersicht betrifft zunächst das gesamte Erzeugnis.
Um Übersichtlichkeit zu erreichen, werden im Buchsatz eine Reihe von Hilfsmitteln eingesetzt, die sämtlich unter TEX unterstützt werden.

Titelseiten

Inhaltsverzeichnis

Schlagwortregister (Index)

Referenzen

Rückverweis mit Angabe der Seite

Rückverweis mit Angabe der Abbildungsnummer

Fußnoten

Diese Techniken sollen in diesem Kapitel dargestellt werden.
Bei der Produktion eines Buches treten aber auch Produktionsprobleme auf. Insbesondere wird es notwendig, das gesamte Dokument in mehrere Teile aufzuteilen, um besser Korrekturen und Abänderungen vornehmen zu können, ohne jedesmal das gesamte Dokument — manchmal mehr als 100 Seiten — zu bearbeiten. Hierbei sollte erwähnt werden, daß die Bearbeitungszeit (=Übersetzungszeit) selbstverständlich proportional zur Anzahl von zu erzeugenden Buchseiten ist. Auch der benötigte Hauptspeicherplatz steigt mit der Anzahl der zu bearbeitenden Seiten — eigentlich besser: mit der Anzahl der unterschiedlichen Strukturen. Letztere nehmen aber in der Regel mit der Anzahl der Seiten des Dokuments zu, so daß auch hierdurch die Notwendigkeit gegeben sein kann, das Dokument aufzuteilen.
Auch diese Produktionstechniken sollen in diesem Kapitel dargestellt werden.

9.2 Titelseiten

Am Anfang eines großen Dokuments werden sogenannte Titelseiten benötigt. Diese werden dem Dokument unnumeriert vorangestellt. Für diese Aufgabe gibt es in TEX einen modifizierbaren Standard. Der Vorteil der Benutzung ist vor allen Dingen darin zu sehen, daß dann aufwendige Layout-Betrachtungen entfallen können.
Zur Erzeugung einer oder mehrerer Titelseiten stehen Makros zur Verfügung.

\title{text} — Es wird 'text' als Titel verwendet. Als Markierung von Zeilenenden kann \\ verwendet werden.

\author{name} — Es wird 'name' als Name des Autors verwendet. Als Markierung von Zeilenenden kann \\ verwendet werden.

\date{datum} — Es wird 'datum' als Datum verwendet. Hier kann auch eine Jahreszahl eingetragen werden. Wenn keine Eintragung erfolgt, wird automatisch das Datum (TT.Monat.19JJ) der Übersetzung des Dokuments eingesetzt.

titlepage environment — Durch das environment

```
\begin{titlepage}
.... text ....
\end{titlepage}
```

wird stets eine neue Seite produziert. Innerhalb des environments sind alle Strukturen, die in diesem Buch beschrieben wurden, zugelassen. Der Anwender legt Inhalt und Layout dieser Seite(n) selbst fest.

\maketitle — Dieser Command generiert die Titelseite. Es wird vorausgesetzt, daß vorher alle Parameter, die oben angegeben sind, besetzt worden sind. Falls das titlepage environment verwendet wird, dann ist auch dieses noch vor den Command `\maketitle` zu plazieren.

9.3 Inhaltsverzeichnis

Der Command

```
\tableofcontents
```

produziert ein Inhaltsverzeichnis.
Im einzelnen werden durch diesen Command folgende Funktionen ausgeführt.

1. Es wird eine Datei datei.toc erzeugt. (datei= Name der zu bearbeitenden Datei). Hierin wird alle Information abgespeichert, die nötig ist, ein Inhaltsverzeichnis zu produzieren.

2. Alte Inhaltsverzeichnisse werden bei dieser Bearbeitung aufdatiert. Es wird stets das letzte Inhaltsverzeichnis gespeichert.

In das Inhaltsverzeichnis werden alle Hierarchie-Überschriften (part, chapter, section, subsection, subsubsection) zusammen mit der Seiten-Nummer aufgenommen.
Durch

```
\setcounter{tocnumdepth}{nr}
```

kann festgelegt werden, ob eine Hierarchie-Überschrift in das Inhaltsverzeichnis aufgenommen wird. Die Nummer nr zählt von part her. Hat nr den Wert 3, dann werden nur die Überschriften bis zu section-Überschrift in das Inhaltsverzeichnis aufgenommen.
Der Command **\tableofcontents** steht am Ende des Documents. Will man die Seiten-Numerierung neu beginnen lassen, dann kann z.B. durch einen Command

```
\pagenumbering{art}
```

die Schriftart festgelegt werden. Als Schriftarten sind zugelassen

$$\text{art} = \begin{cases} \text{arabic} & \text{Arabische Ziffern} \\ \text{Roman} & \text{Römische Ziffern} \\ \text{alph} & \text{Kleinbuchstaben} \\ \text{Alph} & \text{Großbuchstaben} \end{cases}$$

Der Command **\pagenumbering** beginnt die Seitennumerierung von vorn.
Es wird häufig die Methode benutzt, das Inhaltsverzeichnis durch römische Ziffern zu numerieren. Dann wird am Ende des Programms geschrieben

```
\pagenumbering{Roman}
\tableofcontents
```

Die Seiten werden dann auch am Ende des Dokuments produziert. Normalerweise möchte man das Inhaltsverzeichnis vorn haben. Das ist dann ja aber jederzeit durch Umlegen der Seiten möglich, da die Seiten unabhängig vom übrigen Dokument numeriert sind.
Auf die gleiche Weise erhält man auch eine Liste der Abbildungen. (Die Abbildungen erhalten eine Nummer. Diese ist eine Nummer mit Punkt. Vor dem

Punkt steht die Kapitel-Nummer, hinter dem Punkt eine fortlaufende Nummer der Abbildung innerhalb des Kapitels. Diese Nummer wird automatisch bei Anwendung des Commands `\caption` erzeugt.)
Der Command zur Erzeugung der Liste der Abbildungen lautet

```
\listoffigures
```

Hierdurch wird eine Datei datei.lof erzeugt. Diese wird wie oben für die datei.toc für das Inhaltsverzeichnis bearbeitet. Auch hier kann durch einen Command `\pagenumbering` die Seitennumerierung neu begonnen werden, man kann aber auch die Seitennumerierung für das Inhaltsverzeichnis weiterverwenden, wenn die Liste der Abbildungen hinter das Inhaltsverzeichnis gelegt wird.

9.4 Titelseite

9.5 Schlagwortregister — Index

In der Präambel ist in allen TEX-Dokumenten, in denen ein Index erzeugt werden soll

```
\makeindex
```

zu schreiben. Hierdurch wird erreicht, daß bei jedem Eintrag, den der Anwender macht, ein Satz in die Datei datei.idx geschrieben wird.
Der Anwender nimmt direkten Einfluß darauf, welcher Begriff in das Schlagwortregister gestellt wird. An jeder beliebigen Stelle kann vom Anwender geschrieben werden

```
\index{begriff}
```

Dies hat die Wirkung, daß dieser Begriff zusammen mit der Seiten-Nummer in eine Datei datei.idx gestellt wird.
An jeder beliebigen Stelle kann vom Anwender aber auch geschrieben werden

```
\hindex{begriff}
```

Dies hat die Wirkung, daß dieser Begriff zusammen mit der Seiten-Nummer in Fettdruck in die Datei datei.idx gestellt wird.
Die Datei datei.idx ist eine ASCII-Datei.
Direkte Weiterverarbeitungen werden allerdings von TEX nicht angeboten. Informatika hat deshalb ein Verfahren entwickelt, welches sehr einfach auf allen Betriebssystemen realisiert werden kann.
Das Verfahren geht in 3 Schritten vor.

datei.idx Für jeden Indexeintrag stellt TEX einen Dateisatz der Form `\indexentry{Begriff}{Seiten-Nummer}{art}` ab. Da bei jedem Eintrag des Anwenders ein solcher Satz erzeugt wird, ist die Reihenfolge zunächst die der Einträge. (Hierbei ist art = 1, falls es sich um einen über `\index{begriff}` erzeugten Eintrag handelt, sonst ist art = 2, wenn der Eintrag über `\hindex` erzeugt wurde.)

(Die indexentrys stehen also in der Reihenfolge aufsteigender Seiten-Nummern und danach nach Zeilen-Nummer aufsteigend.) Die Seitennummern sind überdies linksbündig ohne Leerzeichen geschrieben.

tri Das Programm tri (=transformation index) liest jeden einzelnen Satz und ersetzt die Seiten-Nummer durch eine 4-stellige rechtsbündig geschriebene Seiten-Nummer, die mit führenden Leerzeichen aufgefüllt wird. Dadurch ist die Datei sortierfähig. Das Programm arbeitet als Filter. (Standard-Eingabe wird durch das Programm zu Standardausgabe.)

Sortieren Die so entstandene Datei kann mit einem üblichen Sortierprogramm, wie es in jedem Betriebssystem vorhanden ist, (z.B. MS-DOS Programm SORT) sortiert werden. Die Ergebnisdatei muß texs.idx heißen.

index.tex Die so entstandene Datei wird als Eingabedatei für das Satzprogramm index.tex verwendet, welches in TEX geschrieben ist. Es wird ein zweispaltiger Index erzeugt.

9.6 Referenzen

Jederzeit kann der Anwender Referenzpunkte bilden. Dies geschieht mit dem Command

```
\label{kennung}
```

Hierbei ist kennung eindeutig zu verwenden.
Schreibt man nun in dem Dokument

```
\ref{kennung}
```

so wird an dieser Stelle die hierarchische Nummer gesetzt, die der Stelle entspricht, wo `\label{kennung}` steht, also z.B. 5.4.3 für Kapitel 5, Abschnitt 4, Unterabschnitt 3.
Schreibt man nun in dem Dokument

```
\pageref{kennung}
```

so wird an dieser Stelle die Seitennummer gesetzt, die der Stelle entspricht, wo `\label{kennung}` steht.
Eine Besonderheit ist noch bei Abbildungen zu beachten. Steht der Command `\label{kennung}` etwa am Anfang eines 'environment figure', dann erhält man ebenfalls durch

```
\ref{kennung}
```

die hierarchische Nummer, also z.B. 5.4.3 für Kapitel 5, Abschnitt 4, Unterabschnitt 3. Wird aber der Command `\label{kennung}` innerhalb eines Commands `caption` angewendet, dann wird durch

```
\ref{kennung}
```

die Nummer der Abbildung erzeugt, also 5.2 für die zweite Abbildung im Kapitel 5. Für diese Form ist der Command `\caption` folgendermaßen zu schreiben.

```
\caption{\label{kennung} bildunterschrift}
```

9.7 Fußnoten

Fußnoten werden am Ende der Seite eingefügt. Hierdurch wird der Platz für den eigentlichen Text reduziert. (alle Seiten — auch solche mit Fußnoten — sind gleich lang.)
Es sind zwei Verfahren vorgesehen.

9.7.1 Fußnoten werden durch '*)' gekennzeichnet*

In vielen Dokumenten werden Fußnoten*) so gekennzeichnet, daß lediglich ein '*' angebracht wird, wie das gerade hier geschehen ist. Dies erreicht man mit dem Makro

```
\fussnote{.....fussnotentext .....}
```

Kommen mehrere Fußnoten auf einer Seite vor, dann werden diese zeilenweise mit einer immer höheren Anzahl von '*' gekennzeichnet. Die Anzahl beginnt auf jeder Seite wieder mit einem Stern.

9.7.2 Fußnoten werden numeriert

Fußnoten können aber auch numeriert werden. Die Numerierung geschieht dann im ganzen Dokument fortlaufend. Ein Beispiel dieser Art von Fußnoten sehen Sie auf dieser Seite[1].
Dies erreicht man mit dem Makro

*) Makro aus infmakro.tex

[1] Das ist ein Beispiel einer numerierten Fußnote

`\footnote{.....fussnotentext .....}`

Kommen mehrere Fußnoten auf einer Seite vor, dann werden diese zeilenweise ausgegeben. Die Numerierung wird automatisch fortgeschrieben.

9.8 Bearbeitung langer Dokumente

TEX unterstützt die Verarbeitung langer Dokumente. Dokumente können gut in kleinere Teile aufgeteilt werden, wenn hierbei beachtet wird, daß die Teile von TEX stets so übersetzt werden, daß ein Teil des Dokuments stets auf einer neuen Seite beginnt.
Da Kapitel aber stets auf einer neuen Seite — und zwar auf einer mit ungerader Seiten-Nummer — beginnen, ist eine Aufteilung eines Dokuments in Kapitel unproblematisch.
Drei Commands unterstützen diese Aufteilung.

input Durch den Command `\input{datei}` wird dort, wo der Command plaziert wird, die Datei datei.tex eingelesen. Dieses Verfahren kann man verwenden, wenn z.B. Makros für einen bestimmten Verwendungszweck in getrennten Dateien gehalten werden und man nun in einem Programm die Auswahl aus mehreren dadurch trifft, daß man sie durch input einliest.

include Durch den Command `\include{datei}` wird dort, wo der Command plaziert wird, die Datei datei.tex eingelesen. Insoweit unterscheidet sich dieser Command nicht von dem Command `\input{datei}`. Der entscheidende Unterschied besteht darin, daß der Einlese-Vorgang (und der Verarbeitungsvorgang) nur dann vorgenommen wird, wenn der Dateiname in einem Command `\includeonly` vorkommt.

includeonly In der Präambel (hinter dem Command `\documentstyle` und noch vor dem Command `\begin{document}` wird der Command `\includeonly{teil1,teil2,teil3,...}` abgesetzt. Nur diejenigen Teile, die in dem Command aufgeführt sind, werden verarbeitet. Für alle anderen Teile des Dokuments werden die insoweit abgespeicherten Versionen verwendet.

Daraus ergibt sich, daß für große Dokumente eine spezielle Organisation verwendet werden muß. Es hat sich in der Praxis herausgestellt, daß es zweckmäßig ist, ein Hauptprogramm zu haben, in welchem die Steuerungen für die gesamte Produktion aufgehoben werden. Die Teile des Dokuments befinden sich in den getrennten Dateien.
Das Hauptprogramm für die Steuerung dieses Buches wird im folgenden dargestellt.

```
\documentstyle[bezier]{lehrbuch}
\input{infmakro}
\input{infpap}
\makeindex
\includeonly{tex0,tex1,tex2,tex3,tex4,tex5,tex6,tex7,%
tex8,tex9,tex10}
\begin{document}
%-----------------------------------------------
\include{tex0}    % Titelseiten
%-----------------------------------------------
\include{tex1}    % Kapitel 1
%-----------------------------------------------
\include{tex2}    % Kapitel 2
%-----------------------------------------------
\include{tex3}    % Kapitel 3
%-----------------------------------------------
\include{tex4}    % Kapitel 4
%-----------------------------------------------
\include{tex5}    % Kapitel 5
%-----------------------------------------------
\include{tex6}    % Kapitel 6
%-----------------------------------------------
\include{tex7}    % Kapitel 7
%-----------------------------------------------
\include{tex8}    % Kapitel 8
%-----------------------------------------------
\include{tex9}    % Kapitel 9
%-----------------------------------------------
\include{tex10}   % Kapitel 10
%-----------------------------------------------
\newpage                  % Neue Seite
\pagenumbering{Roman}     % Numerierungsart
\tableofcontents          % Inhaltsverzeichnis
\listoffigures            % Liste der Abbildungen
\end{document}
```

Man beachte, daß große Kapitel auch innerhalb des Kapitels unterteilt werden können. Allerdings kann das immer nur bei einer Seitengrenze geschehen, weil ein Modul stets mit einer neuen Seite beginnt

Kapitel 10

Schnittstellen von TEX zu anderen Systemen

10.1 Anforderungen

Die Einsatzmöglichkeit eines Systems wie TEX hängt in hohem Maße auch davon ab, welche Zusammenarbeit mit anderen Systemen möglich ist. Da andere Systeme — wie TEX — mit Eingabedaten arbeiten und Ausgabedaten erzeugen, wird es also nötig sein zu prüfen, welche Datenformate bzw. Dateiformate TEX verarbeiten kann, und welche Datenformate bzw. Dateiformate von TEX erzeugt werden können.
Im Bereich der Verarbeitung von Zeichen sind überhaupt nur zwei Datenformate bzw. Dateiformate von Belang.

1. ASCII-Format (zeichenorientiertes Format — 256 Zeichen)
2. dvi-Format (Eingabeformat für Treiber der Endgeräte wie z.B. Laser-Drucker oder Graphik-Bildschirm-Ausgabe)

Wenn TEX also mit anderen System kommunizieren soll, dann muß es sowohl möglich sein, ASCII-Texte, die von anderen Systemen erzeugt wurden, in die Quelltexte aufzunehmen. Es muß aber auch möglich sein, zur Verarbeitungszeit von anderen Systemen erzeugte ASCII-Dateien satzweise zu verarbeiten. Ferner muß es möglich sein, die von anderen Systemen (Hardware oder Software) erzeugten dvi-Dateien so zu verarbeiten, daß diese in aus TEX erzeugte dvi-Dateien an der richtigen Stelle in der richtigen Größe eingemischt werden, so daß am Ende ein komplettes Dokument entsteht.
Diese Möglichkeiten hat TEX.

10.2 Verarbeiten von ASCII-Dateien

Daß TEX ASCII-Dateien in die Quelltexte einmischen kann, ist bei diesem System unproblematisch, da es sich selbst um ein ASCII-System handelt. Jederzeit können auf anderen Systemen vorbereitete Texte in die Quelltexte

eingemischt werden. Die Umwandlung von TEX bearbeitet dann die Gesamtdateien. Die Strukturierung der Texte — soweit sie durch TEX-Commands beeinflußt werden soll, muß dann allerdings nachträglich noch erfolgen.
Soll TEX auch ASCII-Daten einlesen, dann muß der bisher bekannte Satz von Commands noch erweitert werden.

10.2.1 Die Commands \typein — \typeout

Diese beiden Commands stellen Bindeglieder von TEX zu Tastatur (**\typein**) und Bildschirm (**\typeout**) dar.
Durch **\typein** wird einer Variablen ein Wert zugewiesen. Der **\typein**-Command hat folgendes Format:

```
\typein[\variable]{prompt-text}
```

Hierbei bedeuten:

variable	Namen einer Variablen (Nur Zeichen zugelassen!)
prompt-text	Text, der bei der Eingabe als Prompt verwendet wird

Schreibt man:

```
\typein[\name]{Bitte Namen eingeben:}
Der Name ist \name.
```

so erhält man während der Übersetzung die Möglichkeit, einen Text unterschiedlich zu gestalten, je nachdem, welche Eingabe getätigt wurde.
Der im Dokument enthaltene Text lautet jetzt also

Der Name ist Meyer

oder

Der Name ist Müller

je nachdem, welche Eingabe getätigt wurde.
Dieser Command entfaltet aber seine eigentliche Stärke erst, wenn man bedenkt, daß TEX die Eingaben statt von der Tastatur auch über 'redirected input' über eine Datei erhalten kann.
Lautet das Betriebssystem - Statement zur Umwandlung normalerweise

tex programm

wenn programm.tex den Quelltext enthält, so schreiben wir jetzt:

tex programm < datei

und stellen in die Datei 'datei', die eine ASCII-Datei ist, alle die Informationen, die wir sonst über die Tastatur eingeben würden.
Wir wollen das an einem Beispiel Briefschreibung demonstrieren.
Wir richten eine Datei 'datei' ein und bringen in diese — z.B. mit einem Editor — eine Adresse.
Die Datei soll folgende Gestalt haben:

```
Herrn
Franz Xaver
Grantner
Regensburger Str. 112
8000 München
```

Wir schreiben folgendes TEX-Programm.

```
%---------------------------------------------------
%                  Einlesen Adresse
%---------------------------------------------------
\typein[\anrede]{Anrede:} \typein[\vorname]{Vorname(n):}
\typein[\name]{Name:} \typein[\strasse]{Stra\ss e:}
\typein[\plzort]{Postleitzahl Ort:}
%--------------------------------------------------
%                  Brieftext
%--------------------------------------------------
\anrede\newline
\vorname\ \name\newline
\strasse\newline
\plzort\newline

\vspace*{1cm}
\hfill Freilasing, den 16. April 1988\newline
\vspace*{1cm}

Sehr geehrter Herr \name ,

zu unserem Bedauern müssen wir Ihnen leider mitteilen,
da\ss\ wir den vorgesehenen Liefertermin für den von
Ihnen bestellten

\centerline{Kleiderschrank M16900}

per 25. April 1988 nicht einhalten können. Wegen gro\ss em
Arbeitsanfall in der Fabrik wird sich die Lieferzeit um
2 - 3 Wochen verzögern. Wir bitten Sie um Ihr Verständnis.

\vspace{0.5cm}
Mit freundlichem Gru\ss
Möbelfabriken Meyer \& Sohn
```

Daraus entsteht:

Herrn
Franz Xaver Grantner
Regensburger Str. 18
8000 München

Freilasing, den 16. April 1988

Sehr geehrter Herr Grantner,
zu unserem Bedauern müssen wir Ihnen leider mitteilen, daß wir den vorgesehenen Liefertermin für den von Ihnen bestellten

Kleiderschrank M16900

per 25. April 1988 nicht einhalten können. Wegen großem Arbeitsanfall in der Fabrik wird sich die Lieferzeit um 2 - 3 Wochen verzögern. Wir bitten Sie um Ihr Verständnis.

Mit freundlichem Gruß
Möbelfabriken Meyer & Sohn

Der Command `\typeout` kann benutzt werden, um Informationen während der Übersetzung an den Bildschirm auszugeben.
Der Command hat das Format

```
\typeout{ausgabe-text}
```

10.2.2 Mehrfachbriefe

Professionell einsatzfähig ist dieses Programm allerdings erst dann, wenn auf diese Weise Mehrfachbriefe geschrieben werden können. Hierzu sind allerdings noch 3 Commands nötig, um das erreichen zu können.

1. Zum einen braucht man einen Command zur Abwicklung einer Schleife (dies ist der **loop-Command mit repeat**)

2. Mit einer if-Abfrage ist zu prüfen, ob die Schleife noch weiterlaufen soll (**if**).

3. Es wird eine Schleife ausgeführt solange eine Bedingung erfüllt ist. Dazu muß es möglich sein eine Konstante zu definieren (**def**).

Definition einer Konstanten

In TEX kann man mit

```
\def\variable{wert}
```

einer alphanumerischen Konstanten 'variable' einen Wert zuweisen.
Beispiel: Durch `\abk{Makro aus infmakro.tex}` ist der Variablen abk der Wert 'Makro aus infmakro.tex' zugewiesen. Man kann also die Definition von alpahnumerischen Konstanten zur Schreibvereinfachung verwenden.

Abfrage auf alphanumerische Konstante der Länge 1

Die if-Abfrage hat folgendes Format

```
\ifx\variable\konstante ......commands \fi
```

Wenn die Variable 'variable' den Wert der Konstanten 'konstante' hat, dann werden die '.... commands ...' ausgeführt. Wenn dies nicht der Fall ist, wird nichts ausgeführt.

loop — repeat

Eine Schleife wird durch den Command `\loop` eingeleitet. Ihm folgen die Commands, die in der Schleife ausgeführt werden. Die Schleife wird durch den `\repeat` abgeschlossen. Dieser Command steuert über eine if-Abfrage ähnlich der obigen if-Abfrage, ob die Schleife noch weiter durchlaufen werden soll oder nicht.
Die gesamte Schleife hat damit folgendes Format.

```
\loop
... Commands, die in der .....
... Schleife ausgeführt .....
... werden sollen ...........
\ifx\variable\konstante
\repeat
```

Die Schleife wird solange ausgeführt, wie

$$\text{Variable} = \text{Konstante}$$

Wenn diese Bedingung nicht mehr gilt, wird die Schleife abgebrochen.

Bei Anwendung des loop-Commands ist aber zu beachten, daß die in loop – if-Abfrage eingeschlossenen Informationen ohne Absatz geschrieben werden müssen. Solange es sich um Commands handelt, ist dies keine Einschränkung. Wenn allerdings Texte geschrieben werden sollen, die dann ja auch Absätze erhalten, muß eine bestimmte Organisation angewendet werden. Man kann folgendermaßen vorgehen.

1. Der Text wird in ein tabular environment geschrieben, welches aus einer Spalte besteht, die mit p{} beschrieben ist.
2. Diese Tabelle wird mit def einer Variablen text zugewiesen.
3. Im loop – repeat wird als Statements für den Text eingefügt:

```
\begin{tabular}{@{}p{\textwidth}@{}}
\text
\end{tabular}
```

Ein Programm zur Erzeugung von Mehrfachbriefen Es wird mit folgender Konzeption gearbeitet.

1. Die Adressen sind in einer Datei gespeichert. Die Adressen enthalten zeilenweise folgende Daten:

1. Zeile	Anrede
2. Zeile	Vorname
3. Zeile	Name
4. Zeile	Straße und Hausnummer
5. Zeile	Postleitzahl und Ort
6. Zeile	Kennzeichen '1' oder '0'

2. Alle Adressen enthalten in der 6. Zeile eine '1'. Als Datei-Ende enthält die Datei eine 'Stopp-Adresse', dies ist eine gültige Adresse mit dem Kennzeichen '0'.

Das Programm wird nun in einzelnen Programmteilen dargestellt. Den einzelnen Programmteilen sind die entsprechenden Erklärungen vorausgestellt. Die Konstante 1 wird als '\keins' definiert. Der Text wird in ein spezielles tabular environment gestellt. Normalerweise sind in einem tabular environment je Spalte Zwischenräume vorgesehen. Diese betragen am Anfang und

am Ende der Spalte 6pt. Durch Eintragung von `@{\hspace{xxpt}}` kann dieser Zwischenraum verändert werden. Macht man keine Eintragung, dann ist dieser Zwischenraum 0pt. In der folgenden Eintragung des tabular environment ist also die Tabellenbreite gleich der vollen Textbreite.
Der Brieftext wird in einer Tabelle gespeichert. Er kann durch Angabe von `\text` aufgerufen werden.

```
\def\keins{1}
\def\text{\begin{tabular}{@{}p{\textwidth}@{}}
zu unserem Bedauern müssen wir Ihnen leider mitteilen,
da\ss\ wir den vorgesehenen Liefertermin für den von
Ihnen bestellten

\centerline{Kleiderschrank M16900}

per 25. April 1988 nicht einhalten können. Wegen gro\ss em
Arbeitsanfall in der Fabrik wird sich die Lieferzeit um
2 - 3 Wochen verzögern. Wir bitten Sie um Ihr Verständnis.

\vspace{0.5cm}
Mit freundlichem Gru\ss

Möbelfabriken Meyer \& Sohn
\end{tabular}}
```

Hier beginnt die Schleife. Am Anfang der Schleife wird die Adresse und das Kennzeichen eingelesen.

```
\loop
\typein[\anrede]{} \typein[\vorname]{}
\typein[\name]{} \typein[\strasse]{}
\typein[\plzort]{} \typein[\kennz]{}
```

Falls das Kennzeichen = 1 ist, wird die Adresse und der Briefkopf sowie der Brief ausgegeben und es wird eine neue Seite begonnen. Die if-Abfrage endet bei `\fi` Man beachte hierbei, daß die `\vspace`-Commands immer erst hinter dem nächsten `\newline` wirksam werden. Es wird nun wieder eine Tabelle gebildet, die so breit ist wie die Textbreite. In diese wird der Brieftext gestellt.

```
\ifx\kennz\keins
\anrede\newline
\vorname\ \name\newline
\strasse\newline
\vspace{2cm}
\plzort\newline
```

```
\vspace{1cm}
\hfill Freilasing, den 16. April 1988\newline
\vspace{0.5cm}
Sehr geehrter Herr \name ,\newline
\begin{tabular}{@{}p{\textwidth}@{}}
\text
\end{tabular}
\newpage\fi
```

Falls das Kennzeichen = 1 ist (dann handelt es sich um eine gültige Adresse) wird die Schleife weiter durchlaufen. Sonst ist das Programm zu Ende.

```
\ifx\kennz\keins
\repeat
```

Dies ist ein Prinzip-Programm. In der Anwendung können die Erwartungen höher sein. Auch diese kann TEX erfüllen. Die Informatika GmbH, Hamburg, hat ein solches Programm entwickelt.

10.2.3 Programmsystem ITMS*

Das Programmsystem ITMS (=Integriertes Text Management System) ist ein Produkt der Informatika GmbH, Hamburg. Wir beschreiben im folgenden den Teilaspekt Schreiben von Mehrfachbriefen.
Die Adressen werden in einer Daten verwaltet.*) Hier sind Adreßmanipulationen möglich:

- Verändern der Adressaten in der Firma
- Übernahme der Adressen aus anderen Adreßdateien
- Vergabe von Codes zum Zusammenstellen von Gruppen

Aus der Datenbank wird durch einen speziellen Menuepunkt ein Adreßauszug — z.B. nach Codes — gemacht. Bei der Bearbeitung muß der Bearbeiter noch folgende Informationen eingeben:

1. Name der Datei, in der sich der Brieftext befindet
2. Betreff des Briefes

Das Adressenauswahlprogramm erzeugt dann eine Datei. Die Zeilen 1 und 2 der Datei sind folgendermaßen verwendet.

1. Zeile	Name der Brieftext-Datei
2. Zeile	Betreff des Briefes

*) Das Programmsystem arbeitet mit einer Datenbank informix und mit TEX.

Für jede Adresse befinden sich in der Datei 7 Zeilen. Diese haben folgenden Inhalt.

1. Zeile	Anrede
2. Zeile	Name
3. Zeile	Branche 1
4. Zeile	Branche 2
5. Zeile	Straße und Hausnummer
6. Zeile	Postleitzahl und Ort
7. Zeile	Briefanrede

Die Stopp-Adresse wird hier daran erkannt, daß die 6. Zeile leer ist. Das Auszugsprogramm stellt hinter alle Adressen noch einmal die letzte Adresse, die allerdings dann in der 6. Zeile keine Eintragung enthält.

Das Programm erwartet, daß der Brieftext in der angegebenen Datei steht. Für die Entwicklung des Brieftextes sind keine Einschränkungen gemacht. Am Ende dieser Datei muß

```
\briefende
```

geschrieben werden.

Für die Schreibung der Briefe ist eine spezielle Stilart entwickelt worden. Diese sorgt dafür, daß

1. erste und folgende Seiten mit unterschiedlichem Seiten-Layout geschrieben werden,
2. das Seiten-Layout auf den bestehenden Firmenkopfbogen abgestimmt ist,
3. das Briefdatum automatisch verwaltet wird,
4. auf den Folgeseiten die Seiten-Nummer und das Datum des Schreibens wiederholt werden,
5. Der Firmen-Name und die Zeile 'Mit freundlichem Gruß' im Block geschrieben werden.

Folgende Abwicklung ist vorgesehen:

1. Erstellen des Brieftextes mit TEX.
2. Auszug der Adressen aus der Datenbank (Erfassung des Dateinamens vom Brieftext und vom Betreff des Briefes).
3. Umsetzen der Umlaute in TEX-Umlaute. (Hierfür wird ein spezielles Programm eingesetzt.)

4. Erzeugen der Briefe durch ein Programm mit redirected input, wobei die eingezogene Datei die Datei der ausgezogenen Adressen mit den zwei Zusatzzeilen ist.

Eine Abbildung eines solchen Briefes in verkleinerter Form stellt die Abbildung 10.1 auf Seite 142 dar.

Firma
B.G. Teubner GmbH

Geschäftsleitung
Industriestr. 15

7000 Stuttgart 80

Hamburg, den 17. April 1991

Betrifft : Seminar Professioneller Buchsatz mit TEX

Sehr geehrte Damen und Herren,

die Kommunikation innerhalb und außerhalb des Unternehmens wird zunehmend wichtig. Heute präsentieren wir Ihnen ein Seminar über das professionelle Satzsystem TEX als Einstieg in diese sehr wirtschaftliche Methode für den Satz von

Bedienungsanleitungen
Fachbüchern und -aufsätzen
Hauszeitungen
Werbebriefen

Sie können die Dokumente auf einem Laser-Drucker ausgeben. Wenn Sie aber höhere Qualitätsansprüche haben, dann können Sie — ohne Veränderung der Software oder der zentralen Datenverarbeitung — die Ausgabe auch auf einem Foto-Belichter erzeugen. Die Software ist lauffähig auf jedem MS-DOS-Rechner — und auf mehr als 15 UNIX-Rechnern.
Namhafte Verlage setzen diese Software ein, um Fachbücher sehr wirtschaftlich zu produzieren. (Der Autor produziert den Satz beim Schreiben!)
Einen Auszug aus einem Fachbuch als Leistungsbeschreibung von TEX und eine Seminarbeschreibung fügen wir diesem Schreiben bei.

Mit freundlichem Gruß
Informatika GmbH

Schumann

Abbildung 10.1: Brief aus ITMS

10.3 Verarbeiten von dvi-files

TEX kann nicht nur mit konventionellen Systemen über ASCII-Dateien kommunizieren, sondern es können auch dvi-files aus anderen Systemen in die TEX-Dokumente eingemischt werden.

10.3.1 Einmischen von Bildern

Um ein Bild der Breite 'breite' und der Höhe 'hoehe' an einer bestimmten Stelle einzumischen ist der Command

```
\bild{dateiname}{grau}{breite}{hoehe}
```

einzugeben. Dabei bedeuten die Parameter:

dateiname	Name des dvi-files
grau	Graustufe (0 – 100)
breite	Breite des Bildes
hoehe	Höhe des Bildes

Dies soll an einem Beispiel demonstriert werden.

> Voraussetzung von allen Operationen ist, daß das einzumischende Bild als dvi-file vor der Umwandlung des gesamten Dokuments zur Verfügung steht. Der eigentliche Vorgang des Einmischens wird von dem Treiber vorgenommen. TEX hält nur den notwendigen Platz frei.

Gegeben ist — als dvi-file — die Abbildung der Gauß'schen Normalverteilung. Das Bild hat eine Breite von 240pt und eine Höhe von 130pt. Die Datei hat den Namen bgauss.dvi. Das Bild soll mit einer Graustufe 8 unterlegt werden. **Wir verwenden die Graustufen in diesem Abschnitt zur Demonstration der Größe des Bildes und seine Einpassung in das Dokument.**

Sie schreiben:

```
\bild{bgauss}{8}{240pt}{130pt}
```

und erhalten:

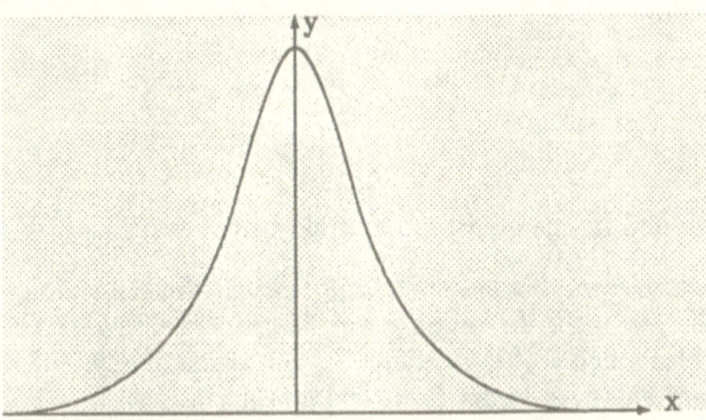

Das eingezogene Bild wird linksbündig verarbeitet. Selbstverständlich kann man dieses Bild auch zentrieren. Man schreibt dann:

```
\begin{center}
\bild{bgauss}{8}{240pt}{130pt}
\end{center}
```

und erhält:

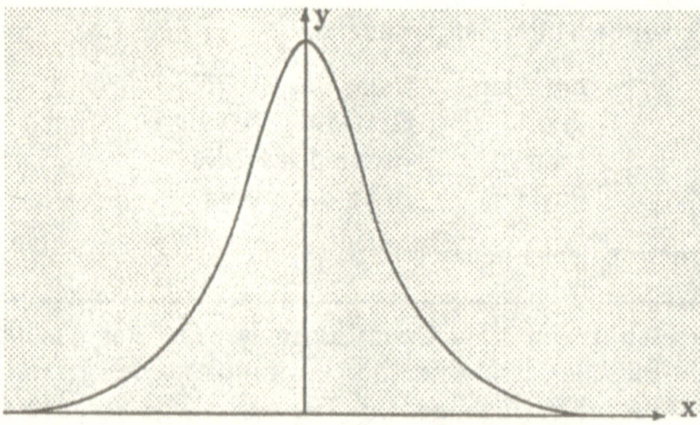

10.3.2 Erzeugen von dvi-files für Bilder

Die Erzeugung von Bildern, die z.B. mit Hilfe des bezier.sty erzeugt worden sind, haben eine hohe Umwandlungszeit. Aus diesem Grunde kann es durchaus sinnvoll sein, solche Bilder als dvi-files getrennt zu erzeugen. Dies verhindert auch in gewissen Fällen die Nachricht

TEX capacity exceeded

Um ein solches Bild zu erzeugen, ist folgende Form der Präambel zu wählen.

```
\begin{documentstyle}[.....]{......}
\input{infmakro}
\stbild{breite}{laenge}
.....
\begin{document}
.......
.......
.......
\end{document}
```

Hierbei bedeuten breite und laenge die Breite und die Länge des Bildes.

Es sollte dabei beachtet werden, daß in der Präambel exakt die Reihenfolge der Commands eingehalten wird, da `\stbild` ein Makro aus infmakro.tex ist. infmakro.tex muß also schon vorher existieren, bevor `\stbild` aufgerufen wird. Dies muß in jedem Fall noch in der Präambel geschehen.
Das Bild der Gauß'schen Normalverteilung wird durch folgenden TEX-file erzeugt.

```
\documentstyle{lehrbuch}
\input{makro}
\stbild{130pt}{240pt}
\begin{document}
\begin{picture}(240,130)
\bezier{250}(0,0)(60,0)(80,72.59121)
\bezier{250}(80,72.59121)(92.974424,119.68266)(100,119.68266)
\bezier{250}(100,119.68266)(107.02558,119.68266)(120,72.5912)
\bezier{250}(120,72.59121)(140,0)(200,0)
\put(0,0){\vector(1,0){220}}
\put(225,0){x}
\put(100,0){\vector(0,1){130}}
\put(103,125){y}
\end{picture}
\end{document}
```

10.3.3 Montage von zusätzlichen Texten

In vielen Anwendungen ist es notwendig, neben die Bilder noch Texte zu montieren. Bild und Text betrachten wir als Boxes (Rechtecke). Es kann nun gewünscht werden, daß die Texte neben dem Bild stehen und mit der oberen Bildkante beginnen. Es kann aber auch vorkommen, daß die Texte neben dem Bild zentriert (auf 'halber' Höhe) stehen oder daß die Texte mit der unteren Bildkante abschließen. Alle Fälle sind mit den bekannten Commands zu erreichen. Wir verwenden die Form des tabular environments mit p{} und setzen außerdem mit `@{}` vor jedem Parameter und hinter dem letzten alle Zwischenräume zwischen den Spalten auf Null.

Als Grundparameter für die Bearbeitung sollte die Textbreite bekannt sein. In diesem Buch beträgt sie 330pt.

Bild und Text gleicher Beginn oben

Als Strukturelement wird ein tabular environment mit zwei Spalten verwendet.

Schreibt man:

```
\begin{tabular}{@{}p{240pt}@{\hspace{5pt}}p{85pt}@{}}
\bild{bgauss}{8}{240pt}{130pt}&Normal --- Verteilung
                               (J.C.F. Gau\ss ) \\
\end{tabular}
```

so erhält man:

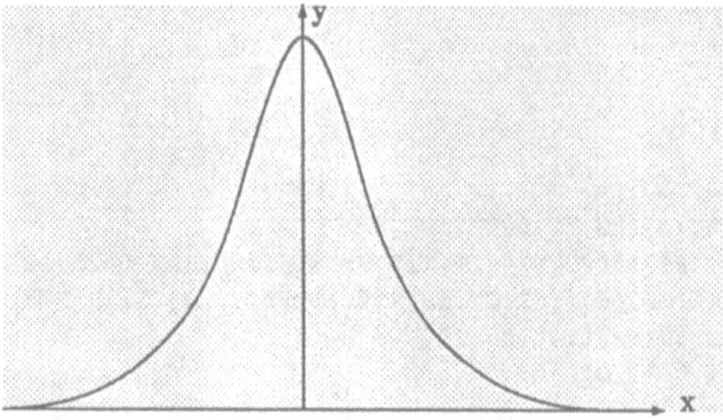

Normal — Verteilung (J.C.F. Gauß)

Text auf mittlerer Höhe des Bildes

Soll der Text auf mittlere Höhe des Bildes gesetzt werden, so kann man zwei tabular environments horizontal nebeneinandersetzen. Die Tabelle mit der geringeren Höhe wird dann immer zentriert gesetzt. Den Abstand zwischen den beiden Tabellen kann man entweder mit `\hfill` erreichen oder man kann auch `\hspace{..}` verwenden.

Schreibt man:

```
\begin{tabular}{@{}p{240pt}@{}}
\bild{bgauss}{8}{240pt}{130pt}\\
\end{tabular}
\hspace{5pt}
\begin{tabular}{@{}p{85pt}@{}}
Normal --- Verteilung
(J.C.F. Gau\ss )\\
\end{tabular}
```

so erhält man:

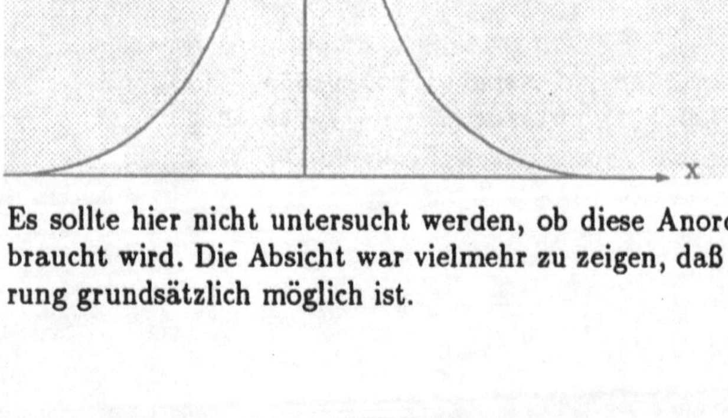

Normal — Verteilung (J.C.F. Gauß)

Es sollte hier nicht untersucht werden, ob diese Anordnung sehr häufig gebraucht wird. Die Absicht war vielmehr zu zeigen, daß auch diese Positionierung grundsätzlich möglich ist.

Bild und Text gleiches Ende unten

Um zu erreichen, daß Text und Bild unten gleich enden, ist noch ein zusätzliches environment, das environemnt bottom*), erforderlich. Es kann nur innerhalb eines tabular environments angewendet werden. Hier wird erreicht, daß der in das environment eingeschlossene Text auf den 'bottom' eine Tabelle gestellt wird, deren Länge in dem environment als Parameter angeben werden muß. Zur Realisierung der Positionierung kann dann eines der beiden vorgenannten Modelle verwendet werden. Es wird das Modell mit der Zentrierung verwendet. Diesmal legen wir `\hfil` zwischen die Tabellen und erreichen auf diese Weise, daß die volle Textbreite genutzt wird. Der Leerraum bleibt zwischen den Tabellen.

Schreibt man:

```
\begin{tabular}{@{}p{240pt}@{}}
\bild{bgauss}{8}{240pt}{130pt}\\
\end{tabular}
\hfil
\begin{tabular}{@{}p{85pt}@{}}
\begin{bottom}{130pt}
Nor\-mal --- Ver\-tei\-
lung (J.C.F.~Gau\ss)
\end{bottom}\\
\end{tabular}
```

Bitte beachten Sie dabei, daß das environment bottom als Parameter die Höhe der Box (130pt) benötigt. Durch diese Angabe ist es möglich, die Tabelle zunächst auf 130pt festzulegen und dann den Text am unteren Ende zu positionieren. *so erhält man:*

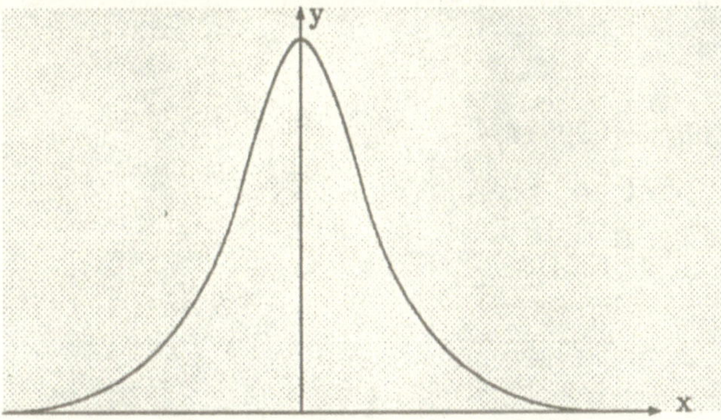

Normal — Verteilung (J.C.F. Gauß)

Allgemeinere Positionierungen von Bild und Text

Es sind jetzt alle Werkzeuge aufgezählt, mit denen sich auch allgemeinere Positionierungen von Bildern und Text erzeugen lassen. Zum einen ist die Lage

*) Makro aus infmakro.tex

von Bild und Text nicht festgelegt (ebensogut könnte das Bild rechts stehen) zum anderen ist die Zahl der Boxes nicht beschränkt. Es muß lediglich darauf geachtet werden, daß die Textbreite nicht überschritten wird. In diesem Rahmen ist die Erzeugung von horizontalem Satz von mehreren Bildern und Texten unproblematisch.

10.4 Zusammenfassung

Es wurde demonstriert, wie kommunikativ TeX ist. Es kommuniziert praktisch mit allen Systemen, die Daten erzeugen. Damit eignet sich TeX auch als Ausgabe-System von Berichten aus komplexeren kaufmännischen Anwendungen. Die Berichte werden in ASCII geeignet erzeugt (Tabellen z.B. in der Form, wie sie von TeX direkt verarbeitet werden können) und dann von TeX weiterverarbeitet. Dies erspart erheblichen Programmieraufwand — weil das Auszählen von komplizierten Listen aufwendig ist — und sieht natürlich besser aus, zumal sich auch umfangreichere Listen auf DIN A4 besser ausgeben lassen.
Da es sich bei dem TeX-System um ein ASCII-System handelt, können die TeX-Quelltexte auch von anderen Systemen, die ASCII-Dateien erzeugen können, selbst generiert werden. In diesem Bereich sind viele Anwendungen möglich, weil dann ja von einem Anwendungsfall zum anderen andere TeX-Programme erzeugt werden können. Dies steigert die Flexibilität noch einmal erheblich.

> TeX ist ein kommunikatives Satzsystem mit der Möglichkeit des Einsatzes auch als komfortable Ausgabe für Berichte.

Teil 2

Quellentext

Kapitel 1

Übersicht über Textbearbeitung

```
%--------------------------------------------------
% TEX Skript Kapitel 1
%--------------------------------------------------
\input{pap}
\chapter{Übersicht über Textbearbeitung}
\section{Formen der Textbearbeitung}
Im gesamten Bereich der Kommunikation spielen Texte
eine entscheidende Rolle.  Über Texte findet der
gesamte Informationsaustausch zwischen Sender und
Empfänger von Nachrichten statt.  Texte stellen das
Element in Informationssystemen dar.  Für jede Art
von Nachrichten findet eine Bearbeitung der Texte
statt.  Die Texte werden so bearbeitet, daß Sender
und Empfänger von Nachrichten optimal Informationen
austauschen können.  Hierzu ist es notwendig, die
Texte so zu strukturieren, daß diese gut lesbar
sind.  Die Texte müssen so aufgebaut werden, daß
Mißverständnisse zwischen Sender und Empfänger
weitgehend ausgeschaltet werden.
\begin{quote}
{\em Es kommt nicht so sehr darauf an, daß Texte
geometrisch gut gestaltet sind, sondern darauf, daß
sie gut lesbar sind.}
\end{quote}
Es gibt viele Verfahren, wie man einen Text gut lesbar
machen kann, wenn hierbei die Wahl der Sprache in die
Optimierung mit einbezogen ist. Dieses Verfahren wird
immer dann eingesetzt, wenn durch die Sprache Maschinen
gesteuert werden sollen. Dies ist z.B. in der
Datenverarbeitung der Fall.  Hier soll ein Computer so
gesteuert werden.  In der Datenverarbeitung ist eine
```

```
Sprache, die keine Miß\-ver\-ständ\-nis\-se
zuläßt, zwingende Voraussetzung. Nur so ist eine
Kommunikation mit dem Computer überhaupt möglich. Man
erreicht eine mißverständnisfreie Kommunikation durch
eine Reihe von Forderungen an die Sprache.
\begin{itemize}
\item {Die Sprache wird für ein eingeschränktes
Sachgebiet verwendet.}
\item {Es werden nur wenige Sprachelemente ausgewählt.}
\item {Die Sprache selbst wird formatisiert und
strukturiert.}
\end{itemize}
In vielen Bereichen des täglichen Lebens, in denen
Sender und Empfänger von Nachrichten kommunizieren,
wird jedoch eine natürliche Sprache zur\linebreak[4]
Kommunikation verwendet. Hier besteht die Aufgabe darin,
die Texte so zu strukturieren, daß sie optimal lesbar
sind.
Die einzelnen Schritte der Erzeugung und Bearbeitung
von Texten können mit Methoden der Datenverarbeitung
unterstützt werden, wie das in Abb. \ref{unterst}
erläutert wird.
\begin{figure}[ht]
\begin{center}
\begin{tabular}{|l|l|p{1.8in}|} \hline
\multicolumn{3}{|c|}{Textbearbeitung}\\ \hline \hline
Bearbeitung&Hilfsmittel&Beschreibung \\ \hline
Text-Erzeugung&Editor&Der Text wird mit Hilfe einer
Tastatur erzeugt.\\ \hline
Text-Korrektur&Editor&Im Text können über die
normale System-Tastatur Befehle erzeugt werden, welche
Zeichen für Zeichen Einfügungen, Änderungen oder
Löschungen gestatten. Zeilen können eingefügt
und gelöscht werden. Gruppen von Zeilen können an
andere Stellen kopiert oder verschoben werden. \\
\hline
Formatierung&Formatierer&Eine Strukturierung ist nur
formal, d.h. im allgemeinen nur absatzweise
möglich.\\ \hline
Satztechnik&Software-System&Alle gebräuchlichen
Schriftarten (Fonts), unterschiedliche Schriftgrö\ss
en sowie satztechnische Methoden der Strukturierung
unterstützen die gute Lesbarkeit des Textes.\\ \hline
\end{tabular}
```

```
\end{center}
\caption{\label{unterst}Hilfsmittel}
\end{figure}
In neuerer Zeit sind Software-Werkzeuge auf den Markt
gekommen, welche die satztechnische Bearbeitung von
Texten ermöglichen. Hierbei soll unter 'satztechnischer
Bearbeitung' verstanden werden, daß
\begin{enumerate}
\item variable Seiten-Layouts möglich sind,
\item Zeilen- und Seitenumbrüche automatisch
durchgeführt werden,
\item unterschiedliche Schriftarten zur Verfügung stehen,
\item einfache Strukturen (Einrückung, Aufzählung,
Tabellen) erreicht werden können,
\item Inhaltsverzeichnis und Index automatisch erstellt
werden,
\item einfache Graphik erstellt oder aus
einem anderen System integriert werden kann.
\end{enumerate}
Diese Software-Werkzeuge werden zusammen mit der hierfür
notwendigen Hardware preislich so günstig
angeboten, daß es möglich ist, alle Arbeits\-plät\-ze,
die mit der Erstellung von Texten und deren satztechnischer
Weiterbearbeitung befaßt sind, entsprechend auszustatten.
Dies bedeutet auch, daß der Autor selbst mit solchen
Werkzeugen arbeiten kann und muß.
War es bisher notwendig, einen Text zu schreiben
(vielleicht unter Benutzung eines üblichen Editors)
und dann zu redigieren, um die entsprechende
inhaltsgemäße Strukturierung zu erreichen, kann
heute alles in einem Arbeitsgang geschehen. Es ist nun
nicht mehr nötig, daß der Autor die Texte mit
satztechnischen Markierungen versieht, sondern die
satztechnischen Anweisungen werden beim Schreiben des
Textes mit erzeugt. Dies hat den Vorteil, daß die
satztechnischen Anweisungen zusammen mit dem Text
entstehen, also zu einer Zeit, wenn der Autor mit den
Strukturen der Kommunikation am besten vertraut ist.
Inhalt und Struktur werden gemeinsam erdacht und bei
Verwendung dieser Methode auch gemeinsam auf's Papier
gebracht.
Diese Art der Erzeugung von strukturierten Texten hat
auch noch den Vorteil, daß routinemäßige
Arbeiten wie
```

```
\begin {itemize}
\item {Seiten-Formatierung}
\item {Seiten-Numerierung}
\item {Numerierung von Kapiteln und Abschnitten}
\item {Silbentrennung}
\item {Absatz-Formatierung}
\end {itemize}
automatisch vom System übernommen werden.  Dies
erleichtert die Arbeit mit dem System erheblich.
\section{Software-Werkzeuge}
Editoren zur Bearbeitung von Texten sind in großer
Anzahl am Markt vorhanden.  Sehr bekannt sind
\begin{itemize}
\item{vi, der Standardeditor für UNIX-Systeme,}
\index{vi}
\item{Professional Editor für MS-DOS-Systeme,}
        \index{Professional Editor}
\item{Wordstar 2000} \index{Wordstar}
\end{itemize}
Es wird im folgenden vorausgesetzt, daß ein Editor
vorhanden ist, mit dem Texte, die aus ASCII-Zeichen
aufgebaut sind, erzeugt und korrigiert werden können.
Für die Lösung des Problems der Textbearbeitung
gibt es auf dem Markt zwei grundsätzlich verschiedene
Ansätze, die im folgenden Abschnitt genauer
beschrieben werden.
\subsection{wysiwyg-Systeme}
\index{wysiwyg} Der Name ist eine ursprünglich witzig
gemeinte Abkürzung aus dem Englischen.
\begin{center}
{\bf w}hat {\bf y}ou {\bf s}ee {\bf i}s, {\bf w}hat
        {\bf y}ou {\bf g}et
\end{center}
\begin{center}
``was Sie sehen, ist (das), was Sie bekommen''
\end{center}
Der Text -- besser:  das Dokument -- wird am Bildschirm
entwickelt.  Ein Abbild des Dokuments wird am
Bildschirm erzeugt.  Dieses Abbild entspricht dem
endgültig erzeugten Dokument umso besser, je höher
die Auflösung am Bildschirm ist.
Das System ist tastaturorientiert.  Die Steuerungen
finden über die Tastatur statt.  Der Vorteil dieser
Systeme ist darin zu sehen, daß die Entwicklung des
```

```
Dokuments am Bildschirm parallel verfolgt werden kann.
Die durch die Tastatur erreichte Steuerung wird auch in
der Textdatei als Markierung gespeichert.  Diese
systeminterne 'Markierung' bleibt auch beim Abspeichern
der Datei erhalten.  Dadurch ist sie auch beim
Wiederaufruf der Datei vorhanden.
Änderungen am Inhalt und an den 'Markierungen' der
Datei sind beliebig möglich.  Es werden alle
satztechnischen Methoden unterstützt.  Beispiele
solcher Textbearbeitungssysteme sind
\begin{itemize}
\item{Ventura Publisher}  \index{Ventura Publisher}
\item{Page Maker}         \index{Page Maker}
\end{itemize}
\subsection{Systeme auf ASCII-Text-Basis}
Systeme dieser Art arbeiten mit einer Steuersprache.
Das Quelldokument besteht aus Steuersprache und
Dokumententext.  Die Steuersprache hat die Aufgabe, die
Satztechnik zu steuern.  Der Dokumententext enthält
den eigentlichen Text des Dokuments.  Befehle in der
Steuersprache sind besonders gekennzeichnet.  (Z.B.
wird vereinbart, daß Befehle stets allein auf einer
Zeile stehen müssen und als Kennzeichen einen
vorangestellten Punkt (.) haben.) Diese Methode wird
bei nroff und troff (Textbearbeitungssysteme von UNIX)
verwendet.
\newpage    %erzwungener Seitenumbruch 28.03.90
Eine andere Methode besteht darin, alle Befehle
(Commands) durch einen vorangestellten Schrägstrich
($ \backslash $) zu kennzeichnen.  Dies ist die Methode
von \TeX.
Um aus den Quelldokumenten natürliche Dokumente zu
erzeugen, ist ein Umwandlungsprozeß notwendig.  Dies
ist scheinbar ein Nachteil.  Da aber die Quelldokumente
zur Kontrolle des Inhaltes und der Struktur völlig
ausreichen, ist diese Umwandlung nur selten
erforderlich.  Jetzt erweist sich der Nachteil als
Vorteil, weil ohne jede Art von Umwandlung eine grobe
Kontrolle des Geschriebenen jederzeit und an jeder Art
von Bildschirm möglich ist.  Beispiele solcher
Textbearbeitungssysteme auf ASCII-Basis sind
\begin{itemize}
\item{nroff, das Textbearbeitungssystem von UNIX}
\index{nroff}
```

```
\item{troff, das Fotosatzsystem von UNIX} \index{troff}
\item{\TeX, ein allgemeines System zum Satz von
Büchern}
\end{itemize}
\section{Unterschiede der Textbearbeitungs-Systeme}
Hat man es mit der Auswahl von
Textbearbeitungs-Systemen zu tun, dann ist auf keinen
Fall allgemein zu sagen, daß eine der beiden
Lösungsmethoden die bessere wäre.  Viele Kriterien
bestimmen die endgültige Wahl.
Im folgenden werden einige Kriterien genannt, die bei
jeder Auswahl problem\-angepaßt untersucht werden
müssen.
\medskip
{\parindent=3.0cm
\litem{Hardware}
\wy-Systeme benötigen zur Erfüllung jeder Teilfunktion
einen hochauflösenden Bildschirm an jedem Arbeitsplatz.
Bei ASCII-Sy\-ste\-men ist dies nicht der Fall.
\litem{Schreiben}
Bei \wy-Systemen (kann) muß die Darstellung des
Textes kontrolliert werden.  Dadurch sind \wy-Sys\-teme
besser geeignet, kurze Dokumente, bei denen es
entscheidend auf die Geometrie des Satzes ankommt, zu
erzeugen.  Für den Buchsatz, bei dem im wesentlichen
die Formatierung, die Schriftart und die
Schriftgröße festliegen, ist die über den
Quelltext mögliche Kontrolle in jedem Falle
ausreichend.  \TeX\ führt auch eine genaue, digitale
Kontrolle über alle Zeilenumbrüche durch.  Die\-se
werden absatzweise vom System automatisch vorgenommen.  Wenn
dieser automatische Umbruch in Einzelfällen nicht gelingt,
wird dies protokolliert.  Das Protokoll ent\-hält dann
eine Nachricht, aus der man z.B.  unmittelbar erkennen kann,
daß eine Zeile um 1.4 pt zu lang ist.  Dies kann visuell
auch bei Benutzung von hochauflösenden Bildschirmen nicht
einfach festgestellt werden.
% erzwungener Seitenumbruch 28.03.90
\newpage
\litem{Bedienung}
Das ASCII-System ist leicht zu bedienen, weil keine
anderen Tasten bedient werden müssen.  Auch bei
geringen Änderungen der Steuerungen von einem Absatz
zum anderen ist das ASCII- System im Vorteil, weil dies
```

```
durch ganz einfache Steuerbefehle mit wenigen Zeichen
bewerkstelligt werden kann, während bei den
\wy-Systemen spezielle Tasten oder Funktionen bedient
werden müssen.
\litem{Graphik}
Bei komplexer Graphik --- insbesondere beim Freihandzeichnen
--- sind die \wy-Systeme im Vorteil. Insbesondere, wenn
die Systeme durch eine 'Maus' unterstützt werden, können
hiermit schnell und sehr bequem Zeichnungen z.B. für
Werbezwecke in Texte eingefügt werden.
Für das Arbeiten mit einfacher Graphik (gerade Linien,
Kreise, Rechtecke, Ovale, Darstellung von
Funktionsverläufen), wie sie für den Einsatz in
Fachbüchern notwendig ist, sind die ASCII-Systeme mit
umfangreichen Makro-Bibliotheken ausgerü\-stet.  Auch
hierbei sind \wy-Systeme häufig überlegen.  Die
ASCII-Systeme gestatten aber in diesem Bereich auch eine
hinreichend bequeme Handhabung.
\litem{math. Symbole}
Hier entfalten die ASCII-Systeme ihre volle
Flexibilität.  Alle Arten von Zeichen und
Darstellungen, die in mathematischen Texten gebraucht
werden, werden in vollem Umfang unter\-stützt, während
dies bei \wy-Sys\-te\-men nicht der Fall ist.  Hier kann
schon die Darstellung eines Doppelbruchs nur mit
Schwierigkeiten möglich sein.
\par}
\section{Unterschiedliche Produktionsziele}
Vor Beginn der Textbearbeitung und vor Beginn der
Auswahl des zu benutzenden Software-Werkzeuges ist es
notwendig, das Projektziel festzulegen.  Es handelt
sich um ein DV-unterstütztes Projekt. Hier muß
immer vor der Auswahl der Werkzeuge fixiert werden,
welches Ziel das Projekt haben soll.  Im Falle der
Textbearbeitung ist festzulegen, welche Produkte
mit dem Werkzeug gefertigt werden sollen, und welche
Sondereigenschaften hinsichtlich des Satzes das Dokument
(Artikel, Buch, Reportage, Zeitungsartikel) haben soll.
Es sind viele Projektziele denkbar.  Einige
Projektziele seien im folgenden genannt.
\begin{itemize}
\item Erstellung von Werbeprospekten und Werbebriefen
\item Erstellung von Fachskripten und Fachbüchern
\item Erstellung von Fachskripten und Fachbüchern
```

```
      mit einfacher Graphik
\item Erstellung von Fachskripten und Fachbüchern mit
mathematischen Formeln und Gleichungen
\item Erstellung von Romanen und Novellen
\item Erstellung von Zeitungen und Zeitschriften
\item Erstellung von technischen Bedienungsanleitungen
mit vielen graphischen Elementen
\end{itemize}
Unseren weiteren Überlegungen liegt folgendes
Projektziel zugrunde.
\begin{figure}[ht]
\begin{center}
\begin{tabular}{|p{1.0in}p{3in}|} \hline
Projektziel &
Es sollen Fachbücher und Fachskripten und Fachzeitungen
aus den Bereichen
\begin{itemize}
\item Datenverarbeitung
\item Programmierung
\item DV-Organisation
\item Mathematik
\item Betriebswirtschaft
\end{itemize}
produziert werden.
\\ \hline
\end{tabular}
\end{center}
\caption{\label{Projektziele}Projektziel}
\end{figure}
Daraus ergeben sich für ein
Textbearbeitungs-System (Software-Werkzeug), welches
hierfür verwendet werden soll, eine Reihe von
Anforderungen, die in Abbildung \ref{anfor} als
Anforderungskatalog zusammengestellt worden sind.  Je
genauer ein Dokument und sein Inhalt sowie die Strukturen
bekannt sind, die verwendet werden sollen, desto besser
lassen sich die Schreibweisen der Quelltexte vereinfachen.
Durch Festlegung der zu verwendenden Strukturen wird
außerdem erreicht, daß das Dokument nach
Fertigstellung einheitlich wirkt.  Zu viele Freiheiten in
der Wahl der Strukturen (z.B.  Einrückungen
unterschiedlicher Länge) lassen ein Dokument sehr leicht
'zerrissen' erscheinen.
Will man allgemein betriebwirtschaftliche Texte erzeugen,
```

```
dann kann man nur grobe Strukturen vorbereiten, die das
Erzeugen von Quelltexten erleichtern. Ist bekannt, daß
es sich um ein Skript handelt, welches im Format DIN A5
erzeugt werden soll, wobei sich der Inhalt des Skriptes mit
Warenwirtschaftssystemen befassen soll, dann kann man viel
besser Strukturen unterstützen, die beim Schreiben dieses
Manuskripts die Arbeit erleichtern.
\begin{center}
\begin{tabular}{|p{4.25in}|} \hline
\begin{enumerate}
\item Die Darstellung soll die Weiterverarbeitung
bestehender ASCII-Texte ohne Erfassungsaufwand zulassen.
Die Darstellung selbst soll allein durch ASCII-Zeichen
möglich sein. Damit ist die Erfassung der Quelltexte
an allen tastaturorientierten Terminals möglich.
\item Die Darstellung von mathematischen Texten und Texten
mit Sonderzeichen aus internationalen Sprachen (z.B.
französisch, dänisch, schwedisch, norwegisch, spanisch,
griechisch) muß zugelassen sein.
\item Die Verarbeitung von ASCII-Dateien muß möglich
sein. Damit können dann aus einem Softwarepaket
ASCII-Dateien erzeugt werden (Auswertungen aus einer
Datenbank), die von \TeX\ in Satz gebracht werden.
\item Es muß ein ausreichend großer Vorrat von
unterschiedlichen Schriftarten in verschiedenen
Schriftgrößen vorhanden sein. Hierbei sind sowohl die
Anforderungen des Dokuments wie auch der Ausgabegeräte
zu beachten.
\item
Es müssen einfache Graphiken (gerade Linien, Kreise)
systemintern bequem dargestellt werden können.
Für in einem Dokument oft gebrauchte graphische
Darstellungen wie z.B. hierarchische Darstellung oder
Darstellung von Programmablaufplänen muß es möglich
sein, abkürzende Darstellungen (Makros) zu verwenden.
Es muß die Möglichkeit bestehen, die Ergebnisse eines
Graphiksoftware-Pakets in die Texte zu integrieren.
\item Es soll möglich sein, oft verwendete Strukturen
(Tabellen, Ein\-rückun\-gen) zu speichern, so daß nicht
immer wieder gleiche Strukturen neu geschrieben werden
müssen, sondern durch Parameterwahl der jeweiligen
Situation angepaßt werden können. Unterschiedliche
Seiten-Layouts (z.B. einseitiger und zweiseitiger Satz,
DIN A4, DIN A5) sollen durch Parameterwahl festgelegt werden
```

```
können.
\item Der Anwender muß solche Makros selbst erstellen
können. Nur auf diese Weise wird es möglich, das
Softwaresystem an die Anforderungen des jeweiligen Dokuments
anzupassen. Die Seiten-Layouts müssen vom Anwender auf
die jeweiligen Erfordernisse des Dokuments abgeändert
werden können.
\end{enumerate}
\\
\hline
\end{tabular}
\begin{figure}[ht]
\caption {\label{anfor}Anforderungen an Softwarewerkzeuge}
\end{figure}
\end{center}
\section{Die Leistungsmerkmale von \TeX}
\begin{center}
\begin{tabular}{|p{4.3in}|} \hline
\begin{enumerate}
\item \TeX\ ist ein Textbearbeitungssystem auf
ASCII-Basis
\item Anweisungen, welche die Struktur festlegen,
werden im Quelltext durch besonders
gekennzeichnete Commands erzeugt.
\item Mathematische und graphische Symbole sowie
Symbole aus anderen Sprachen werden durch spezielle
Schreibweisen, die der Umgangssprache ähnlich sind,
dargestellt. Mit METAFONT, einem System zur Erzeugung
von beliebigen Zeichen und Symbolen sowie ganzen
Schriften, steht ein \TeX-ähnliches Software-System
zur Verfügung, mit dessen Hilfe beliebige Schriften
in praktisch jeder Größe konstruiert werden können.
(Schriften bis zu einer Größe von 1 inch gehören zu
den Standard-Schriften von \TeX ).
\item Einfache Graphik (gerade Linien, Kreise, Ovale)
\index{Graphik} sind im Rahmen der Sprache darstellbar.
\item Die aus der Anwendung von Graphikpaketen
wie z.B. t-jet der Firma DATAPAT, München,
resultierenden \index{Graphikpaket} \index{t-jet}
Zeichnungen können in die Texte integriert
werden.
\item Die aus einem Pixel-Editor erzeugten
Scannerdatenformate
(Anschluß eines Bild-Scanners) können ebenfalls
```

```
integriert werden.  \item \TeX\ gestattet die Erzeugung
und Abspeicherung von Makros für \index{Makros}
häufig wiederkehrende Strukturen.
\item Die für \TeX\ konzipierte Steuersprache enthält
z.B.  folgende Statementklassen
\begin{itemize}
\item Einlesen und Ausgeben von Dateien, Übertragen
\item Addieren, Subtrahieren, Multiplizieren, Dividieren
\item Bedingte Ausführung von Operationen (if then
else) \item Wiederholte bedingte Ausführung (loop)
\end{itemize}
\end{enumerate}
\\ \hline
\end{tabular}
\end{center}
Bei der Auswahl eines Softwarewerkzeugs zur Erstellung von
Buch- und Zeitungssatz ist darauf zu achten, daß dieses
Werkzeug möglichst eine Ergänzung bereits
in einem Standard-Betriebssystem (z. B. MS-DOS oder UNIX)
vorhandener Softwarewerkzeuge darstellt.
Aus Gründen der effektiveren Nutzung von
Software-Werkzeugen ist es sicherlich sinnvoll, ein Werkzeug
zu wählen, bei dem bereits vorhandene Systemprogramme ---
wie der Editor --- wieder genutzt werden können.  Auf
diese Weise können Kenntnisse und Fertigkeiten, die z.B.
beim Erstellen von Quellprogrammen bereits erworben worden
sind, genutzt werden.
Andererseits sollen vorhandene Softwarepakete in
der Lage sein, die Softwaretechnik automatisch zu
produzieren.  So soll es also möglich sein, daß ein
Datenbanksystem einen Report produziert, in dem die
Satztechnik automatisch integriert ist.  Damit könnte die
Datenbank durch Standardtechniken (Report) Listen im
Buchsatz automatisch erstellen.
\varpar=3.5cm
\begin{varlist}
\item[\bf Zusammenfassung:]
\TeX\ ist ein Textbearbeitungs-System, das wegen
der Nutzung von DV-technischen Begriffen und Techniken
eine Sprache darstellt, die in vielen Bereichen
einsetzbar ist.  Die Steuersprache ist sehr flexibel.
Auf diese Weise sind alle Strukturen, die im Zeitungs- und
Buchsatz vorkommen,  erzielbar.  Eine große Anzahl von
Strukturen ist aber z.B.  durch LA\TeX , ein
```

```
Stan\-dard-Makro-Pa\-ket zugänglich.  Das System hat eine
offene Schnittstelle zu Graphikpaketen.
\index{Graphikpaketen}
\end{varlist}
\section{Beispiele für \TeX-Strukturen}
In \TeX\ sind sehr viele Strukturen vorbereitet. Diese
gestatten eine bequeme Schreibweise von Texten auch dann,
wenn es sich nicht um Fließtext handelt. Diese Strukturen
sind durch Makros vorbereitet. Hierbei versteht man unter
einer Makro einen Command, der aus mehreren primitiven
Commands aufgebaut ist. Die Makros können mit Hilfe von
Parametern auf den jeweiligen Anwendungsfall zugeschnitten
werden.
\subsection{Tabellen}
Ein wichtiges Element zur übersichtlichen Darstellung von
Sachverhalten ist die Tabelle. Als Beispiel einer mit \TeX\
konstruierten Tabelle diene die folgende Abbildung.
\begin{center}
\begin{tabular}{|l|c|c|c|c|} \hline
&\multicolumn{4}{|c|}{Umsatz in Mio. DM}\\ \cline {2-5}
Bereich&1.Quartal&2.Quartal&3.Quartal&4.Quartal\\ \hline
Software&1.2    & 1.1    &  0.4    &  1.6    \\ \hline
Hardware&5.4    & 6.8    &  9.3    &  2.6    \\ \hline
Beratung&2.1    & 1.8    &  2.4    &  1.6    \\ \hline
\end{tabular}
\end{center}
Hierbei sollte noch gesagt werden, daß die Spalten
zentriert oder linksbün\-dig oder rechtsbün\-dig
geschrieben werden können.  Die Spalten können auch aus
Text bestehen, der zeilenweise --- innerhalb der Spalten ---
umgebrochen wird.
Die Spaltenüberschriften können über eine Spalte oder
über mehrere Spalten gehen.
Es sind dicke und dünne Linien zur Abgrenzung der Spalten
und der Zeilen möglich.
\subsection{Einfache Strukturen}
Unter einfachen Strukturen versteht man z.B. Einrückungen.
\begin{quotation}
Dieser Text ist eingerückt.  Hierbei ist der Betrag der
Ein\-rückung durch den Anwender beeinflußbar.  Zum
einen wird eine Stan\-dard-Ein\-rückung bei Festlegung der
Stilart bestimmt.  Es kann aber von Fall zu Fall ein neuer
Betrag durch den Anwender durch Setzen eines Parameters
bestimmt werden.  (Vorsicht:  Häufige Änderungen lassen
```

```
das Dokument leicht unruhig erscheinen!)
\end{quotation}
Nun kehren wir wieder zum normalen Rand zurück. Es soll
gezeigt werden, daß man Aufzählungen unterschiedlich
mit einer vorbereiteten Struktur darstellen kann.
\begin{enumerate}
\item Die einzelnen Elemente werden numeriert.
\item Die einzelnen Elemente werden besonders gekennzeichnet.
\item Die Element werden nur eingerückt.
\end{enumerate}
Wählt man die zweite Form, dann kann z.B. folgende
Darstellung entstehen.
\begin{itemize}
\item Die einzelnen Elemente werden numeriert.
\item Die einzelnen Elmente werden besonders gekennzeichnet.
\item Die Element werden nur eingerückt.
\end{itemize}
\subsection{Graphik}
Um die Graphikfähigkeit des \TeX-Systems zu demonstrieren
zeigen wir im folgenden eine hierarchische Darstellung
mit beschrifteten Rechtecken, geraden Linien und Pfeilen.
\begin{picture}(280,170)
\put(20,0){\framebox(80,20){Ausgabegerät}}
\put(180,0){\framebox(80,20){Eingabegerät}}
\put(60,40){\vector(0,-1){20}}
\put(220,20){\vector(0,1){20}}
\put(20,40){\framebox(80,20){Puffer}}
\put(180,40){\framebox(80,20){Puffer}}
\put(100,80){\framebox(80,20){Steuereinheit}}
\put(140,80){\vector(-4,-1){80}}
\put(220,60){\vector(-4,1){80}}
\put(140,110){\vector(0,1){10}}
\put(140,110){\vector(0,-1){10}}
\put(100,120){\framebox(80,20){Kanäle}}
\put(100,140){\framebox(80,20){Zentraleinheit}}
\end{picture}
\medskip
Wenn bekannt ist, daß eine bestimmte Klasse von Graphik
verlangt ist, dann kann man entsprechende Makros schreiben,
welche dann die Darstellung in dem eingeschränkten Bereich
sehr erleichtern. Anstelle die einzelnen geometrischen
Grundelemente wie Gerade und Kreis durch Commands
aufzurufen, stehen dann Makros für 'Abfrage', 'Sequenz',
'Trennstelle' und die anderen Elemente eines
```

```
Programmablaufplans zur Verfügung.  Diese sind dann noch
durch die Parameterwerte (geometrische Lage der Kästchen,
Text in den Kästchen) einzutragen.  Dies ist für
Darstellung von Programmablaufplänen bereits geschehen.
Das Beispiel einer Anwendung wird im folgenden Bild
dargestellt.
\vspace*{-1cm}
{\scriptsize
{\unitlength=6.77pt
\bpap{4}{5}
\paptanf{4}{2}{1}
\papliunt{3}{2}{n}{j}{L-menge\\ $\geq$\\B-menge}
\papliunt{2}{1}{n}{j}{kreditwürdig}
\papver{1}{1}
\paphlver{2}{1}
\paphlver{3}{2}
\papend{0}{1}{ablehnen}
\papabfr{1}{0}{j}{n}{Max.Menge\\ überschr.}
\paphver{1}{1}
\papend{0}{0}{freigeben}
\papabfr{2}{2}{n}{j}{kreditwürdig}
\papver{1}{2}
\papend{0}{2}{ablehnen}
\paphver{2}{3}
\papliunt{1}{3}{j}{n}{Max.Menge\\ überschr.}
\paphlver{1}{3}
\papend{0}{3}{zurückst.}
\epap
}}
\subsection{Graphik mit gekrümmten Linien}
In \TeX\ steht auch Graphik mit bliebig gekrümmten
Linien zur Verfügung.  Hierbei werden intern
Bezier-Funktionen zur Approximation verwendet.
\begin{center}
\begin{picture}(300,60)
\put(20,0){\framebox(120,50){}}
\put(20,0){\graybox{120}{50}}
\put(50,40){\line(1,0){60}}
\put(50,40){\line(0,-1){30}}
\put(110,40){\line(0,-1){30}}
\bezier{120}(50,10)(50,5)(64,5)
\bezier{120}(63,5)(72.5,6.5)(80,10)
\bezier{120}(80,10)(87.5,13.5)(94,15)
\bezier{120}(93,15)(109.8,15)(109.8,10)
```

```
\put(150,15){\sl Ausgabe einer}
\put(150,5){\sl Liste}
\end{picture}
\end{center}
(Die Kurve wird stückweise
durch Polynome 3. Grades approximiert.) Man erreicht dadurch
eine bessere Zeichengenauigkeit als durch den optimalen
Einsatz eines handelsüblichen Kurvenlineals.
Hierbei wurde die Zeichnung selbst durch ein unterlegtes
Grau besonders hervorgehoben.
\subsection{Schriften}
Das \TeX-System enthält einen großen Schriften-Vorrat.
Die Schriften reichen von einer sehr kleinen Schrift
\bigskip
{\tiny Das ist die kleinste Schrift}
\bigskip
bis zu einer sehr großen Schrift
\bigskip
\font\sgr=cminch
{\sgr UNIX}
\bigskip
Die Schrift kann aber auch in ihrer Schriftart verändert
werden, so gibt es die Schriftart 'bold' (fett)
\medskip
{\Large {\bf Das ist fette Schrift}}
\medskip
oder die Schriftart 'slanted' (Schrägdruck)
\medskip
{\Large {\sl Das ist Schrift in Schrägdruck}}
\medskip
Weitere gebräuchliche Schriften sind
\begin{center}
\begin{tabular}{ll}
italics & {\large {\it Das ist Schrift in italics}}\\
small caps & {\large {\sc Das ist Schrift in small caps}}\\
sans serif & {\large {\sf Das ist Schrift in sans serif}}\\
\end{tabular}
\end{center}
Dies sind die 'Standard-Schriften' von \TeX . Zusätzlich
sind in \TeX\ noch eine Reihe von 'Spezial-Schriften'
vorhanden, die in speziellen Anwendungen, z.B. zu einer
besonderen Hervorhebung oder in einer besonderen
Überschrift, verwendet werden können.  Wie die
Standard-Schriften existieren diese Spezial-Schriften in
```

```
mindestens 5 verschiedenen Schriftgrößen.
Weiter gibt es noch 'Einzel-Schriften'. Diese wurden
konstruiert, um zu demonstrieren, welchen Einfluß die
Abänderung eines einzelnen Parameters in der Schrift auf
die Schriftform hat. Jede dieser Einzel-Schriften
existiert in \TeX\ nur in einer Größe.
METAFONT ist ein System, mit welchem der Anwender selbst
spezielle Schriftfamilien (Schriften in 5 Schriftgrößen)
konstruieren kann. Dabei kann man so vorgehen, daß man
lediglich für eine vorhandene Schrift gewisse Parameter
verändert und auf diese Weise eine neue Schrift erzeugt,
oder man kann auch eine gesamte neue Schrift (256 Zeichen)
konstruieren.  Mit Hilfe von METAFONT ist auch die
Konstruktion von Firmen-Logos möglich.  METAFONT ist also
ein ganz allgemeines Basis-Werkzeug zur Erzeugung von
Schrift.
Als Beispiel einer solchen Einzel-Schrift seien die
calligraphischen Buchstaben genannt.  Hier ist das Bild:
\begin{center}
{\large $\cal WORT$}
\end{center}
Eine Besonderheit von \TeX\ ist die mühelose Behandlung
von mathematischem Text.
Dabei ist es gleichgültig, ob es sich um die Behandlung
von Subskripten und Superskripten handelt wie in der
folgenden Formel
\[
x_1^2 + x_2^2 = R^2
\]
oder um die Behandlung von Brüchen und Doppelbrüchen
\[
z = \frac{x+y}{1 + \frac{y}{x + 1}}.
\]
Auch die Verwendung von typischen mathematischen Zeichen
ist möglich, wie man an der folgenden Formel sehen
kann
\[
\Phi(x) = \frac{1}{2\pi}\int_{-\infty}^{x} e^{-1/2x^{2}}
\]
Die Gleichungen können numeriert werden. Die Gleichungen
können mit einem internen Label versehen werden.
Es ist jederzeit möglich, sich im Text mit Hilfe dieser
Labels auf eine Gleichung zu beziehen. \TeX\ setzt dann
die Gleichungsnummer ein. Auch sehr spezielle Darstellungen
```

```
wie
\[ \underbrace{a_1 + \overbrace{a_2 + \cdots + a_{14}}^{13}
+ a_{15}}_{15} \] sind ohne weiteres möglich.
Ganz allgemein kann gesagt werden, daß alle Zeichen
vorhanden sind, die zum Setzen von mathematischen Texten
notwendig sind.  Hierzu gehören ebenso $\Longleftarrow$
und $\Longrightarrow$ wie auch $ x = y \leadsto y = x$.
Selbstverständlich sind auch alle logischen Operationen
$\wedge, \vee $ und $\bar{a}$ vorhanden.
\medskip
Auch das Setzen von Text mit speziellen Zeichen aus anderen
internationalen Sprachen bereitet keine Schwierigkeit.
Hierfür sind gar\c{c}on und sm\o rbr\o d sowie se\~{n}or
Beispiele, die noch beliebig erweitert werden könnten.
```

Kapitel 2

TEX–Grundlagen

```
\chapter{\TeX -- Grundlagen}
\section{Konzept und Realisierungen}
Donald~E. Knuth entwickelte in den 80er Jahren an der
Stanford University das Textbearbeitungs-System \TeX.
Der Name \TeX, der als Logo verwendet wird, steht f\"ur
das griechische $\tau\varepsilon\chi\ $ \index{Name
\TeX} (Abk\"urzung von $\tau\varepsilon\chi\nu\eta$
[techni]= Kunst, Geschick, Handwerk).
Noch eine Bemerkung zur Aussprache.  Wegen seiner
griechischen Herkunft wird \TeX\ auch so gesprochen,
da\ss\ das X wie $\chi$  gesprochen wird.  (Sprich:
\TeX\ wie Tech -- und nicht wie Tex).
\begin{figure}[ht]
\begin{center}
\begin{picture}(240,100)
\put(0,80){\framebox(100,20){Quell-Programm}}
\put(50,80){\vector(0,-1){20}}
\put(190,80){\vector(0,-1){20}}
\put(0,40){\framebox(100,20){Compiler}}
\put(50,40){\vector(0,-1){20}}
\put(190,40){\vector(0,-1){20}}
\put(0,0){\framebox(100,20){lauff\"ahiges Programm}}
\put(140,80){\framebox(100,20) {\parbox[b]{100pt}{{\small
\begin{center} Quelltext \\Commands \end{center}}}}}
\put(140,40){\framebox(100,20){\TeX}}
\put(140,0){\framebox(100,20){Dokument}}
\end{picture}
\caption{\label{konzept} Programmierung --- \TeX}
\end{center}
\end{figure}
Betrachtet man das \TeX-System vom Standpunkt der
```

```
Datenverarbeitung, so handelt es sich um eine
Sprache. Die Elemente der Sprache sind die Commands
(Befehle). Diese legen fest, wie die Texte zu
strukturieren sind.  Damit erh\ält man den in Abb.
\ref{konzept} dargestellten Zusammenhang zwischen
Programmierung und Textbearbeitung.
Vom Anwender wird ein Quellmodul \index{Quellmodul}
erstellt.  Dieser Modul enth\ält sowohl den
eigentlichen Text wie (in Form einer Steuersprache)
alle Anweisungen, die die Struktur des Textes
bestimmen.
Der Quellmodul wird ''\übersetzt''.  Dies bedeutet, da\ss\
die Texte in die durch die Steuersprache festgelegte
Struktur gebracht werden.  Die Steuersprache besteht aus
Commands.  Diese legen z.B.
\index{Steuersprache}
\begin{itemize}
\item das Seiten-Layout (H\öhe und Breite der Seite,
Layout des Seitenkopfes, Stand der Seitennummer)
\item Wahl der Schriftart und Schriftgr\ö\ss e
\item Strukturierung des Textes
\end{itemize}
fest.
Die Commands werden durch Parameter n\äher erl\äutert.
Commands sind durch
vorangestellten \verb+\+ gekennzeichnet.  Sowohl Texte wie
auch Commands werden s\ämtlich durch Zeichenfolgen aus
ASCII-Zeichen (mit einer Standardtastatur darstellbare
Zeichen) gebildet.
\index{Command}\index{Parameter}
Beispiel f\ür einen Command: \verb+\noindent+
(Bedeutung:  Der nachfolgende Text soll ohne
Paragraph-Einzug geschrieben werden.)
Manche Commands ben\ötigen Parameter.  Diese werden im
allgemeinen in \verb+[ ]+ oder \verb+{ }+ eingeschlossen
den Commands hintenangestellt.
Beispiel f\ür einen Command mit Parameter:
\verb+\vspace{1cm}+
(Bedeutung:  Es soll ein vertikaler Leer-Raum von
1 cm erzeugt werden.)
Das Dokument ist eine Datei, die satztechnisch aufbereitet
zur Verf\ügung steht. Diese kann mit Hilfe eines
''Treibers'' auf ein Endger\ät (z.B. Laser-Drucker)
ausgegeben werden. Hierbei werden die Informationen
```

```
nicht zeichenweise sonder 'punkt'-weise ausgegeben.
Diese Punkte hei\ss en in der Fachsprache Pixel.
F\ür die Ausgabe auf Laserdruckern wird die Information
mit einer Aufl\ösung von 300 Pixel per inch (ca. 118
Pixel pro cm) ausgegeben.
Zusammenfassend kann man sagen:
\begin{graubox}{8}{3in}
\TeX\ erzeugt durch eine 'Umwandlung' aus dem Quelltext mit
Hilfe der Commands ein Dokument, das aus Pixel-Informationen
aufgebaut ist.
\end{graubox}
\medskip
Der gro\ss e Vorteil von \TeX\ ist darin zu sehen,
da\ss\ eine gro\ss e Anzahl von primitiven Commands in
\TeX\ existieren.  Diese sind von Donald~E. Knuth
unter dem Namen {\bf Plain-\TeX} zusammengefa\ss t
worden.
Viele Autoren haben dieses Plain-\TeX\ erweitert.  Dies
ist deshalb so einfach, weil \TeX\ die Gestaltung von
neuen Commands f\ür jeden Benutzer sehr einfach
zul\ä\ss t.  Diese gestalteten Commands hei\ss en
{\bf Makros}.  Mit der Zeit sind eine Reihe solcher
Makros, zu Makropaketen zusammengefa\ss t, geschrieben
worden.  Die Makropakete sind entstanden, weil der Komfort
von \TeX\ betr\ächtlich erh\öht werden kann, wenn man
Texte aus einem eingeschr\änkten Anwendungsbereich
bearbeiten will.  Meist beschr\änkt man sich dann beim
Schreiben auf einige wenige Strukturen, die in dem gerade zu
entwickelnden Dokument h\äufig vorkommen, und konstruiert
hierf\ür komfortable Makros.\index{Makro} So gibt es z.B.
Makros f\ür die immer wiederkehrende Aufgabe tabellarische
Darstellungen satztechnisch richtig zu beschreiben.  Oder es
wurden Makros geschaffen, um die Aufgabe
Programmablaufpl\äne darzustellen, \übersichtlich und in
der Darstellung des Quelltextes bequem und nicht
fehleranf\ällig zu l\ösen.
Zwei Makropakete haben in letzter Zeit eine besondere
Bedeutung erlangt, so da\ss\ sie zum Standard gez\ählt
werden k\önnen.
\varpar=2cm
\begin{varlist}
\item[\LaTeX\ ] \index{LaTeX } Leslie Lamport hat
Makros geschaffen, welche haupts\ächlich f\ür das
Schreiben von Artikeln, Berichten und Fachb\üchern
```

```
konstruiert wurden.  Viele Strukturen wie z.B.  die
Einteilung der Seite, die Seitennumerierung, die
Zwischenr\äume zwischen den Abs\ätzen, die Einteilung
des gesamten Dokuments und die Festlegung der Gr\ö\ss e
der \Überschriften von Kapitel, Abschnitt,
Unterabschnitt, Unter\-unter\-ab\-schnitt und Paragraph
und vieles andere mehr sind (\änderbar) festgelegt.
Weil dies einem sehr allgemeinen Anspruch entspricht, haben
wir uns diesem Standard angeschlossen. Einige zus\ätzliche
Makros, von denen wir festgestellt haben, da\ss\ sie das
Makropaket von Leslie Lamport noch schlagkr\äftiger
und allgemeiner einsetzbar machen, haben wir in einem
zus\ätzlichen Makropaket makro.tex zusammengefa\ss t.
\item[{$\cal A$}{$\cal M$}{$\cal S$}\TeX\ ] Das
von der amerikanischen mathematischen Gesellschaft
geschaffene Makro-Paket gestattet eine besonders
komfortable Beschreibung von mathematischen Texten.
Hierbei handelt es sich aber um solche mathematische
Texte, die mit sehr vielen mathematischen Sonderzeichen
zu schreiben sind, so da\ss\ man von Texten in
mathematischer Sprache reden kann.  \TeX\ selbst und erst
recht \LaTeX\ lassen die Darstellung von mathematischen
Schreibweisen zu, wenn keine extremen Anforderungen
gestellt werden.
\index{$\cal A$$\cal M$$\cal S$-\TeX}
\end{varlist}
Die Realisierung von \TeX\ ist auf vielen EDV-Systemen
und Betriebssystemen erfolgt.  Die verwendeten Sprachen
sind Pascal oder C.  F\ür IBM-kompatible PC's unter
dem Betriebssystem MS-DOS sind zwei Realisierungen
erh\ältlich.  Die eine hei\ss t Mikro-\TeX\
(C-Realisierung), die andere PC-\TeX\
(Pascal-Realisierung).
Auf UNIX-Systemen sind mehrere Realisierungen bekannt.
Im Jahre 1987 hat die Firma Datapat in M\ünchen eine
Version f\ür UNIX-Systeme verschiedener Hersteller
erstellt.  Diese Version von \TeX\ liegt diesem Buch
zugrunde.
Bevor die Systeme vertrieben werden k\önnen, werden
sie einem von Donald E.  Knuth entwickelten Test
unterworfen.  Nur die Systeme, die diesen Test
bestehen, d\ürfen unter dem Namen \TeX\ vertrieben
werden.
Bei allen Realisierungen handelt es sich im Grunde um
```

```
Realisierungen von Plain-\TeX.  Da es sich bei den
Makro-Paketen um ASCII-Dateien handelt, sind alle
Makro-Pakete unter den einzelnen Realisierungen so
kompatibel wie ASCII-Dateien.
\section{Zeichen in \TeX}
Texte sind aus Zeichen aufgebaut.  In \TeX\
gibt es folgende Zeichenarten.
\index{Zeichen} \index{Zeichenarten}
\begin{figure}[ht]
\begin{center}
{
\baselineskip 13 pt
\tabbox{11.5}{1.5}
\begin{tabular}{|lp{3in}|} \hline
Buchstaben&
A, B, C, .... , Z, a, b, c, .... , z
\\ \hline
deutsche Zeichen&
\Ä, \Ö, \Ü, \ä, \ö, \ü, \ss
\\ \hline
Ziffern   &
0, 1, 2, 3, 4, 5, 6, 7, 8, 9              \\ \hline
Sonderzeichen&
 .\ :\ ;\ ,\ \ !\ ‘\ ’\ (\ )\ [\ ]\ -\ /\ *\ \\ \hline
Spezialzeichen&
\#\ \$\ \%\ \&\ \~\ \_\ \^\ \verb+\+\ \{\ \} \\ \hline
math. Zeichen& $+ = | < > $ \\ \hline
Bindestriche&
 -(in Worten) --(f\ür Zahlbereiche) , ---(Parenthese) \\
\hline
\end{tabular}
\caption{zugelassene Zeichen}
}
\end{center}
\end {figure}
\subsection{Schreibregeln}
Es gelten die im folgenden genauer aufgef\ührten
Schreibregeln
\begin{quotation}
\begin{enumerate}
\item Buchstaben, Ziffern und Sonderzeichen werden ohne
jede Ver\änderung geschrieben.
\item F\ür deutsche Sonderzeichen (Umlaute und \ss ) gelten
die in Abb.  \ref{Schreibregeln} zusammengefa\ss ten
```

```
Schreibregeln.
\begin{figure}[ht]
\begin{center}
{
\baselineskip 13 pt
\tabbox{11.5}{1.5}
\begin{tabular}{|l|l|}\hline
{\bf F\ür} & {\bf ist zu schreiben:} \\ \hline
\ä & \verb+ä+ \\  \hline
\ö & \verb+ö+ \\  \hline
\ü & \verb+ü+ \\  \hline
\Ä & \verb+Ä+ \\  \hline
\Ö & \verb+Ö+ \\  \hline
\Ü & \verb+Ü+ \\  \hline
\ss\ vor Leerzeichen &\verb+\ss\ + \\ \hline
\ss\ sonst           &\verb+\ss + \\ \hline
\end{tabular}
}
\caption{\label{Schreibregeln}Schreibregeln}
\end{center}
\end{figure}
Zur Realisierung dieser komplizierten Schreibweise
gibt es zwei Ans\ätze.
\begin{enumerate}
\item Bei 8-Bit-Terminals (z.B. alle PC's): Es werden
alle Umlaute und \ss\ unge\ändert geschrieben. Nach der
Erstellung des Quelltextes wird dieser durch ein
Programm tr $<$ name $>$ umgesetzt und dieser umgesetzte
Quelltext der \TeX -Umwandlung \übergeben.
\item Bei 7-Bit-Terminals (z.B. alle UNIX-Systeme):
Funktionstasten werden mit den deutschen Sonderzeichen
beschriftet. Sie werden dann so belegt, da\ss\ durch
Funktionstaste allein die f\ür den kleinen Buchstaben
geltende Sequenz aus der obigen Tabelle eingesetzt
wird, w\ährend Hoch\-stellung -- Funktionstaste die Sequenz
f\ür den entsprechenden gro\ss en Buchstaben liefert.
Eine Funktionstaste wird f\ür \ss\ mit folgendem
Leerzeichen und die Hochstellung dieser Funktionstaste f\ür
\ss\ mit folgendem Zeichen, welches nicht das Leerzeichen
ist,
verwendet.
\end{enumerate}
\item Spezialzeichen m\üssen
durch vorangestellten \verb+\+ besonders gekennzeichnet
```

```
werden. (Also z.B. \verb+\%+ oder \verb+\&+)
\item Mathematische Zeichen m\üssen in \verb+$+
eingeschlossen werden. (Also z.B. x \verb+$<$+ 1)
\item Bindestriche werden folgenderma\ss en geschrieben
\begin{itemize}
\item[\ ] \verb+- + f\ür Bindestrich in Worten
(z.B.EDV-System)
\item[\ ] \verb+-- + f\ür Zahlbereiche (z.B. 3 -- 4
Leute)
\item[\ ] \verb+---+ f\ür Parenthese (z.B. \TeX\ ---
das hier behandelte Textbearbeitungssystem --- ist sehr
flexibel.)
\end{itemize}
\end{enumerate}
Will man verhindern, da\ss\ z.B. Namen beim Zeilenumbruch
auf zwei Zeilen geraten, dann hat man \verb+~+ in die
Zwischenr\äume einzuf\ügen. Beispielsweise ist dann
\verb+Lothar~Schumann+ zu schreiben, um zu erreichen, da\ss\
dieser Name als Ganzes betrachtet wird.
Will man ein Leerzeichen erreichen, dann kann stets
\verb+\ + geschrieben werden. Schreibt man
\verb2\verb*+\ +2, so erh\ält man das Zeichen
\verb*+\ +.
\end{quotation}
\addtocounter{aufg}{1}
{\parindent=3cm
\litem {{\bf Aufgabe \theaufg}} Bitte schreiben Sie
folgende Texte.
{
\baselineskip 13 pt
\tabbox{11.5}{1.5}
\begin{tabular}{l}
Diese Arbeit dauert 1 -- 2 Minuten.\\
Die Firma hei\ss t K\ühne \&\ Nagel. \\
``Haben Sie alles richtig verstanden?''\\
\end{tabular}
}
\par}
\section{Seiten-Layout}
Leslie Lamport hat in seinem \LaTeX\ Festlegungen f\ür
eine parametrisierbare Strukturierung der Seiten in
Form von Makros bereitgestellt. Dieser Form der
Bearbeitung von Texten und seinen Definitionen wollen
wir uns an\-schlie\ss en. Dies geschieht vor allem
```

```
deshalb, weil die Makros gen\ügend Spielraum f\ür
pers\önliche Strukturierung lassen, zum anderen aber
verhindern, da\ss\ die pers\önliche Freiheit in
Wildwuchs ausartet.
\subsection{Definitionen}
Realisierte Texte werden {\bf Dokumente}
\index{Dokument}genannt. F\ür Dokumente werden
folgende {\bf Stil\-arten}
unterst\ützt.\index{Stilarten}%
\begin{enumerate}
\item article f\ür Artikel (Texte beschr\änkten
Umfangs mit 1--5 Seiten und einseitigem Satz)
\index{article-style} \index{Artikel}
\item report f\ür Berichte (Texte mit mehreren Seiten,
mit einseitigem Satz, mit einer angemessenen Gliederung)
\index{report-style}\index{Bericht}
\item book f\ür Fachb\ücher (Texte mit zweiseitigem
Satz, mit automatischen Seiten\überschriften)
\index{book}\index{Fachbuch}%
\item skript f\ür Fachskripten in DIN A5 (Texte mit
zweiseitigem Satz, mit automatischen Seiten\überschriften,
links letzte Abschnitts\überschrift und rechts letzte
Kapitel\überschrift)
\index{skript}\index{Skript}%
\item buch f\ür Fachb\ücher in DIN A4 (Texte mit
zweiseitigem Satz, mit automatischen Seiten\überschriften,
links letzte Abschnitts\überschrift und rechts letzte
Kapitel\überschrift) \index{buch}%
\end{enumerate}
Man beachte hierbei, da\ss\ f\ür article-style und
report-style stets zweiseitiger Satz (Vor- und
R\ückseite) gew\ählt werden kann.  F\ür book, skript
und buch ist allerdings zweiseitiger Satz fest
vorgeschrieben.
Die Gliederung des Dokuments ist hierarchisch.  Folgende
Stufen sind vorgesehen.
\begin{center}
\begin {itemize}
\item part Teil (eines Buches) \index{part}
\index{Teil}
\item chapter Kapitel Numerierung 1 \index{chapter}
\index{Kapitel}
\item section Abschnitt Numerierung 1.1
\index{section}
```

```
\index{Abschnitt}
\item subsection  Unterabschnitt Numerierung 1.1.1
\index{subsection} \index{Unterabschnitt}
\item subsubsection Unterunterabschnitt Numerierung
1.1.1.1 \index{subsubsection}
\index{Unterunterabschnitt}
\item paragraph Paragraph keine Numerierung ---
Fettdruck --- auf gleicher Zeile weiter \index{paragraph}
\item subparagraph Unterparagraph keine Numerierung
--- Fettdruck --- auf gleicher Zeile weiter
\index{subparagraph}
\end{itemize}
\end{center}
Die Tabelle \ref{ueberschr} auf Seite
\pageref{ueberschr} gibt einen \Überblick \über die
Verf\ügbarkeit der einzelnen Gliederungsstufen
in den 3 Stil\-arten.
\begin{figure}
\begin{center}
{
\baselineskip 13 pt
\tabbox{11.5}{1.5}
\begin{tabular}{|l|c|c|c|} \hline
Gliederungsstufe&article&report&book, skript, buch\\ \hline
\hline
Part        &---&---&X   \\ \hline
Chapter     &---&---&X   \\ \hline
Section     & X & X &X   \\ \hline
Subsection  & X & X &X   \\ \hline
Subsubsection & X & X &X   \\ \hline
Paragraph & X & X &X   \\ \hline
Subparagraph & X & X &X   \\ \hline
\end {tabular}
}
\end{center}
\caption{\label{ueberschr} Gliederungsstufen bei
Stil\-arten}
\end{figure}
\subsection{Gliederungsstufen}
F\ür die einzelnen Gliederungsstufen gelten folgende
Definitionen.
{\parindent=3cm
\litem {\bf part} Teil eines Buches.  Diese Einteilung
kann bei einem Fachbuch verwendet werden.  Hier k\önnen
```

```
einzelne Teile des Dokuments als h\öchste Stufe
gekennzeichnet und numeriert werden. part ist nur bei book,
skript oder buch zu\-l\ässig. \index{part}
\litem {\bf chapter} Kapitel eines Buches. Die
Kapitel-Einteilung kann f\ür Fachb\ücher verwendet
werden. Sie ist die {\bf zwingend vorgeschriebene} h\öchste
Gliederungsstufe bei den Stilarten book, skript und buch.
\index{chapter}\index{Kapitel}
Die Kapitel werden (automatisch) numeriert. Kapitel
beginnen immer auf einer rechten Seite (mit ungerader
Seitennummer). Dies kann zur Folge haben, da\ss\ eine
Seite vor einem Kapitelbeginn leer bleibt. Der Name
des Kapitels wird stets auf der rechten Seite eines
Buches als Seitentitel angegeben. Diese Angabe
unterbleibt jeweils auf der ersten Seite eines
Kapitels, bei skript wird sie auch auf der ersten Seite
eines Kapitels angegeben.
\litem {\bf section} Abschnitt. Diese Einteilung kann
f\ür alle Stil\-arten verwendet werden. Beim book style,
beim skript style und beim buch style
dient die \Überschrift des jeweiligen Abschnitts als
Seitentitel auf den linken Seiten.
\index{section}\index{Abschnitt}%
\litem {\bf subsection} Unterabschnitt. Diese
Einteilung kann f\ür alle Stil\-arten verwendet werden.
\litem {\bf subsubsection} Unterunterabschnitt. Diese
Einteilung kann f\ür alle Stil\-arten verwendet werden.
\index{Unterabschnitt}\index{subsection}%
\litem {\bf paragraph} Paragraph. Paragraphen k\önnen
f\ür alle Stil\-arten verwendet
werden. Die Paragraphen-\Überschrift wird fett gedruckt.
Die zugeh\örigen Texte werden
nicht abgesetzt. Die Paragraphen-\Überschrift beginnt
gleichzeitig einen \linebreak[4] %erzwungen
neuen Textabsatz, in dem sie aber
au\ss er der Tatsache, da\ss\ sie in Fettdruck gesetzt
wird, nicht weiter abgehoben wird.
\index{paragraph}
\litem {\bf subparagraph} Unter-Paragraph.
Die Stufe Unter-Paragraph kann f\ür \linebreak[4]
alle Stil\-arten verwendet werden. Die \Überschrift
wird in Fettdruck gesetzt. Die zugeh\örigen Texte
werden nicht abgesetzt. Die \Überschrift beginnt
gleichzeitig einen neu\-en Textabsatz, in dem sie aber
```

```
au\ss er der Tatsache, da\ss\ sie in Fettdruck gesetzt
wird, nicht weiter abgehoben wird.  Die
Unter-Paragraphen unterscheiden sich nicht von den
Paragraphen. Lediglich, wenn man die
Numerierungstiefe hoch setzt, kann man erreichen,
da\ss\ sich die Unter-Para\-gra\-phen durch eine h\öhere
Numerierungstiefe von den Paragraphen unterscheiden.
\index{subparagraph}
\par}
\section{Commands zur Erzeugung eines Dokuments}
Ein Dokument besteht aus einer {\bf Pr\äambel} und aus
einem {\bf Dokumentenk\örper}.
In der Pr\äambel werden grunds\ätzliche
\index{Pr\äambel} Strukturierungen festgelegt.  Hier
wird z.B.  entschieden, ob mit Absatz-Einzug gearbeitet
wird oder nicht, welche Form der Seitennumerierung
(arabisch, r\ömisch) gew\ählt wird und welche
Makropakete verwendet werden sollen.  Es wird auch
\über die Stilart (article, report, book, skript, buch)
entschieden.
Der Dokumentenk\örper enth\ält den Text des Dokuments.
\subsection{Grunds\ätzlicher Aufbau eines Dokuments}
\begin{figure}[ht]
\begin{center}
\begin{tabular}{|p{4.0in}|} \hline
\begin{verbatim}
\documentstyle{skript}
\begin{document}
                    Steuerung der Strukturierung
                                 und
                        Text des Dokuments
\end{document}
\end{verbatim}
\\ \hline
\end{tabular}
\caption{\label{aufbau}Grunds\ätzlicher Aufbau
documentstyle skript}
\end{center}
\end{figure}
In der Abb. \ref{aufbau} auf Seite \pageref{aufbau}
wird der grunds\ätzliche Aufbau eines Dokuments
dargestellt.  Als Beispiel ist der skript-style
ausgew\ählt.  Diese Stilart wird diejenige sein, die in
diesem Skript vorrangig gew\ählt wird.
```

```
Zu den verwendeten Commands werden noch die folgenden
Anmerkungen gemacht.
\index{book-style}
{\bf {\verb+\documentstyle{book}+}} Durch diesen Command
wird die Stilart des Dokuments festgelegt.  Es sind die
Stil\-arten book, report, article, skript, buch mit
gewissen Optionen zugelassen.  \index{article-style}
\index{report-style} \index{book-style} \index{skript-style}
\index{buch-style}
{\bf {\verb+\begin{document}+}} Durch diesen Command
wird der Anfang des Dokuments angezeigt.
{\bf {\verb+\end{document}+}} Durch diesen Command
wird das Ende des Dokuments angezeigt.
\subsection{Texte in Dokumenten}
Der Text wird ohne Ber\ücksichtigung von
Zeilenumbr\üchen geschrieben.  Es ist also v\öllig
gleich, ob die Zeilen einigerma\ss en im Block
geschrieben werden oder ob z.B.  jedes Wort auf eine
Zeile geschrieben wird.  Es ist auch gleichg\ültig,
wieviel Zwischenraum (Leerstellen) zwischen den
einzelnen Wör\-tern gelassen wird.
Leerzeilen (und nur diese) erzeugen einen Absatz.
Hierbei ist es wieder gleich\-g\ültig, wieviele
Leerzeilen gelassen werden.  In jedem Falle wird
zwischen dem Text, der vor den Leerzeilen steht und dem
Text, der nach den Leerzeilen steht, ein
Standard-Absatzabstand gelassen.
\centerline{
\TeX\ erzeugt aus den eingegebenen Texten stets einen
Blocksatz.}
Silbentrennung wird automatisch durchgef\ührt.  Das
eingebaute \index{Silbentrennung} Silbentrennungspaket
arbeitet nach dem Muster-Verfahren.  Es sind viele
Muster von Silbentrennungen gespeichert.  Die richtige
Silbentrennung wird durch Vergleiche gefunden.
Jederzeit kann eine bestimmte m\ögliche Silbentrennung
vorgegeben werden.  Hierf\ür ist die
Zeichenkombination \verb+\-+ zu verwenden.  So k\önnte
man also schreiben \verb+'Sil\-ben\-tren\-nung'+, um zu
erreichen, da\ss\ dieses Wort an jeder der angegebenen
Stellen getrennt werden kann oder auch ungetrennt in
den Blocksatz eingef\ügt wird.
Es wird vom System versucht, alle Abs\ätze dadurch in
gut lesbaren Blocksatz zu verwandeln, da\ss\ die
```

```
Zwischenr\äume zwischen den einzelnen Wör\-tern variiert
werden. Wenn dies auch mit Hilfe der Silbentrennung
nicht gelingt, dann entstehen bei der \Übersetzung
Warnings \nopagebreak[4]
\centerline{
{\bf Overfull hbox}
oder
{\bf Underfull hbox}.
}
\index{Overfull hbox}
\index{Underfull hbox}
Bei Overfull hbox (hbox = horizontal box) wird der
Absatz durch Angabe der Zeilennummern (Anfang -- Ende)
sowie der \Überhang in pt (72.27 pt = 2.54 cm)
angegeben. Das Bearbeitungsverfahren besteht dann
einfach darin, da\ss\ in diesem Absatz Text in der
Gr\ö\ss enordnung des \Überhanges durch Umgestaltung
des Textes entfernt werden mu\ss .
Bei Underfull hbox wird der Absatz durch Angabe der
Zeilennummern (Anfang -- Ende) gekennzeichnet. Der
Grad der Unterbesetzung wird durch eine penalty
angegeben. Hier handelt es sich um einen Wert zwischen
0 (keine Underfull box) und 10000 (leere Zeile). Das
Bearbeitungsverfahren besteht dann einfach darin,
da\ss\ der Absatz so umgestaltet werden mu\ss , da\ss\
der Block besser gef\üllt ist.
\section{Ein einfacher Text}
Mit den bereits bekannten Techniken und Commands soll
nun ein beispielhafter Text geschrieben werden. Es
wird zun\ächst --- im article-style --- der Text so
dargestellt, wie er vom Anwender zu schreiben ist.
\label{text1}
\begin{verbatim}
\documentstyle{article}
\begin{document}
Normalerweise erstellt ein Autor ein Manuskript. Er
oder ein spezieller typographischer Designer legt ---
meist durch Angabe von Steuerzeichen in Farbe oder am
Rand des Manuskripts --- die Formatierung des
Manuskripts fest. Hierbei wird das Seitenformat
(Zeilenbreite und Zeilenzahl auf der Seite) fixiert.
Es wird die Stilart bestimmt. Es wird bestimmt,
wieviel Zwischenraum von einem Absatz zum anderen
verwendet werden soll.
```

```
Es werden eine Reihe von Instruktionen festgehalten, an
die der Setzer sich zu halten hat.  Der Setzer
entscheidet im Rahmen dieser Richtlinien, wo die
einzelnen Textelemente ihren Platz auf der Seite
finden.  Der Setzer produziert bei normalem
Setzverfahren aus dem Satz eine Metall-Matrize, woraus
die einzelne Seite erzeugt wird.
Heute gehen wir anders vor.  An Stelle der
Metall-Matrize verwenden wir eine Datei.  \LaTeX\ ist
der typographische Designer und \TeX\ ist der Setzer.
Die \LaTeX-Commands werden dabei in
\TeX-Typensatz-Commands umgewandelt, dieses sind
primitive (d.h.  unzerlegbare) Commands zur Erzeugung
von Typensatz.
\end{document}
\end{verbatim}
Dies produziert den folgenden Text.
\medskip
Normalerweise erstellt ein Autor ein Manuskript.  Er
oder ein spezieller typographischer Designer legt ---
meist durch Angabe von Steuerzeichen in Farbe oder am
Rand des Manuskripts --- die Formatierung des
Manuskripts fest.  Hierbei wird das Seitenformat
(Zeilenbreite und Zeilenzahl auf der Seite) festgelegt.
Es wird die Stilart bestimmt.  Es wird bestimmt,
wieviel Zwischenraum von einem Absatz zum anderen
verwendet werden soll.
Es werden eine Reihe von Instruktionen festgehalten, an
die sich der Setzer zu halten hat.  Der Setzer
entscheidet im Rahmen dieser Richtlinien, wo die
einzelnen Textelemente ihren Platz auf der Seite
finden.  Der Setzer produziert aus dem Satz eine
Metall-Matrize, woraus die einzelne Seite erzeugt wird.
Heute gehen wir anders vor.  An Stelle der
Metall-Matrize verwenden wir eine Datei.  \LaTeX\ ist
der typographische Designer und \TeX\ ist der Setzer.
Die \LaTeX-Commands werden dabei in
\TeX-Typensatz-Commands umgewandelt, dieses sind
primitive (unzerlegbare) Commands zur Erzeugung von
Typensatz.
\section{Zus\ätzliche Commands und Optionen}
\subsection{Zus\ätzliche Commands}
Im Beispiel-Text wird das Logo \TeX\ verwendet.
Vergleicht man Eingabetext und Ausgabe, so sieht man,
```

```
da\ss\ man zur Erzielung des Logos \verb+\TeX+
schreiben mu\ss . Eine Kleinigkeit ist hierbei noch zu
beachten. Das Logo beinhaltet nicht ein
hintenangestelltes Leerzeichen. Wenn dies gew\ünscht
wird, ist an das Logo noch \verb+\ + anzuf\ügen.
Und es soll auch noch erw\ähnt werden, da\ss\ das ganze
Skript mit dem in der Pr\äambel (vor
\verb+\begin{document}+) abgesetzten Command
\begin{center}
\verb+\parindent=0cm+
\end{center}
\index{parindent} arbeitet. Gibt man diesen
Command nicht an, dann wird --- wie in der
amerikanischen Literatur \üblich --- bei jedem Absatz
ein 'Absatz-Einzug' durchgef\ührt. (Die erste Zeile
des Absatzes beginnt ca. 5 mm einger\ückt.) Diese
zus\ätzliche Methode der Absatzhervorhebung wird auch
in Deutschland mehr und mehr \üblich. (Beachten Sie
bitte hierzu z.B. die Springer-Presse.)
\subsection{Optionen des document-style} Der Command
\verb+\documentstyle{art}+ wurde im vorigen Abschnitt
behandelt. Seine endg\ültige Form lautet:
\begin{center}
\verb+\documentstyle+
\verbO[O$option_1,option_2,...,option_n$\verb2]{art}2
\end{center}
\newpage %erzwungener Seitenumbruch 28.03.90
Folgende Stil\-arten sind zul\ässig.
\begin{quote}
article
report
book
skript
buch
einseit
\end{quote}
\index{article} \index{report} \index{book} \index{skript}
\index{buch} \index{einseit}
Die Normalschrift ist 10 pt Roman. Diese Schrift wird
auch in diesem Skript verwendet. Werden keine Optionen
angegeben, dann wird als Schrift stets 10 pt Roman
verwendet.
\begin{figure}[ht]
\begin{center}
```

```
{\baselineskip=14pt
\tabbox{10.5}{3.5}
\begin{tabular}{|ll|} \hline
11pt&11pt Roman Schrift\\
12pt&12pt Roman Schrift\\
twoside&2-seitiger Satz (Vor- und R\ückseite)\\
twocolumn&2-spaltiger Satz\\
leqno&Gleichungs-Numerierung links \\
bezier&Gekr\ümmte Linien \\
\hline
\end{tabular}
}
\end{center}
\caption{Optionen}
\end{figure}
\index{twoside} \index{twocolumn}
Die anderen Optionen, die in eckige Klammern, durch
Kommata getrennt geschrieben werden, haben die
angegebene Wirkung.
Erkl\ärungen f\ür die einzelnen Optionen:
\medskip
\varpar=1in
\begin{varlist}
\item[11pt] Die Standardschriftgr\ö\ss e ist 11 pt Roman.
Es wird ein dieser Schriftgr\ö\ss e entsprechendes
Seitenlayout gew\ählt. Das betrifft z.B. die H\öhe von
Kopf und Fu\ss\ der Seite.
\item[12pt] Die Standardschriftgr\ö\ss e ist 12 pt Roman.
Es wird ein dieser Schriftgr\ö\ss e entsprechendes
Seitenlayout gew\ählt. Das betrifft z.B. die H\öhe von
Kopf und Fu\ss\ der Seite.
\item[twoside] Der Satz ist zweiseitig. Dies bedeutet,
da\ss\ der linke Rand der ungeraden Seite mit dem
rechten Rand der geraden Seite \übereinstimmt und der
rechte Rand der ungeraden mit dem linken der geraden
Seite. Auf diese Weise sind die Seiten, wenn man sie
auf Gegenseiten des gleichen Blattes reproduziert,
deckungsgleich.
\item[twocolumn] Der Satz wird in zwei Spalten
durchgef\ührt. Bei letzten Seiten (z.B. im Kapitel) wird
die linke Spalte bis zum Seitenende gesetzt, die rechte
Seite nimmt den Rest des Textes auf.
\item[leqno] Normalerweise stehen die (vom System
automatisch vergebenen Gleichungsnummern) rechtsb\ündig
```

```
auf der Zeile, auf der die zu numerierende Gleichung steht.
Durch diese Option wird die Gleichungsnummer linksb\ündig
geschrieben.
\newpage %erzwungener Seitenumbruch 28.03.90
\item[bezier]
Die in \TeX\ vorhandene Graphik beschr\änkt sich,
wie schon gesagt, auf die Darstellung von Geraden
und Kreisen. Um nun auch Kurven beliebiger Art darstellen
zu k\önnen, ist die Option 'bezier' vorhanden. Hierdurch
ist es m\öglich, eine Kurve durch St\ücke von
Bezier-Polynomen zu approximieren.  Hierzu wird eine Kurve
in mehrere St\ücke eingeteilt.  F\ür jedes St\ück sind
vorgebbar:
\begin{enumerate}
\item der Anfangspunkt durch seine Koordinaten,
\item die Richtung der Tangenten im Anfangspunkt,
\item der Endpunkt durch seine Koordinaten,
\item die Richtung der Tangenten im Endpunkt.
\end{enumerate}
W\ählt man den Endpunkt des n-ten Teilst\ücks als
Anfangspunkt des Teil\-st\ücks Nummer n+1 und ferner
die Richtung im Endpunkt des n-ten Teil\-st\ücks
gleich der Richtung im Anfangspunkt der (n+1)-ten
Teilst\ücks, dann kann auf diese Weise ein Kurvenzug
konstruiert werden, der an jeder Stelle der Kurve
eine sich stetig \ändernde Richtung hat. (Die Kurve
hat also keinen 'Knick'.) Diese mathematische Methode
entspricht also dem Verfahren, das angewendet wird, wenn
man mit einem Kurvenlineal eine Kurve zeichnet.
Im Rahmen des Kapitels \über Graphik werden wir auf
die Konstruktion noch genauer eingehen.
\end{varlist}
\medskip
{\bf Beispiel:} Um im article-style in 11pt zu schreiben
und dabei gekr\ümmte Linien verwenden zu k\önnen und wenn
zus\ätzlich zweiseitig, zweispaltig geschrieben werden
soll, dann ist
\begin{center}
\verb+\documentstyle[11pt,twocolumn,twoside,bezier]{article}+
\end{center}
zu schreiben.
\vspace{0.5cm}
\addtocounter{aufg}{1}
{\parindent=3cm
```

```
\litem {{\bf Aufgabe \theaufg}} Bitte schreiben Sie
eine Skizze f\"ur ein Dokument, welches ein Bericht
werden soll.  Es soll eine 11pt Roman Schrift verwendet
werden.  Es ist vorzusehen, da\ss\ die Ausgabe auf Vor-
und R\"uckseite stattfindet.  \par}
\vspace{0.5cm}
\addtocounter{aufg}{1}
{\parindent=3cm
\litem {{\bf Aufgabe \theaufg}} Was w\"urde sich
\"andern, wenn der Anwender das Manu\-skript Abbildung
\ref{text1} auf Seite \pageref{text1} so geschrieben
h\"atte, da\ss\ es maximal 2 inch breit ist?
\par}
\section{\"Ubersicht \"uber alle verf\"ugbaren Stilarten} Es
hat sich herausgestellt, da\ss\ es zweckm\"a\ss ig ist, wenn
standardm\"a\ss ig eine Reihe von Stilarten zur Verf\"ugung
stehen.
Eine \"Ubersicht \"uber alle Stilarten wird in folgender
Tabelle zusammengefa\ss t.
\begin{center}
{\footnotesize
\begin{tabular}{|l|c|c|c|c|c|c|} \hline
\multicolumn{1}{|c}{Name} &
\multicolumn{1}{|c}{Schrift} &
\multicolumn{1}{|c}{Texth\"ohe} &
\multicolumn{1}{|c}{Textbreite} &
\multicolumn{1}{|c}{ab Stufe} &
\multicolumn{1}{|c}{einseitig} &
\multicolumn{1}{|c|}{Kopfart} \\
\hline
book & 10pt &504pt&4.5in&chapter& nein & Schr\"agdruck \\
\hline
book & 11pt &530.4pt&5in&chapter& nein & Schr\"agdruck \\
\hline
book & 12pt &536.5pt&5in &chapter& nein & Schr\"agdruck \\
\hline
report & 10pt &528pt&345pt&section& ja & Schr\"agdruck \\
\hline
report & 11pt &530.4pt&360pt&section& ja & Schr\"agdruck \\
\hline
report & 12pt &536.5pt&390pt&section& ja & Schr\"agdruck \\
\hline
article & 10pt &528pt&470pt&section& ja & Schr\"agdruck \\
\hline
```

```
article & 11pt &530.4pt&360pt&section& ja & Schr\ägdruck \\
\hline
article & 12pt &536.5pt&390pt&section& ja & Schr\ägdruck \\
\hline
skript & 10pt &432pt&4.5in&chapter& nein & unterstrichen \\
\hline
skript & 11pt &530.4pt&5in&chapter& nein & unterstrichen \\
\hline
skript & 12pt &536.5pt&5in&chapter& nein & unterstrichen \\
\hline
buch & 10pt &528pt&470pt&chapter& ja & unterstrichen \\
\hline
einseit & 10pt &529pt&470pt&section& ja & unterstrichen \\
\hline
\end{tabular}
}
\end{center}
F\ür die Einsatzgebiete der einzelnen styles soll folgende
\Übersicht hilfreich sein.
\varpar=0.7in
\begin{varlist}
\item[book] Amerikanisches Buchformat. Das Verh\ältnis von
langer zu kurzer Rechteckseite ist gr\ö\ss er als bei DINA5.
\item[report] Amerikanisches gro\ss es Format zum Schreiben
von Berichten geeignet.
\item[article] Amerikanisches Format f\ür einzelne
Aufs\ätze.
\item[skript] Dieses Format eignet sich zum Entwickeln von
Skripten im Format DIN A5.
\item[buch] Dieses Format eignet sich zum Entwickeln von
DIN A4 gro\ss en B\üchern z.B. f\ür Bedienungsanleitungen.
\item[einseit] Dieses Format eignet sich zum Entwickeln von
Einzelartikeln im Format DIN A4.
\end{varlist}
Die Zahl der Stilarten kann beliebig erweitert werden.
Grundsätzlich ist es nicht schwierig, eine neue Stilart
zu erzeugen. Es kann aber nicht Aufgabe dieses Lehrbuchs
sein, hier weitere Stilarten vorzustellen, weil man im
allgemeinen mit den angebotenen Stilarten auskommt.
\addtocounter{aufg}{1}
\varpar=3cm
\begin{varlist}
\item [{\bf Aufgabe \theaufg}] Bitte schreiben Sie den
documentstyle-Command für folgende Anforderungen.
```

```
\begin{enumerate}
\item Bedienungsanleitung
\item 12pt Schriftgrö\ss e
\item Verwendung von Bezier-Stil
\end{enumerate}
\end{varlist}
```

Kapitel 3

Schriftformate

```
\font\logo=logo10
\chapter{Schriftformate}
\section{\Überblick}
In \TeX\ k\önnen unterschiedliche Schriftarten in
unterschiedlichen Schriftgr\ö\-\ss en verwendet werden.
Unter einer Schriftart versteht man hierbei die geometrische
Gestalt einer Schrift (roman, bold (fett), slanted
(Schr\ägdruck) usw.).  Die Schriftgr\ö\ss e ist ein Ma\ss\
f\ür die Gr\ö\ss e der einzelnen Zeichen.  Sie wird in pt
gemessen.
%\bgraubox{8}{3.5in}
\begin{center}
\begin{tabular}{|p{3.5in}|} \hline
Eine Schriftart in einer bestimmten Gr\ö\ss e (z.B. 10pt)
wird eine {\bf Schrift} genannt. \TeX\ enth\ält zur
Zeit 75 Schriften. \\ \hline
\end{tabular}
\end{center}
%\egraubox
\TeX\ bietet grunds\ätzlich beliebige Schriften an.
Das Prinzip der Definition von Zeichen f\ür eine
bestimmte Schrift schlie\ss t sich dem allgemeinen
\TeX-Prinzip an. Es gibt eine Reihe von primitiven
Commands, mit denen man die geometrische Gestalt der
einzelnen Zeichen (im allgemeinen 256 pro Schrift)
festlegt. Hierbei werden gewisse Grundparameter verwendet.
Dies sichert, da\ss\ alle Zeichen einer Schrift zueinander
passen und da\ss\ unterschiedliche Schriftgrö\ss en durch
einfache Vergrö\ss erung aus dem Grundtyp erstellt werden.
\medskip %erzwungener Absatz
Einige Parameter von solchen Schriften sind mit ihrer
```

```
Bedeutung in Abbildung \ref{zeichenpar} zusammengestellt.
\begin{figure}[ht]
\hfil
\begin{tabular}{ll}
body-height&Zeichenh\öhe\\
asc-height&H\öhe von Klein-Buchstaben mit Oberl\ängen
(b,d,f)\\
cap-height&H\öhe der Gro\ss -Buchstaben\\
fig-height&H\öhe der Ziffern\\
x-height&H\öhe von Kleinbuchstaben ohne Oberl\ängen
(a,c,e,m)\\
desc-depth&Tiefe von Kleinbuchstaben mit Unterl\ängen
(g,j,p)\\
comma-depth&Tiefe des Kommas\\
math-axis&Mitte der Paranthese\\
bar-height&H\öhe des Bindestrichs\\
\end{tabular}
\hfil
\caption{\label{zeichenpar}Zeichen-Parameter}
\end{figure}
Dies sind nur einige der Parameter, die bei der
Definition von Zeichen f\ür bestimmte Schriften
n\ötig sind.  Hierf\ür ist das System {\logo METAFONT}
ent\-wik\-kelt worden, womit die Entwicklung von
Schriften und auch speziellen Logo's m\öglich gemacht wird.
Wir unterscheiden hierbei unterschiedliche Klassen
von Schriften.
\begin{enumerate}
\item {Standardschriften:}
In \LaTeX\ werden eine Reihe von Schriftarten ausgew\ählt,
die in verschiedenen Schriftgr\ö\ss en benutzt werden
k\önnen.  Jede\hfill der\hfill 7\hfill verschiedenen\hfill
\hfill Schriftarten\hfill hat\hfill einen\hfill von\hfill
Leslie\hfill Lamport
\newpage
festgelegten symbolischen Namen.
Jede Schriftart kann in 10 verschiedenen Gr\ö\ss en, die
ebenfalls standardisierte Namen haben, gew\ählt werden.
Damit stehen also 7 $\times$ 10 = 70 verschiedene
Standardschriften zur Verf\ügung.  Diese werden in
allgemeinen ausreichen, um den Satz f\ür ein Dokument
durchzuf\ühren.
\item {Zus\ätzliche Schriften} sind Schriften, die den
Umfang der Standardschriften erweitern.  Sie sind in \TeX\
```

```
vorhanden.  Jede Schrift (Schriftart + Schriftgr\"o\ss e)
erh\"alt vom Anwender einen frei w\"ahlbaren Namen.  Dadurch
wird der Umfang der Schriften fast verdoppelt.
\end{enumerate}
\section{Standardschriftarten}
Die Basis-Schrift ist Roman.  Dieses Skript ist in
Roman gesetzt.  Sollen bestimmte Text-Teile in einer
anderen Schrift gesetzt werden, so sind die Text-Teile
in geschweifte Klammern \verb+{}+ zu schreiben.
M\"ogliche Schriftarten sind in der folgenden Tabelle
\"ubersichtlich zusammengestellt.  (Diese Tabelle wird
laufend erweitert!)
\begin{figure}[ht]
\begin{center}
\begin{tabular}{|l|l|c|} \hline
Schriftart&Text&Command\\ \hline
Roman&Dieser Text ist roman&\verb+\rm+\\
Bold&{\bf Dieser Text ist bold}&\verb+\bf+\\
Slanted&{\sl Dieser Text ist slanted}&\verb+\sl+\\
Sans serif&{\sf Dieser Text ist sans serif}&\verb+\sf+\\
Typewriter&{\tt Dieser Text ist Typewriter}&\verb+\tt+\\
Italics&{\it Dieser Text ist italics}&\verb+\it+\\
Small Caps&{\sc Dieser Text ist small caps}&\verb+\sc+\\
\hline
\end{tabular}
\end{center}
\index{roman}
\index{bold} \index{typewriter} \index{italics}
\index{slanted} \index{small caps}
\caption{\label{schriftart}Schriftarten}
\end{figure}
\newpage %erzwungener SSeitenumbruch 29.03.90
Wenn keine Festlegung der Schrift vorgenommen wird, ist
die Schriftart roman gewählt. Die Schriftgr\"o\ss e ist im
documentstyle gew\"ahlt. Wenn nichts gesagt wird, ist die
Schriftgr\"o\ss e 10 pt.
Auf die Schriftart bold (‘fett’) kann durch die Angabe von
\verb+\bf+ übergegangen werden.  Diese Schriftart gilt,
bis wieder eine neue Anweisung geschrieben wird, die
die Schriftart festlegt.
\bf Dieser Satz ist in bold gesetzt.  Die Schriftart
bold wird solange beibehalten, bis eine andere
Schriftart gew\"ahlt wird.  \it Nun ist die Schriftart
italics gew\"ahlt.  Diese wird wiederum solange
```

```
verwendet, bis im Text wieder eine andere Schrift
ausgew\ählt wurde, z.B.  wieder roman durch
\verb+\rm+.
\rm
Will man erreichen, da\ss\ ein bestimmter Textteil in
einer anderen Schriftart gesetzt wird, dann ist dieser
Textteil, wie oben bereits ausgef\ührt, in geschweifte
Klammern zu setzen.  Schreibt man also
\begin{quote}
\begin{verbatim}
Die Bundesrepublik Deutschland ist eine {\bf
parlamentarische Demokratie}.  Der {\bf Bundeskanzler}
bestimmt die Richtlinien der Politik.
\end{verbatim}
\end{quote}
so erzielt man den folgenden Text:
\begin{quote}
Die Bundesrepublik Deutschland ist eine {\bf
parlamentarische Demokratie}.  Der {\bf Bundeskanzler}
bestimmt die Richtlinien der Politik.
\end{quote}
\addtocounter{aufg}{1}
{\parindent=3cm
\litem {{\bf Aufgabe \theaufg}} Bitte schreiben Sie den
folgenden Text \newline \hfill Es ist nicht sinnvoll,
immer mal die {\bf Schrift zu wechseln}, um zu zeigen,
wieviele {\it Schriften} im Schriftvorrat sind.
Vielmehr soll das Geschriebene {\it\bf gut lesbar}
sein.  \par}
\section{Standardschriftgr\ö\ss en}
\begin{figure}[ht]
{\baselineskip=22pt
\tabbox{18.5}{3.5}
\begin{center}
\begin{tabular}{|l|l|l|} \hline
Schriftgr\ö\ss e&Text&Command\\ \hline
Tiny&{\tiny Information}&\verb+\tiny+\\ \hline
Scriptsize&{\scriptsize Information}&
\verb+\scriptsize+\\ \hline
Footnotesize&{\footnotesize Information}&
\verb+\footnotesize+\\ \hline
Small&{\small Information}&
\verb+\small+\\ \hline
Normalsize&{\normalsize Information}&
```

```
\verb+\normalsize+\\
\hline
large&{\large Information}&\verb+\large+\\ \hline
Large&{\Large Information}&\verb+\Large+\\ \hline
LARGE&{\LARGE Information}&\verb+\LARGE+\\ \hline
huge&{\huge Information}&\verb+\huge+\\ \hline
Huge&{\Huge Information}&\verb+\Huge+\\ \hline
\end{tabular}
\end{center}
}
\index{tiny}
\index{scriptsize} \index{footnotesize} \index{small}
\index{normalsize} \index{large} \index{Large}
\index{LARGE} \index{huge} \index{Huge}
\caption{\label{schriftgr}Schriftgr\"o\ss en}
\end{figure}
Die Schriftgr\"o\ss e wird in pt (=point) gemessen.  Hierbei
ist 1 pt = 0.35146 mm, 72.27pt = 1 inch.  Die
Schriftgr\"o\ss e in diesem Skript betr\"agt 10 pt.  Man
spricht auch von 10-pt-Schrift.  Die Schriftgr\"o\ss e kann
mit folgenden Commands ver\"andert werden.  Die Auswirkungen
der Commands auf die Schriftgr\"o\ss e k\"onnen aus der Abb.
\ref{schriftgr} entnommen werden.
\smallskip
\addtocounter{aufg}{1}
{\parindent=3cm
\litem {{\bf Aufgabe \theaufg}} Bitte schreiben Sie als
Entwurf f\"ur einen Briefkopf
\smallskip
{\Huge Klaus Haller KG.} \newline \hspace*{3cm} {\large
Export und Import von Tee und Kaffee} \newline
\hspace*{3cm} Schauenburger Allee 9, 2 Hannover 1
\par}
\newpage %erzwungener Seitenumbruch 29.03.90
\section{Zus\"atzliche Schriften}
Soll in einem Dokument eine 'zus\"atzliche' Schrift
verwendet werden, so ist in der Pr\"aambel --- oder
jedenfalls vor erstmaliger Verwendung der Schrift im
Dokument zu schreiben:
\begin{verbatim}
\font\NAME=SCHRIFTART scaled \magstepN
\end{verbatim}
Hierbei bedeuten:
\begin{center}
```

```
\begin{tabular}{ll}
NAME & ein vom Anwender zu vergebender Name \\
SCHRIFTART & der Name der Schriftart in \TeX \\
N & Vergr\ö\ss erungsstufe \\
\end{tabular}
\end{center}
Damit wird die SCHRIFTART (standardisierte Bezeichnung in
\TeX ) einem Anwendernamen (NAME) zugeordnet.  Durch den
'scaling-factor' wird eine Schriftvergr\ö\ss erung
festgelegt.  Die Vergr\ö\ss erungen der Schriften gehen
hierbei traditionell in Stufen von 1.2 vor sich.  Dies
bedeutet:
\begin{center}
\begin{tabular}{|l|} \hline
\verb+\+magstepN $ = \mbox{Vergr\ö\ss erung } 1.2^N$ \\
\hline
\end{tabular}
\end{center}
Es sind folgende Vergr\ö\ss erungsstufen vorgesehen.
\setcounter{chapter}{3}
\setcounter{section}{4}
\markboth{Kapitel 3.  Schriftformate}{3.4.  Zusätzliche
Schriften}
\begin{center}
\begin{tabular}{|l|l|l|} \hline
\multicolumn{3}{|c|}{Vergr\ö\ss erungsstufen} \\ \hline
N & magstepN & Faktor \\ \hline
0 & magstep0 & 1.00000 \\ \hline
half & magstephalf & 1.09545 \\ \hline
1 & magstep1 & 1.20000 \\ \hline
2 & magstep2 & 1.44000 \\ \hline
3 & magstep3 & 1.72800 \\ \hline
4 & magstep4 & 2.07360 \\ \hline
5 & magstep5 & 2.44832 \\ \hline
\end{tabular}
\end{center}
Wenn N = 0, dann kann die Klausel 'scaled \verb+\+magstep0'
wegfallen.
Die Wirkung der angegebenen Commands zeigen wir an
dem Beispiel der Schriftart cmb. Es handelt sich um
eine Computer Modern Bold Roman. Sie unterscheidet
sich von der Standardschrift \verb+\bf+ dadurch, da\ss\
die Breite der Schrift (width) nicht erweitert ist.
Die Schrift 'l\äuft nicht so breit' wie die Schrift
```

```
\verb+\bf+.
Von dieser Schriftart gibt es die Schriftgr\ö\ss e
10pt. Damit hei\ss t die Schrift also cmb10.
Schreibt man nun:
\begin{verbatim}
\font\bo=cmb10
\font\boh=cmb10 scaled \magstephalf
\font\boe=cmb10 scaled \magstep1
\font\boz=cmb10 scaled \magstep2
\font\bod=cmb10 scaled \magstep3
\font\bov=cmb10 scaled \magstep4
\font\bof=cmb10 scaled \magstep5
{\bo Das ist Vergr\ö\ss erung 1}
{\boh Das ist Vergr\ö\ss erung 1.09545}
{\boe Das ist Vergr\ö\ss erung 1.20000}
{\boz Das ist Vergr\ö\ss erung 1.44000}
{\bod Das ist Vergr\ö\ss erung 1.72800}
{\bov Das ist Vergr\ö\ss erung 2.07360}
{\bof Das ist Vergr\ö\ss erung 2.44832}
\end{verbatim}
So erh\ält man:
\medskip
\font\bo=cmb10
\font\boh=cmb10 scaled \magstephalf
\font\boe=cmb10 scaled \magstep1
\font\boz=cmb10 scaled \magstep2
\font\bod=cmb10 scaled \magstep3
\font\bov=cmb10 scaled \magstep4
\font\bof=cmb10 scaled \magstep5
{\bo Das ist Vergr\ö\ss erung 1}
{\boh Das ist Vergr\ö\ss erung 1.09545}
{\boe Das ist Vergr\ö\ss erung 1.20000}
{\boz Das ist Vergr\ö\ss erung 1.44000}
{\bod Das ist Vergr\ö\ss erung 1.72800}
{\bov Das ist Vergr\ö\ss erung 2.07360}
{\bof Das ist Vergr\ö\ss erung 2.44832}
\medskip
\varpar=3cm
\begin{varlist}
\item[Hinweis 1:] Durch die Vergr\ö\ss erung z.B.  einer
10-pt-Schrift entsteht nur n\äherungsweise eine zur
12-pt-Schrift \äquivalente Schrift.  W\ährend die
12-pt-Schrift durch Wahl der geeigneten Werte f\ür die
einzelnen Parameter konstruiert wurde, handelt es sich bei
```

```
der Vergr\ö\ss erung mit dem Faktor 1.2 um eine reine
Skalierung.
\item[Hinweis 2:] Um die \Übersichtlichkeit der
Anwendernamen zu erhalten, wird vorgeschlagen, die einzelnen
Vergr\ö\ss e\-rungs\-stu\-fen einer Schrift so zu benennen,
da\ss\ die Schriftart und die Vergr\ö\ss erungsstufe
deutlich werden.  Da Ziffern im Anwendernamen nicht zugelassen
sind, empfiehlt sich das oben verwendete Verfahren:  der
Name aller Schriften wird durch die gleiche Zeichenkette
eingeleitet (im Beispiel:  bo).  Die Vergr\ö\ss
erungsstufen werden durch die folgenden Einzelzeichen
dargestellt.
\begin{center}
\begin{tabular}{|c|l|} \hline
Zeichen & \multicolumn{1}{|c|}{Bedeutung}\\ \hline
  & (scaled \verb+\+magstep0) \\
h & scaled \verb+\+magstephalf \\
e & scaled \verb+\+magstep1 \\
z & scaled \verb+\+magstep2 \\
d & scaled \verb+\+magstep3 \\
v & scaled \verb+\+magstep4 \\
f & scaled \verb+\+magstep5 \\ \hline
\end{tabular}
\end{center}
Die Zeichen entsprechen hierbei den ersten Buchstaben der
Ziffern 1 -- 5.
\end{varlist}
\section{Symbole}
\TeX\ gestattet die Darstellung unterschiedlicher
Symbole. Eine Auswahl ist in der Tabelle \ref{Spezialz}
zusammengestellt.
\begin{figure}[ht]
\begin{center}
\begin{tabular}{llllllll}
\`{o}&\verb+\`{o}+&\~{o}&\verb+\~{o}+&\v{o}&
\verb+\v{o}+&\c{o}&\verb+\c{o}+\\
\'{o}&\verb+\'{o}+&\={o}&\verb+\={o}+&\H{o}&
\verb+\H{o}+&\d{o}&\verb+\d{o}+\\
\oe  &\verb+\oe+&\AA&\verb+\AA\+&\ae&\verb+\ae+ &\o   &
\verb+\o+\\
\^{o}&\verb+\^{o}+&\.{o}&\verb+\.{o}+&\t{oo}&
\verb+\t{oo}+&\copyright&\verb+\copyright+\\
\b{o}&\verb+\b{o}+&\S&\verb+\S+&\c{c}&\verb+\c{c}+
&\pounds&\verb+\pounds+\\
```

```
\ö&\verb+\ö+&\ss\ &\verb+\ss+    &       & &     & \\
\end{tabular}
\caption{\label{Spezialz}Symbole}
\end{center}
\end{figure}
\subsection{Symbole aus anderen Sprachen}
In der Schrift kommen auch besondere Symbole vor.
\TeX\ ist hier sehr flexibel.  F\ür alle vorkommenden
Symbole sind Schreibm\öglichkeiten geschaffen worden.
Das Prinzip ist sehr einfach.  Symbole aus anderen
Sprachen und Spezialsymbole werden durch einen
vorangestellten \verb+\+ und eine Abk\ürzung
dargestellt.  Im folgenden sind hierf\ür einige
Beispiele dargestellt.
Aus der letzten Zeile ist hierbei zu entnehmen, wie die
deutschen Umlaute und \ss\ geschrieben werden k\önnen.  Der
Anwender unserer \TeX -Realisierung braucht sich hierum
nicht zu k\ümmern.  Bei 8-bit-Terminals wird die
Umschl\üsselung durch ein vorgeschaltetes
Umsetzungsprogramm vorgenommen.  Bei 7-bit-Terminals werden
Funktionstasten mit den entsprechenden Sequenzen belegt, so
da\ss\ durch {\bf einen} Tastendruck (eventuell mit
Hochstellung) die den deutschen Umlauten und \ss\
entsprechenden Sequenzen erzeugt werden.
\subsection{Spezialsymbole}
Auch \über die Sprachsymbole hinaus kann \TeX\ noch
andere Symbole darstellen.  Die Mathematik hat eine
gro\ss e Anzahl von Symbolen vorr\ätig, die alle auch
in \TeX\ verwendet werden k\önnen.  Mathematische
Symbole werden in dem Kapitel ''Mathematischer Satz''
behandelt.  Soweit es sich aber um Symbole handelt, die
auch in der Datenverarbeitung oder Organisation sowie
im allgemeinen Sprachgebrauch verwendet werden, sollen
sie hier angegeben werden.
Zur Schreibweise bei diesen Symbolen ist zu beachten,
da\ss\ sie nur dann g\ültig sind, wenn sich das System
im mathematischen Satz befindet.  Aus diesem Grunde
m\üssen die Symbole in \$ eingeschlossen werden.  Es
ist also zu schreiben \verb+$\abk$+, und hierbei ist
f\ür das Symbol \verb+\abk+ die entsprechende Abk\ürzung
zu verwenden.
\begin{figure}[ht]
\begin{center}
\begin{tabular}{llll}
```

```
$\bullet$&\verb+$\bullet$+&
$\ast$&\verb+$\ast$+\\
$\star$&\verb+$\star$+&
$\circ$&\verb+$\circ$+\\
$\cdot$&\verb+$\cdot$+&
$\diamond$&\verb+$\diamond$+\\
$\bigtriangleup$&\verb+$\bigtriangleup$+&
$\leftarrow$&\verb+$\leftarrow$+\\
$\uparrow$&\verb+$\uparrow$+&
$\Leftarrow$&\verb+$\Leftarrow$+\\
$\Longleftarrow$&\verb+$\Longleftarrow$+&
$\Longrightarrow$&\verb+$\Longrightarrow$+\\
$\downarrow$&\verb+$\downarrow$+&
$\Downarrow$&\verb+$\Downarrow$+\\
$\Longleftrightarrow$&\verb+$\Longleftrightarrow$+&
$\flat$&\verb+$\flat$+\\
$\sharp$&\verb+$\sharp$+&
$\leq$&\verb+$\leq$+\\
$\geq$&\verb+$\geq$+&$\equiv$&\verb+$\equiv$+\\
$\neq$&\verb+$\neq$+&
$\times$&\verb+$\times$+\\
$\div$&\verb+$\div$+&
$\infty$&\verb+$\infty$+\\
$\partial$&\verb+$\partial$+&
$\ll$&\verb+$\ll$+\\
$\gg$&\verb+$\gg$+&
$\approx$&\verb+$\approx$+\\
$\vee$&\verb+$\vee$+&
$\wedge$&\verb+$\wedge$+\\
$\neg$&\verb+$\neg$+&
$\cap$&\verb+$\cap$+\\
$\cup$&\verb+$\cup$+&
$\subset$&\verb+$\subset$+\\
$\supset$&\verb+$\supset$+&
$\subseteq$&\verb+$\subseteq$+\\
$\supseteq$&\verb+$\supseteq$+&
$\in$&\verb+$\in$+\\
$\ni$&\verb+$\ni$+&
$\exists$&\verb+$\exists$+\\
\end{tabular}
\caption{Spezialzeichen}
\end{center}
\end{figure}
Es wird davon ausgegangen, da\ss\ vor allem Herzen von
```

```
Mathematikern h\öher schlagen, wenn sie die vielen
mathematischen Symbole sehen, die in \TeX\ dargestellt
werden k\önnen. Manchmal w\äre es ganz n\ützlich,
wenn die Bedeutung der normierten Zeichen einer
gr\ö\ss eren Gruppe von Schreibern und Lesern
gel\äufig w\äre, weil dann manche Kommunikation
besser geschehen k\önnte.
Insbesondere f\ür Mathematiker sei noch erw\ähnt,
da\ss\ auch das gesamte griechische Alphabet (als
mathematische Zeichen eingeschlossen in \$) geschrieben
werden kann. Als Abk\ürzung werden die \üblichen
Abk\ürzungen verwendet.
Wir nennen daf\ür beispielsweise
\begin{center}
\begin{tabular}{llll}
$\alpha$&\verb+$\alpha$+&
$\beta$&\verb+$\beta$+\\
$\gamma$&\verb+$\gamma$+&
$\delta$&\verb+$\delta$+\\
$\varepsilon$&\verb+$\varepsilon$+&
$\epsilon$&\verb+$\epsilon$+\\
$\pi$&\verb+$\pi$+&
$\phi$&\verb+$\phi$+\\
$\varphi$&\verb+$\varphi$+&
$\sigma$&\verb+$\sigma$+\\
$\Pi$&\verb+$\Pi$+&
$\Phi$&\verb+$\Phi$+\\
\end{tabular}
\begin{figure}[h]
\caption{Griechische Buchstaben}
\end{figure}
\end{center}
\addtocounter{aufg}{1}
{\parindent=3cm
\litem {{\bf Aufgabe \theaufg}} Bitte schreiben Sie
folgenden Text, wobei Sie bitte keine Umlaute verwenden
sollen, sondern die in Abb. \ref{Spezialz} angegebenen
ASCII-Verschl\üsselungen. \newline \hfill Um zu
zeigen, wie gut er die franz\ösische Sprache
beherrscht, rief er dem Kellner zu ''Allez
gar\c{c}on!'', um ihn zur Eile zu treiben. Er h\ätte
auch gar nichts anderes sagen k\önnen, weil es die
einzigen Worte waren, die er perfekt beherrschte.
\par}
```

```
\section{Schriften}
In diesem Abschnitt wird eine \Übersicht \über alle
zur Zeit in \TeX\ verf\ügbaren Schriften gegeben.
Dabei unterteilen wir wieder in Standardschriften ---
diese sind 'preloaded' (d.h. sie sind mit dem Laden
von \LaTeX\ in der beschriebenen Weise verf\ügbar) ---
und zus\ätzliche Schriften.
\subsection{Standardschriften}
\font\ssi=cmssi10
\font\sltt=cmsltt10
\font\ssbx=cmssbx10
\def\st{$\backslash$}
\vfill
\hfill
\begin{tabular}{|l|l|} \hline
\multicolumn{2}{|c|}{Computer Modern Roman --- Name:  \st
rm} \\\hline
Schrift & Vergr\ö\ss erungststufen au\ss er 0, 1, half \\
\hline
cmr5 & \\ \hline
cmr6 & \\ \hline
cmr7 & 4 \\ \hline
cmr8 & \\ \hline
cmr9 & \\ \hline
cmr10 & 2,3,4,5,6 \\ \hline
cmr12 & \\ \hline
cmr17 & \\ \hline
\multicolumn{2}{|p{4.3in}|} {
Schriftprobe in 10-pt-Schrift:}\\ \hline
\multicolumn{2}{|p{4.3in}|} {
Gallia est omnis divisa in partes tres, quarum unam incolunt
Belgae, aliam Aquitani, tertiam, qui in ipsorum lingua
Galli appellantur.} \\ \hline
\end{tabular}
\hfill
\vfill
\hfill
\begin{tabular}{|l|l|} \hline
\multicolumn{2}{|c|}{Computer Modern Bold Extended Roman
--- Name:  \st bf} \\\hline
Schrift & Vergr\ö\ss erungststufen au\ss er 0, 1, half \\
\hline
cmbx5 & \\ \hline
cmbx6 & \\ \hline
```

```
cmbx7 & 4\\ \hline
cmbx8 & \\ \hline
cmbx9 & \\ \hline
cmbx10 & 2,3,4,5,6 \\ \hline
cmbx12 & \\ \hline
\multicolumn{2}{|p{4.3in}|} {
Schriftprobe in 10-pt-Schrift:}\\ \hline
\multicolumn{2}{|p{4.3in}|} { {\bf
Gallia est omnis divisa in partes tres, quarum unam incolunt
Belgae, aliam Aquitani, tertiam, qui in ipsorum lingua
Galli appellantur.}} \\ \hline
\end{tabular}
\hfill
\vfill
\hfill
\begin{tabular}{|l|l|} \hline
\multicolumn{2}{|c|}{Computer Modern Typewriter --- Name:
\st tt} \\\hline
Schrift & Vergr\ö\ss erungststufen au\ss er 0, 1, half \\
\hline
cmtt8 & \\ \hline
cmtt9 & \\ \hline
cmtt10 & 2 \\ \hline
cmtt12 & \\ \hline
\multicolumn{2}{|p{4.3in}|} {
Schriftprobe in 10-pt-Schrift:}\\ \hline
\multicolumn{2}{|p{4.3in}|} { {\tt
Gallia est omnis divisa in partes tres, quarum
unam\hfil\newline incolunt Belgae, aliam Aquitani, tertiam,
qui in ipsorum\hfil\newline lingua Galli appellantur.}} \\
\hline
\end{tabular}
\hfill
\vfill
\hfill
\begin{tabular}{|l|l|} \hline
\multicolumn{2}{|c|}{Computer Modern Italics --- Name:
\st it} \\\hline
Schrift & Vergr\ö\ss erungststufen au\ss er 0, 1, half \\
\hline
cmit7 & \\ \hline
cmit8 & \\ \hline
cmit9 & \\ \hline
cmit10 & \\ \hline
```

```
cmit12 & \\ \hline
cmit17 & \\ \hline
\multicolumn{2}{|p{4.3in}|} {
Schriftprobe in 10-pt-Schrift:}\\ \hline
\multicolumn{2}{|p{4.3in}|} { {\it
Gallia est omnis divisa in partes tres, quarum unam incolunt
Belgae, aliam Aquitani, tertiam, qui in ipsorum lingua
Galli appellantur.}} \\ \hline
\end{tabular}
\hfill
\vfill
\hfill
\begin{tabular}{|l|l|} \hline
\multicolumn{2}{|c|}{Computer Modern Sans Serif --- Name:
\st sf} \\\hline
Schrift & Vergr\ö\ss erungststufen au\ss er 0, 1, half \\
\hline
cmss8 & \\ \hline
cmss9 & \\ \hline
cmss10 & \\ \hline
cmss12 & \\ \hline
cmss17 & \\ \hline
\multicolumn{2}{|p{4.3in}|} {
Schriftprobe in 10-pt-Schrift:}\\ \hline
\multicolumn{2}{|p{4.3in}|} { {\sf
Gallia est omnis divisa in partes tres, quarum unam incolunt
Belgae, aliam Aquitani, tertiam, qui in ipsorum lingua
Galli appellantur.}} \\ \hline
\end{tabular}
\hfill
\vfill
\hfill
\begin{tabular}{|l|l|} \hline
\multicolumn{2}{|c|}{Computer Modern Slanted --- Name:
\st sl}
\\ \hline
Schrift & Vergr\ö\ss erungststufen au\ss er 0, 1, half \\
\hline
cmsl8 & \\ \hline
cmsl9 & \\ \hline
cmsl10 & \\ \hline
cmsl12 & \\ \hline
\multicolumn{2}{|p{4.3in}|} {
Schriftprobe in 10-pt-Schrift:}\\ \hline
```

```
\multicolumn{2}{|p{4.3in}|} { {\sl
Gallia est omnis divisa in partes tres, quarum unam incolunt
Belgae, aliam Aquitani, tertiam, qui in ipsorum lingua
Galli appellantur.}} \\ \hline
\end{tabular}
\hfill
\setcounter{chapter}{3}
\setcounter{section}{6}
\markboth{Kapitel 3. Schriftformate}{3.6. Schriften}
\font\logo=logo10
\font\ssi=cmssi10
\font\sltt=cmsltt10
\font\ssbx=cmssbx10
\font\b=cmb10
\font\bxsl=cmbxsl10
\font\bxti=cmbxti10
\font\dunh=cmdunh10
\font\inch=cminch
\font\itt=cmitt10
\font\mi=cmmi10
\font\mib=cmmib10
\font\ssq=cmssq8
\font\ssqi=cmssqi8
\font\ssdc=cmssdc10
\font\u=cmu10
\font\vtt=cmvtt10
\def\ko{{\rm ,}}
\def\pu{{\rm .}}
\def\st{$\backslash$}
\def\le{{\rm\hspace*{10pt}}}
\font\sltt=cmsltt10
\font\bsl=cmbsl10
\def\st{$\backslash$}
\vfill
\hfill
\begin{tabular}{|l|l|} \hline
\multicolumn{2}{|c|}{Computer Modern Small Caps --- Name:
\st sc}
\\ \hline
Schrift & Vergr\ö\ss erungststufen au\ss er 0, 1, half \\
\hline
cmsl8 & \\ \hline
cmsl9 & \\ \hline
cmsl10 & \\ \hline
```

```
cmsl12 & \\ \hline
\multicolumn{2}{|p{4.3in}|} {
Schriftprobe in 10-pt-Schrift:}\\ \hline
\multicolumn{2}{|p{4.3in}|} { {\sc
Gallia est omnis divisa in partes tres, quarum unam incolunt
Belgae, aliam Aquitani, tertiam, qui in ipsorum lingua
Galli appellantur.}} \\ \hline
\end{tabular}
\hfill
\subsection{Zus\ätzliche Schriften}
Bei der Generierung von \LaTeX\ werden die bisher gezeigten
Schriften automatisch generiert. Hierf\ür mu\ss\ aber
entsprechen Raum im Hauptspeicher freigehalten werden. Es
werden ganze Schriftfamilien mit einem Namen versehen
(z.B. rm). F\ür diese Familien stehen die genannten
Vergr\ö\ss erungsstufen (z.B. large, smalll) zur Verf\ügung.
Im allgemeinen wird man mit den Standardschriften beim Satz
von B\üchern auskommen.
Bei den zus\ätzlichen Schriften ist hingegen stets nur eine
Schrift definierbar. Es mu\ss\ sowohl der Name wie auch die
Gr\ö\ss e angegeben werden. Der Name in \TeX\ ist frei
w\ählbar. Die Definition sollte in der Pr\äambel erfolgen.
Hierbei ist zu beachten, da\ss\ aus zwei Gr\ünden die Zahl der
verwendeten Schriften beschr\änkt bleiben sollte. Zum einen
wirkt das Dokument unruhig, wenn zu viele Schrifteen eingesetzt
werden, zum anderen ist der Platz zum Speichern der Schriften
im Hauptspeicher begrenzt. Bei zu vielen verwendeten Schriften
kommt es zum Speicher\überlauf.
\bigskip
\begin{tabular}{|l|l|} \hline
\multicolumn{2}{|c|}{Computer Modern Sans Serif Bold
Extended
} \\\hline
Schrift & Vergr\ö\ss erungststufen au\ss er 0, 1,. half \\
\hline
cmssbx10 & 2, 3, 4, 5, 6\\ \hline
\multicolumn{2}{|p{4.3in}|} {
Schriftprobe in 10-pt-Schrift:}\\ \hline
\multicolumn{2}{|p{4.3in}|} { {\ssbx
Gallia est omnis divisa in partes tres, quarum
unam\hfil\newline incolunt Belgae, aliam Aquitani, tertiam,
qui in ipsorum\hfil\newline lingua Galli appellantur.}} \\
\hline
\end{tabular}
```

```
\medskip
\begin{tabular}{|l|l|} \hline
\multicolumn{2}{|c|}{Computer Modern Sans Serif Bold }
\\\hline
Schrift & Vergr\ö\ss erungststufen au\ss er 0, 1, half \\
\hline
cmbsl10 & 2, 3, 4, 5, 6\\ \hline
\multicolumn{2}{|p{4.3in}|} {
Schriftprobe in 10-pt-Schrift:}\\ \hline
\multicolumn{2}{|p{4.3in}|} { {\bsl
Gallia est omnis divisa in partes tres, quarum
unam\hfil\newline incolunt Belgae, aliam Aquitani, tertiam,
qui in ipsorum\hfil\newline lingua Galli appellantur.}} \\
\hline
\end{tabular}
\hfill
\vfill
\hfill
\begin{tabular}{|l|l|} \hline
\multicolumn{2}{|c|}{Computer Modern Slanted Sans Serif}
\\\hline
Schrift & Vergr\ö\ss erungststufen au\ss er 0, 1, half \\
\hline
cmssi8 & \\ \hline
cmssi9 & \\ \hline
cmssi10 & \\ \hline
cmssi12 & \\ \hline
cmssi17 & \\ \hline
\multicolumn{2}{|p{4.3in}|} {
Schriftprobe in 10-pt-Schrift:}\\ \hline
\multicolumn{2}{|p{4.3in}|} { {\ssi
Gallia est omnis divisa in partes tres, quarum unam incolunt
Belgae, aliam Aquitani, tertiam, qui in ipsorum lingua
Galli appellantur.}} \\ \hline
\end{tabular}
\hfill
\vfill
\hfill
\begin{tabular}{|l|l|} \hline
\multicolumn{2}{|c|}{Computer Modern Bold} \\\hline
Schrift & Vergr\ö\ss erungststufen au\ss er 0, 1, half \\
\hline
cmb10 & \\ \hline
\multicolumn{2}{|p{4.3in}|} {
```

```
Schriftprobe in 10-pt-Schrift:}\\ \hline
\multicolumn{2}{|p{4.3in}|} { {\b
Gallia est omnis divisa in partes tres, quarum unam incolunt
Belgae, aliam Aquitani, tertiam, qui in ipsorum lingua
Galli appellantur.}} \\ \hline
\end{tabular}
\hfill
\vfill
\hfill
\begin{tabular}{|l|l|} \hline
\multicolumn{2}{|c|}{Computer Modern Bold Extended Slanted}
\\\hline
Schrift & Vergr\ö\ss erungststufen au\ss er 0, 1, half \\
\hline
cmbxsl10 & \\ \hline
\multicolumn{2}{|p{4.3in}|} {
Schriftprobe in 10-pt-Schrift:}\\ \hline
\multicolumn{2}{|p{4.3in}|} { {\bxsl
Gallia est omnis divisa in partes tres, quarum unam incolunt
Belgae, aliam Aquitani, tertiam, qui in ipsorum lingua
Galli appellantur.}} \\ \hline
\end{tabular}
\hfill
\vfill
\hfill
\begin{tabular}{|l|l|} \hline
\multicolumn{2}{|c|}{Computer Modern Bold Extended Text
Italic} \\\hline
Schrift & Vergr\ö\ss erungststufen au\ss er 0, 1, half \\
\hline
cmbsy10 & \\ \hline
\multicolumn{2}{|p{4.3in}|} {
Schriftprobe in 10-pt-Schrift:}\\ \hline
\multicolumn{2}{|p{4.3in}|} { {\bxti
Gallia est omnis divisa in partes tres, quarum unam incolunt
Belgae, aliam Aquitani, tertiam, qui in ipsorum lingua
Galli appellantur.}} \\ \hline
\end{tabular}
\hfill
\vfill
\hfill
\begin{tabular}{|l|l|} \hline
\multicolumn{2}{|c|}{Computer Modern Dunhill Roman} \\\hline
Schrift & Vergr\ö\ss erungststufen au\ss er 0, 1, half \\
```

```
\hline
cmdunh10 & \\ \hline
\multicolumn{2}{|p{4.3in}|} {
Schriftprobe in 10-pt-Schrift:}\\ \hline
\multicolumn{2}{|p{4.3in}|} { {\dunh
Gallia est omnis divisa in partes tres, quarum unam incolunt
Belgae, aliam Aquitani, tertiam, qui in ipsorum lingua
Galli appellantur.}} \\ \hline
\end{tabular}
\hfill
\vfill
\hfill
\begin{tabular}{|l|l|} \hline
\multicolumn{2}{|c|}{Computer Modern Inch} \\\hline
Schrift & Vergr\ö\ss erungsstufen au\ss er 0, 1, half \\
\hline
cminch & \\ \hline
\multicolumn{2}{|p{4.3in}|} {
Schriftprobe in 1-inch-Schrift:}\\ \hline
\multicolumn{2}{|p{4.3in}|} { {\inch
GALLI
}} \\ \hline
\end{tabular}
\hfill
\vfill
\hfill
\begin{tabular}{|l|l|} \hline
\multicolumn{2}{|c|}{Computer Modern Typewriter Italic}
\\\hline
Schrift & Vergr\ö\ss erungsstufen au\ss er 0, 1, half \\
\hline
cmitt10 & \\ \hline
\multicolumn{2}{|p{4.3in}|} {
Schriftprobe in 10-pt-Schrift:}\\ \hline
\multicolumn{2}{|p{4.3in}|} { {\itt
Gallia est omnis divisa in partes tres, quarum unam
\hfill\newline incolunt Belgae, aliam Aquitani, tertiam, qui
in ipsorum\hfill\newline lingua Galli appellantur.}} \\
\hline
\end{tabular}
\hfill
\vfill
\hfill
\begin{tabular}{|l|l|} \hline
```

```
\multicolumn{2}{|c|}{Computer Modern Mathematics Italic}
\\\hline
Schrift & Vergr\ö\ss erungststufen au\ss er 0, 1, half \\
\hline
cmmmi5 & \\ \hline
cmmmi6 & \\ \hline
cmmmi7 & \\ \hline
cmmmi8 & \\ \hline
cmmmi9 & \\ \hline
cmmmi10 & \\ \hline
cmmmi12 & \\ \hline
\multicolumn{2}{|p{4.3in}|} {
Schriftprobe in 10-pt-Schrift:}\\ \hline
\multicolumn{2}{|p{4.3in}|} { {\mi
Gallia\le est\le omnis\le divisa\le in\le partes\le
tres\ko\le quarum\le unam\hfill\newline incolunt\le
Belgae\ko\le aliam\le Aquitani\ko\le tertiam\ko\le qui\le
in\le ipsorum\hfill\newline lingua\le Galli\le
appellantur\pu}} \\ \hline
\end{tabular}
\hfill
\vfill
\hfill
\begin{tabular}{|l|l|} \hline
\multicolumn{2}{|c|}{Computer Modern Bold Mathematics
Italic} \\\hline
Schrift & Vergr\ö\ss erungststufen au\ss er 0, 1, half \\
\hline
cmmmib10 & \\ \hline
\multicolumn{2}{|p{4.3in}|} {
Schriftprobe in 10-pt-Schrift:}\\ \hline
\multicolumn{2}{|p{4.3in}|} { {\mib
Gallia\le est\le omnis\le divisa\le in\le partes\le
tres\ko\le quarum\le\hfill\newline unam incolunt\le
Belgae\ko\le aliam\le Aquitani\ko\le
tertiam\ko\le\hfill\newline qui\le in\le ipsorum lingua\le
Galli\le appellantur\pu}} \\ \hline
\end{tabular}
\hfill
\vfill
\hfill
\begin{tabular}{|l|l|} \hline
\multicolumn{2}{|c|}{Computer Modern Sans Serif Quotation}
\\\hline Schrift & Vergr\ö\ss erungststufen au\ss er 0, 1,
```

```
half \\ \hline
cmssq8 & \\ \hline
\multicolumn{2}{|p{4.3in}|} {
Schriftprobe in 8-pt-Schrift:}\\ \hline
\multicolumn{2}{|p{4.3in}|} { {\ssq
Gallia est omnis divisa in partes tres, quarum unam
 incolunt Belgae, aliam Aquitani, tertiam, qui
in ipsorum lingua Galli appellantur.}} \\
\hline
\end{tabular}
\hfill
\vfill
\hfill
\begin{tabular}{|l|l|} \hline
\multicolumn{2}{|c|}{Computer Modern Sans Serif Quotation
Italic} \\\hline Schrift & Vergr\ö\ss erungststufen
au\ss er 0, 1, half \\ \hline
cmssqi8 & \\ \hline
\multicolumn{2}{|p{4.3in}|} {
Schriftprobe in 8-pt-Schrift:}\\ \hline
\multicolumn{2}{|p{4.3in}|} { {\ssqi
Gallia est omnis divisa in partes tres, quarum unam
 incolunt Belgae, aliam Aquitani, tertiam, qui
in ipsorum lingua Galli appellantur.}} \\
\hline
\end{tabular}
\hfill
\vfill
\hfill
\begin{tabular}{|l|l|} \hline
\multicolumn{2}{|c|}{Computer Modern Sans Serif Demi Bold}
\\\hline
Schrift & Vergr\ö\ss erungststufen au\ss er 0, 1, half \\
\hline
cmssdc10 & \\ \hline
\multicolumn{2}{|p{4.3in}|} {
Schriftprobe in 10-pt-Schrift:}\\ \hline
\multicolumn{2}{|p{4.3in}|} { {\ssdc
Gallia est omnis divisa in partes tres, quarum unam
 incolunt Belgae, aliam Aquitani, tertiam, qui
in ipsorum lingua Galli appellantur.}} \\
\hline
\end{tabular}
\hfill
```

```
\vfill
\hfill
\begin{tabular}{|l|l|} \hline
\multicolumn{2}{|c|}{Computer Modern Unslanted Text
Italic}\\\hline
Schrift & Vergr\ö\ss erungststufen au\ss er 0, 1, half \\
\hline
cmu10 & \\ \hline
\multicolumn{2}{|p{4.3in}|} {
Schriftprobe in 10-pt-Schrift:}\\ \hline
\multicolumn{2}{|p{4.3in}|} { {\u
Gallia est omnis divisa in partes tres, quarum unam
 incolunt Belgae, aliam Aquitani, tertiam, qui
in ipsorum lingua Galli appellantur.}} \\
\hline
\end{tabular}
\hfill
\vfill
\hfill
\begin{tabular}{|l|l|} \hline
\multicolumn{2}{|c|}{Computer Modern Typewriter Variable
Type}\\\hline
Schrift & Vergr\ö\ss erungststufen au\ss er 0, 1, half \\
\hline
cmvtt10 & \\ \hline
\multicolumn{2}{|p{4.3in}|} {
Schriftprobe in 10-pt-Schrift:}\\ \hline
\multicolumn{2}{|p{4.3in}|} { {\vtt
Gallia est omnis divisa in partes tres, quarum unam
 incolunt Belgae, aliam Aquitani, tertiam, qui
in ipsorum lingua Galli appellantur.}} \\
\hline
\end{tabular}
\hfill
\vfil
\varpar=3cm
\addtocounter{aufg}{1}
\begin{varlist}
\item[Aufgabe \theaufg] Welche Commands müssen geschrieben
werden, wenn man 'Computer Modern Sans Serif
Demi Bold' verwenden möchte? Welches ist dann die
grö\ss te Schriftgrö\ss e?
\end{varlist}
```

Kapitel 4

Einfache Strukturen

```
\chapter{Einfache Strukturen}
Strukturierung eines Textes bedeutet
definitionsgem\ä\ss\ die sachgem\ä\ss e Anordnung
eines Textes, so da\ss\ der Sinnzusammenhang dadurch
besonders gut wiedergegeben wird.  Bitte beachten Sie,
da\ss\ es bei einem Text immer darauf ankommt, da\ss\
er gut gelesen werden kann, da\ss\ also eine optimale
Kommunikation zwischen Schreiber und Leser zustande
kommt.
In Texten kommt es h\äufig vor, da\ss\ bestimmte
Erl\äuterungen erfolgen m\üs\-sen, die den Text
zus\ätzlich erkl\ären.  Diese sollen vom \übrigen
Text abgehoben werden.  Man erreicht das dadurch,
da\ss\ man z.B.  den erl\äuternden Text einr\ückt.
Unter Einr\ückungen oder Absatz-Einzug wollen wir
dabei den Sachverhalt verstehen, da\ss\ Zeilen nicht am
linken Textrand, sondern um ein kleines St\ück nach
rechts verschoben beginnen.
Manchmal bestehen diese Erl\äuterungen aus verschiedenen
Textteilen, bei denen ein Begriff hervorgehoben werden
soll.  Diesen Begriff stellt man dann an den Anfang des
Textteils.
In anderen F\ällen ist es wichtig, die einzelnen
Erl\äuterungen zu numerieren, um etwa die Priorit\ät
der einzelnen Punkte besonders zu betonen.
Es kann manchmal vorkommen, da\ss\ man Erl\äuterungen
geben m\öchte, die zweigeteilt sind.  Zum einen sollen
nur die Elemente (wie in einer Liste) aufgez\ählt und
dabei vielleicht betont werden.  Zum anderen sollen die
einzelnen Elemente noch erl\äutert werden.
F\ür alle genannten Strukturen hat \TeX\
```

```
grunds\ätzliche Elemente \index{environment} f\ür den
Satz von Texten vorbereitet.  Sie hei\ss en {\bf
environment}, was soviel wie Umgebung hei\ss t, und im
Sinne der Textbearbeitung vielleicht mit Erl\äuterung
\übersetzt werden k\önnte.
In der Steuersprache werden die environments durch
die in Abb. \ref{struktur} dargestellte Grundstruktur
geschrieben.
Folgende Strukturen sind vorgesehen.
\label{enumer}
\begin{enumerate}
\item quote f\ür Einr\ückungen   \index{quote}
\item quotation f\ür Einr\ückungen mit mehreren
Abs\ätzen \index{quotation}
\item description f\ür Einr\ückungen mit
hervorgehobenen Elementen
\index{description}
\item itemize f\ür markierte Einr\ückungen
\index{itemize}
\item enumerate f\ür numerierte Einr\ückungen
\index{enumerate}
\item varlist für variable Listen (2-spaltig)
\item graubox für grau unterlegte Texte
\item verbatim für unübersetzte Texte
\index{variable Listen}
\end{enumerate}
Dies ist gleichzeitig auch die Gliederung f\ür das
vorliegende Kapitel.  Die einzelnen Strukturen werden
im folgenden getrennt vorgestellt.
\begin{figure}[ht]
\begin{center}
\begin{verbatim}
\begin{name-env}
               Text in normaler ASCII-Form
               mit beliebig vielen Zeilen
\end{name-env}
\end{verbatim}
\end{center}
\caption{\label{struktur}environment}
\end{figure}
Der name-env identifiziert die Art der Erl\äuterung.
\section{'environment quote'}
Diese Struktur wird verwandt, um Strukturen im Text
einzur\ücken.  Der name-env ist quote.  \index{quote}
```

```
Im folgenden wird ein Beispiel f\ür die Anwendung
gegeben.
\medskip
{\em Sie schreiben:}
\begin{verbatim}
Im folgenden wird eine Beschreibung der
Informationseinheiten und ihre Bearbeitung in der
Maschinensprache gegeben.
\begin{quote}
Informationseinheiten sind Bit, Byte, Wort und
Halbwort, Doppelwort.  Mehrere aufeinanderfolgende
Bytes werden als Feld verarbeitet.
\end{quote}
Die Instruktionen, welche Bits, Bytes, Felder und Worte
verarbeiten, sind sehr unterschiedlich. .......
\end{verbatim}
{\em und erhalten hieraus nach der \Übersetzung:}
\medskip
Im folgenden wird eine Beschreibung der
Informationseinheiten und ihre Bearbeitung in der
Maschinensprache gegeben.
\begin{quote}
Informationseinheiten sind Bit, Byte, Wort und
Halbwort, Doppelwort.  Mehrerere aufeinanderfolgende
Bytes werden als Feld verarbeitet.
\end{quote}
Die Instruktionen, welche Bits, Bytes, Felder und Worte
verarbeiten, sind sehr unterschiedlich. .......
\begin{graubox}{8}{0.8\hsize}
Schreibt man zwei environments, also:
\begin{verbatim}
\begin{quote}
TEXT1
\begin{quote}
TEXT2
\end{quote)
\end{quote}
\end{verbatim}
so wird TEXT1 einmal, TEXT2 zweimal einger\ückt.
{\bf Allgemein kann gesagt werden: Die Environments
--- auch unterschiedliche --- k\önnen beliebig
'geschachtelt' werden.}
\end{graubox}
\section{'environment quotation'}
```

```
\index{quotation}
Diese Struktur wird verwandt, um Strukturen im Text
einzur\ücken.  Der Text darf hierbei aus mehreren
Abs\ätzen bestehen.  Der name-env ist quotation.
Im folgenden wird ein Beispiel f\ür die Anwendung
gegeben.
\medskip
{\em Sie schreiben:}
\begin{verbatim}
Im folgenden wird eine Beschreibung der
Informationseinheiten und ihre Bearbeitung in der
Maschinensprache gegeben.
\begin{quotation}
Informationseinheiten sind Bit, Byte, Wort und
Halbwort, Doppelwort.  Mehrerere aufeinanderfolgende
Bytes werden als Feld verarbeitet.
Adressierbare Informationseinheiten sind Byte, Wort,
Feld und Halbwort, Doppelwort.
\end{quotation}
Die Instruktionen, welche Bits, Bytes, Felder und Worte
verarbeiten, sind sehr unterschiedlich. .......
\end{verbatim}
{\em und erhalten hieraus nach der \Übersetzung:}
\medskip
Im folgenden wird eine Beschreibung der
Informationseinheiten und ihre Bearbeitung in der
Maschinensprache gegeben.
\begin{quotation}
Informationseinheiten sind Bit, Byte, Wort und
Halbwort, Doppelwort.  Mehrerere aufeinanderfolgende
Bytes werden als Feld verarbeitet.
Adressierbare Informationseinheiten sind Byte, Wort, Feld
und Halbwort, Doppelwort.
\end{quotation}
Die Instruktionen, welche Bits, Bytes, Felder und Worte
verarbeiten, sind sehr unterschiedlich. .......
\section{'environment itemize'}
\index{itemize}
Diese Struktur wird verwandt, um Strukturen im Text
einzur\ücken und jeweils den Absatzanfang zu markieren.
Der name-env ist itemize.
Der Text darf aus mehreren Abs\ätzen bestehen.  Die
einzelnen Abs\ätze werden folgenderma\ss en
geschrieben.
```

```
\begin{verbatim}
\item[markierung] text
\end{verbatim}
F\ür markierung kann jedes beliebige Zeichen oder eine
Zeichenfolge verwendet werden.  Hiermit beginnt der
jeweilige Absatz.  Wird der Parameter markierung
weggelassen, dann wird als Markierung $\bullet$
(\verb+$\bullet$+) verwendet.
\medskip %erzwungener Absatz
Im folgenden wird ein Beispiel f\ür die Anwendung
gegeben.
\medskip
{\em Sie schreiben:}
\begin{verbatim}
Im folgenden wird eine Beschreibung der
Informationseinheiten und ihre Bearbeitung in der
Maschinensprache gegeben.
\begin{itemize}
\item [$\star$] Informationseinheiten sind Bit, Byte,
Wort und Halbwort und Doppelwort.  Mehrerere
aufeinanderfolgende Bytes werden als Feld verarbeitet.
\newpage %erzwungener Seitenumbruch 29.03.90
\item [$\star$] Adressierbare Informationseinheiten
sind Byte, Wort,Feld und Halbwort, Doppelwort.
\end{itemize}
Die Instruktionen, welche Bits, Bytes, Felder und Worte
verarbeiten, sind sehr unterschiedlich. .......
\end{verbatim}
{\em und erhalten hieraus nach der \Übersetzung:}
\medskip
Im folgenden wird eine Beschreibung der
Informationseinheiten und ihre Bearbeitung in der
Maschinensprache gegeben.
\begin{itemize}
\item [$\star$] Informationseinheiten sind Bit, Byte,
Wort und Halbwort und Doppelwort.  Mehrerere
aufeinanderfolgende Bytes werden als Feld verarbeitet.
\item [$\star$] Adressierbare Informationseinheiten
sind Byte, Wort, Feld und Halbwort, Doppelwort.
\end{itemize}
Die Instruktionen, welche Bits, Bytes, Felder und Worte
verarbeiten, sind sehr unterschiedlich. .......
\section{'environment description'}
\index{description}
```

```
Diese Struktur wird verwandt, um Strukturen im Text
einzur\ücken und jeweils am Absatzanfang in Fettdruck
den Absatztitel anzugeben.
Der name-env ist description.
Der Text darf aus mehreren Abs\ätzen bestehen.
Die einzelnen Abs\ätze werden folgenderma\ss en
geschrieben.
\begin{verbatim}
\item[absatztitel] text
\end{verbatim}
Als absatztitel kann jedes beliebige Zeichen oder eine
Zeichenfolge verwendet werden.  Hiermit beginnt der
jeweilige Absatz.  Der Parameter ist erforderlich.
Im folgenden wird ein Beispiel f\ür die Anwendung
gegeben.
\medskip
{\em Sie schreiben:}
\begin{verbatim}
Im folgenden wird eine Beschreibung der
Informationseinheiten und ihre Bearbeitung in der
Maschinensprache gegeben.
\newpage %erzwungener Seitenumbruch 29.03.90
\begin{description}
\item [Bit] Das Bit ist die kleinste
Informationseinheit.  Alle anderen
Informationseinheiten bauen auf dem Bit auf.
\item [Byte] Das Byte ist in Byte-Maschinen die
kleinste adressierbare Informationseinheit.  Das Byte
besteht aus 8 Datenbits und einem Parity-Bit zu
Kontrollzwecken.
\item [Wort] Das Wort ist in Wortmaschinen die kleinste
adressierbare Informationseinheit. Das Wort hat 16 oder
32 bit.
\item [Feld] Das Feld ist eine Byte-Folge.  Seine
Adresse ist die Adresse des linken Bytes.  Die Anzahl
von Bytes ist meist auf 256 begrenzt.
\end{description}
Die Instruktionen, welche Bits, Bytes, Felder und Worte
verarbeiten, sind sehr unterschiedlich. .......
\end{verbatim}
{\em und erhalten hieraus nach der \Übersetzung:}
\medskip
Im folgenden wird eine Beschreibung der
Informationseinheiten und ihre Bearbeitung in der
```

```
Maschinensprache gegeben.
\begin{description}
\item [Bit] Das Bit ist die kleinste
Informationseinheit.  Alle anderen
Informationseinheiten bauen auf dem Bit auf.
\item [Byte] Das Byte ist in Byte-Maschinen die
kleinste adressierbare Informationseinheit.  Das Byte
besteht aus 8 Datenbits und einem Parity-Bit zu
Kontrollzwecken.
\item [Wort] Das Wort ist in Wortmaschinen die kleinste
adressierbare Informationseinheit. Das Wort hat 16 oder
32 bit.
\item [Feld] Das Feld ist eine Byte-Folge.  Seine
Adresse ist die Adresse des linken Bytes.  Die Anzahl
von Bytes ist meist auf 256 begrenzt.
\end{description}
Die Instruktionen, welche Bits, Bytes, Felder und Worte
verarbeiten, sind sehr unterschiedlich. .......
\begin{graubox}{8}{0.8\hsize}
Die description ist eine sehr spezielle Form der Listen mit
Absatztitel, bei der auf gute Ausnutzung des Platzes
geachtet wird.  Zeilen sind jeweils um einen bestimmten
Betrag einger\"uckt.  Die Einr\"uckung der ersten Zeile
richtet sich nach der L\"ange des Absatztitels.  Die erste
Zeile beginnt ca.  1 em (Breite eines `m') nach dem Ende des
Absatztitels.
\end{graubox}
\section{`environment enumerate'}
\index{enumerate}
Diese Struktur wird verwandt, um Strukturen im Text
einzur\"ucken und jeweils die einzelnen Abs\"atze
fortlaufend zu numerieren.  Der name-env ist enumerate.
Parameter werden nicht verwendet.  Der Text darf aus
mehreren Abs\"atzen bestehen.  Die einzelnen Abs\"atze
werden folgenderma\ss en geschrieben.
\begin{verbatim}
\item text
\end{verbatim}
Im folgenden wird ein Beispiel f\"ur die Anwendung
gegeben.
\medskip
{\em Sie schreiben:}
\begin{verbatim}
Projekte werden in Phasen eingeteilt. In dem normalen
```

```
Phasenmodell unterscheidet man folgende Phasen.
\begin{enumerate}
\item Vorstudie
\item Istaufnahme und Informationsbedarfsbestimmung
\item Grobkonzept
\item Detailkonzept
\item Systemimplementierung
\item System-Test
\end{enumerate}
Nach Ende des Grobkonzepts wird ......
\end{verbatim}
{\em und erhalten hieraus nach der \Übersetzung:}
\medskip
Projekte werden in Phasen eingeteilt. In dem normalen
Phasenmodell unterscheidet man folgende Phasen.
\begin{enumerate}
\item Vorstudie
\item Istaufnahme und Informationsbedarfsbestimmung
\item Grobkonzept
\item Detailkonzept
\item Systemimplementierung
\item System-Test
\end{enumerate}
Nach Ende des Grobkonzepts wird ......
\medskip
Jedes item kann unterteilt werden. Hierzu verwendet man
ein weiteres enumerate environment. In der n\ächsten
Stufe werden dann die items z.B. durch  2.1, 2.2, usw.
numeriert, wenn der Hauptabsatz die Numerierung 2 besa\ss .
Schreibt man zum Beispiel:
\begin{verbatim}
\begin{enumerate}
  \item Hauptteil
     \begin{enumerate}
        \item Unterteil
        \item Unterteil
     \end{enumerate}
  \item Hauptteil
      \begin{enumerate}
        \item Unterteil
           \begin{enumerate}
              \item Unterunterteil
              \item Unterunterteil
              \item Unterunterteil
```

```
          \end{enumerate}
        \item Unterteil
        \item Unterteil
      \end{enumerate}
   \item Hauptteil
\end{enumerate}
\end{verbatim}
So erh\ält man
\medskip
\begin{enumerate}
  \item Hauptteil
\newpage %erzwungener Seitenumbruch 29.03.90
     \begin{enumerate}
        \item Unterteil
        \item Unterteil
     \end{enumerate}
  \item Hauptteil
      \begin{enumerate}
        \item Unterteil
           \begin{enumerate}
              \item Unterunterteil
              \item Unterunterteil
              \item Unterunterteil
           \end{enumerate}
        \item Unterteil
        \item Unterteil
      \end{enumerate}
   \item Hauptteil
\end{enumerate}
Die gestufte Schreibweise ist selbstverst\ändlich nicht
notwendig.  Sie wurde nur eingesetzt, um die
\Übersicht\-lich\-keit zu erh\öhen.
\section{'environment varlist'$\ast$}
\index{varlist}
\begin{graubox}{8}{0.8\hsize}
Diese Struktur ist, wie alle Makros, die mit einem
$\ast$ gekennzeichnet sind, in einem Makropaket
'infmakro.tex' enthalten, das von der Informatika GmbH
Hamburg als Zusatz angeboten wird.  Das Makropaket ist in
Text-Code (ASCII) und damit in jedem System verwendbar.
Hierf\ür mu\ss\ in der Pr\äambel
\begin{verbatim}
\input{infmakro}
\end{verbatim}
```

```
geschrieben werden.
\end{graubox}
\bigskip
Diese Struktur wird\fussnote{Makro aus infmakro.tex}
verwandt, wenn die jeweiligen Absatztitel in der ersten
Spalte und die zugeh\"origen Abs\"atze in der zweiten Spalte
stehen sollen. Diese Struktur ist immer dann sehr
\"ubersichtlich, wenn einerseits die Absatztitel in ihrer
Gesamtheit eine Information darstellen, wenn aber
gleichzeitig, gewisserma\ss en als Definition, die
Erl\"auterungen f\"ur die einzelnen Absatztitel eine zu
anderem Zweck ben\"otigte Information darstellen. Der
name-env ist varlist. Der Text darf aus mehreren Abs\"atzen
bestehen.
Es handelt sich um eine variable Liste. Die
Spaltenbreite der ersten Spalte (Absatztitel) kann vom
Anwender festgelegt werden. Die zweite Spalte (die
Texte) erhält dann den restlichen Platz auf der
Seite.
Vor dem Aufruf des environments sind noch eine Reihe
von Vorkehrungen zu treffen.
\begin{enumerate}
\item In der Pr\"aambel ist eine L\"angenvariable zu
definieren. Dies geschieht durch
\begin{center}
\verb+\newlength{\varpar}+.
\end{center}
\item Vor dem Command \verb+\begin{varlist}+ ist diese
Variable auf die vorgesehene Spaltenbreite zu setzen.
Dies geschieht durch
\begin{center}
\verb+\setlength{\varpar}{laenge}+.
\end{center}
Hierbei kann die L\"ange in
\begin{itemize}
\item pt (Punkt)
\item in (inch)
\item cm (Zentimeter)
\end{itemize}
angegeben werden.
\end{enumerate}
Insgesamt ergibt sich also f\"ur das environment
varlist die folgende schematische Schreibweise.
\begin{verbatim}
```

```
........... vor \begin{document} ............
\newlength{\varpar}
............bei jeder variablen Liste .........
\setlength{\varpar}{xxpt}
        oder
\setlength{\varpar}{xxin}
        oder
\setlength{\varpar}{xxcm}
\begin{varlist}
\item[titel1]  text1
\item[titel2]  text2
........
\end{varlist}
\end{verbatim}
An einem Beispiel soll der Sachverhalt noch einmal
erl\äutert werden.
\medskip
{\em Sie schreiben:}
\medskip
\begin{verbatim}
Im folgenden wird eine Beschreibung der
Informationseinheiten und ihre Bearbeitung in der
Maschinensprache gegeben.
\setlength{\varpar}{2cm}
\begin{varlist}
\item [Bit] Das Bit ist die kleinste
Informationseinheit.  Alle anderen
Informationseinheiten bauen auf dem Bit auf.  \item
[Byte] Das Byte ist in Byte-Maschinen die kleinste
adressierbare Informationseinheit.
Das Byte besteht aus 8 Datenbits und einem Parity-Bit
zu Kontrollzwecken.
\item [Wort] Das Wort ist in Wortmaschinen die kleinste
adressierbare Informationseinheit. Das Wort hat 16 oder
32 bit.
\item [Feld] Das Feld ist eine Byte-Folge.  Seine
Adresse ist die Adresse des linken Bytes.  Die Anzahl
von Bytes ist meist auf 256 begrenzt.
\end{varlist}
Die Instruktionen, welche Bits, Bytes, Felder und Worte
verarbeiten, sind sehr unterschiedlich. .......
\end{verbatim}
{\em und erhalten hieraus nach der \Übersetzung:}
\medskip
```

```
Im folgenden wird eine Beschreibung der
Informationseinheiten und ihre Bearbeitung in der
Maschinensprache gegeben.
\setlength{\varpar}{2cm}
\begin{varlist}
\item [Bit] Das Bit ist die kleinste
Informationseinheit.  Alle anderen
Informationseinheiten bauen auf dem Bit auf.  \item
[Byte] Das Byte ist in Byte-Maschinen die kleinste
adressierbare Informationseinheit.
Das Byte besteht aus 8 Datenbits und einem Parity-Bit
zu Kontrollzwecken.
\item [Wort] Das Wort ist in Wortmaschinen die kleinste
adressierbare Informationseinheit. Das Wort hat 16 oder
32 bit.
\item [Feld] Das Feld ist eine Byte-Folge.  Seine
Adresse ist die Adresse des linken Bytes.  Die Anzahl
von Bytes ist meist auf 256 begrenzt.
\end{varlist}
Die Instruktionen, welche Bits, Bytes, Felder und Worte
verarbeiten, sind sehr unterschiedlich. .......
\addtocounter{aufg}{1}
\vspace{0.5cm}
{\parindent=3cm
\litem {{\bf Aufgabe \theaufg}} Bitte schreiben Sie
folgende Texte.
\par}
Eine Ausbildung zum Informatiker mu\ss\ aus folgenden
Hauptgebieten bestehen:
\begin{itemize}
\item [$\cdot$] Datenverarbeitung
\item [$\cdot$] Programmierung
\item [$\cdot$] DV-Organisation
\item [$\cdot$] Betriebswirtschaft
\item [$\cdot$] Mathematik
\end{itemize}
Bitte beantworten Sie auch noch folgende Zusatzfragen:
\begin{enumerate}
\item Wie w\ürde das Textst\ück aussehen, wenn die
Teile fortlaufend zu numerieren w\ären?
\item Wie k\önnte man erreichen, da\ss\ vor den
einzelnen Abschnitten als Markierung ein $\bullet$ ist?
\end{enumerate}
\addtocounter{aufg}{1}
```

```
{\parindent=3cm
\litem {{\bf Aufgabe \theaufg}} Bitte geben Sie an,
welche Vorkehrungen Sie treffen m\üs\-sen, wenn eine
variable Liste geschrieben werden soll, deren erste
Spalte 2.54 cm breit
ist.
\par}
\addtocounter{aufg}{1}
{\parindent=3cm
\litem {{\bf Aufgabe \theaufg}} Bitte schreiben Sie den
Text auf Seite \pageref{enumer} von ''Folgende
Strukturen'' ..... bis .... ''im folgenden getrennt
vorgestellt.'' \par}
\addtocounter{aufg}{1}
{\parindent=3cm
\litem {{\bf Aufgabe \theaufg}} Es ist auch m\öglich,
die environments beliebig zu verschachteln. Hierbei
sind dann die \verb+\begin{name-env} ...
\end{name-env}+ wie ge\öffnete bzw. geschlossene
Klammer zu betrachten. Es sind also z.B. folgende
Strukturen denkbar.
\begin{verbatim}
          \begin{name-env1}
               \item text1
               \begin{name-env11}
                    \item  text11
                    \item  text12
               \end{name-env11}
               \item text2
               \item text3
          \end{name-env1}
\end{verbatim}
Bitte schreiben Sie nun den folgenden Text.
\par}
\medskip
Ein DV-Projekt wird in mehreren Phasen abgewickelt.
Dabei sind eine Reihe von Untersuchungen in den
einzelnen Phasen durchzuf\ühren.
\begin{enumerate}
\item Vorstudie
\begin{itemize}
\item Projektziel
\item Durchf\ührbarkeit
\item Wirtschaftlichkeit
```

```
\end{itemize}
\item Istaufnahme und Informationsbedarfsbestimmung
\begin{itemize}
\item Istaufnahme
\item Schwachstellenanalyse
\item Informationsbedarf
\end{itemize}
\end{enumerate}
...........
\section{'environment graubox'$\ast$}
\index{graue Box} \index{graubox}
Diese Struktur\fussnote{Makro aus infmakro.tex} wird
verwandt, um besondere Hervorhebungen im Text zu
erreichen. Es wird eine umrahmte Box mit Text zentriert
erzeugt. Die Breite der Box und die Graustufe (0 -- 100)
k\önnen vom Anwender als Parameter gew\ählt werden.
Hierbei ist die Graustufe 0 = wei\ss\ (keine Unterlegung),
die Graustufe 100 ist schwarz. Dies kann nicht gew\ählt
werden, weil sonst die darunterliegende Schrift nicht
mehr zu sehen ist. In diesem Buch ist als Graustufe
8 gew\ählt.
Dieses environment hat zwei Parameter.
\varpar=3cm
\begin{varlist}
\item[Graustufe] Werte: 0(wei\ss ) -- 100(schwarz) gibt
die Schw\ärze der unterlegten Farbe an.
\item[Breite der Box] Werte: xxin (Es sind aber auch
Angaben wie 0.8\verb+\+textwidth m\öglich. Damit w\ürden
80 \% der Textbreite f\ür die Breite der Box genutzt.
\end{varlist}
Die Struktur hat also folgende Gestalt:
\begin{verbatim}
\begin{graubox}{Graustufe}{Breite der Box}
.....  Text, der in der Box stehen soll ....
\end{graubox}
\end{verbatim}
{\em Wenn Sie schreiben:}
\medskip
\begin{verbatim}
\begin{graubox}{8}{0.85\textwidth}
Die Bundesrepublik Deutschland ist eine
parlamentarische Demokratie. Der Bundeskanzler
bestimmt die Richtlinien der Politik.
\end{graubox}
```

```
\end{verbatim}
\medskip
{\em dann erh\ält man hieraus nach der \Übersetzung:}
\medskip
\begin{graubox}{8}{0.85\textwidth}
Die Bundesrepublik Deutschland ist eine
parlamentarische Demokratie. Der Bundeskanzler
bestimmt die Richtlinien der Politik.
\end{graubox}
\medskip
\section{‘environment verbatim’$\ast$}
\index{verbatim} \index{verb}
Gelegentlich kommt es vor, da\ss\ man einmal beschreiben
m\öchte, wie die einzelnen Commands zu schreiben sind.
Man will also erreichen, da\ss\ bestimmte St\ücke des
Textes nicht ‘\übersetzt’ werden. Wie in diesem Buch
zu sehen ist, handelt es sich hierbei um ein sehr
n\ützliches Hilfsmittel.
Das environment verbatim setzt also den
\Übersetzungsvorgang aus. Die innerhalb stehenden Texte
werden in \verb+\+tt (Typewriter) unge\ändert gesetzt.
Die Struktur hat die folgende Gestalt:
\verb+\begin{verbatim}+
\begin{verbatim}
...... Texte, die nicht ver\ändert werden sollen .....
\end{verbatim}
\verb+\end{verbatim}+
\medskip
{\em Wenn Sie schreiben:}
\medskip
\verb+\begin{verbatim}+
{\tt
Das sind die Befehle, die stehen bleiben
und lediglich in Typewriter gesetzt werden.
Es findet kein Umbruch statt.
}
\verb+\end{verbatim}+
\medskip
{\em dann erh\ält man hieraus nach der ‘\Übersetzung’:}
\medskip
\begin{verbatim}
Das sind die Befehle, die stehen bleiben
und lediglich in Typewriter gesetzt werden.
Es findet kein Umbruch statt.
```

```
\end{verbatim}
\varpar=3cm  \index{verb}
\begin{varlist}
\item[Hinweis:] Soll im Text erreicht werden, da\ss\
einzelne Zeichen oder Zeichenketten un\übersetzt bleiben,
dann kann man
\begin{verbatim}
\verb+Zeichenkette ..... Zeichenkette+
\end{verbatim}
Es wird damit die Wirkung erzielt, da\ss\ alle zwischen
+ und + stehenden Zeichen un\übersetzt (d.h. in \verb+\+tt)
bleiben.
Dieses Verfahren kann man anwenden, wenn man z.B. einen
Command schreiben m\öchte, ohne die Wirkung des Commands
im Text zu erzielen, dann kann man
\begin{verbatim}
\verb+\+Command
\end{verbatim}
schreiben. Es wird dadurch \verb+\+Command erzeugt.
Anstelle des '+' kann auch ein anderes Zeichen verwendet
werden, welches in der Zeichenkette nicht vorkommt.
\end{varlist}
\section{Weitere Hilfsmittel}
Im System gibt es eine Reihe weiterer Hilfsmittel, die
manchmal eingesetzt werden k\önnen, um eine Struktur
zu verbessern. In der folgenden \Über\-sicht werden
einzelne Commands mit der jeweiligen Wirkung dargestellt.
\setlength{\varpar}{1in}
\begin{varlist}
\item[$\backslash$newline] Wird der Command
geschrieben, so \index{newline} wird an dieser Stelle
ein Zeilenumbruch erzeugt.  Es beginnt eine neue Zeile.
\item[$\backslash\backslash$] Wird der Command
geschrieben, so wird an dieser Stelle ein Zeilenumbruch
erzeugt.  Es beginnt eine neue Zeile.
\item[$\backslash$newpage] Wird der Command
geschrieben, so \index{newpage} wird an dieser Stelle
ein Seitenumbruch erzeugt.  Es beginnt eine neue Seite.
Bit\-te beachten Sie, da\ss\ auf diese Weise in die
Gesamtordnung des Dokuments (gesteuert durch den
document-style) eingegriffen wird.
\item[$\backslash$hspace\{lae\}] Der Command wird
benutzt, um horizontal Leer-Raum zu erzeugen.  Die
Gr\ö\ss e des Raumes wird durch lae angegeben.
```

```
Hierbei kann lae in der Form
\begin{itemize}
\item[]xx pt
\item[]xx in
\item[]xx cm
\end{itemize}
angegeben werden, wobei xx immer eine Zahl mit
Dezimalpunkt oder eine ganze Zahl ist.
Diese Zahl kann auch negativ sein, dann bewirkt sie
eine horizontale Verschiebung nach links.
\verb+\hspace{0.5in}+ erzielt also einen Leer-Raum von
0.5 inch.
\index{hspace}
Hierbei ist aber zu beachten, da\ss\ Leer-Raum am
Anfang oder Ende einer Zeile nicht erzeugt wird, auch
wenn ein \verb+\hspace+-Command abgesetzt wurde.  Diese
Einschr\änkung gilt nicht am Anfang oder Ende eines
Absatzes.
Wenn Leer-Raum erzeugt werden soll, der unge\ändert
stehen bleiben soll, dann ist \verb+\hspace*{lae}+ zu
schreiben.  \item[$\backslash$vspace\{lae\}] Der
Command wird benutzt um vertikalen Leer-Raum zu
erzeugen.  Die Gr\ö\ss e des Raumes wird durch lae
angegeben.  Hierbei kann lae in der Form
\begin{itemize}
\item[]xx pt
\item[]xx in
\item[]xx cm
\end{itemize}
angegeben werden, wobei xx immer eine Zahl mit
Dezimalpunkt oder eine ganze Zahl ist. Die Zahl kann
auch negativ sein, dann bewirkt sie eine Verschiebung
nach oben.  Dieser Command wird haupts\ächlich benutzt, um
Leer-Raum zwischen Abs\ätzen zu schaffen.  Wenn der Command
auf einer Zeile gegeben wird, dann wird der Leer-Raum nach
Vollendung dieser Zeile angelegt.  \verb+\vspace{0.5in}+
erzielt also einen Leer-Raum von 0.5 inch.  \index{vspace}
Hierbei ist aber zu beachten, da\ss\ Leer-Raum am Anfang
oder Ende einer Seite nicht erzeugt wird, auch wenn ein
\verb+\vspace+-Command abgesetzt wurde.
Wenn Leer-Raum erzeugt werden soll, der unge\ändert
stehen bleiben soll, dann ist \verb+\vspace*{lae}+ zu
schreiben.
\item[$\backslash$fill] Wird in einem Text
```

```
an irgendeiner Stelle \verb+\fill+ geschrieben, so
wird an dieser Stelle zun\ächst horizontaler Leer-Raum
der L\änge Null gelassen. Stellt das System aber beim
Satz --- also bei der Umwandlung --- fest, da\ss\ eine
Underfull Box entsteht, dann wird an der Stelle, wo das
\verb+\fill+ steht, Leer-Raum gelassen, und zwar
soviel, da\ss\ der restliche Text optimale Abst\ände
hat.
\item[$\backslash$hfill] Dieses ist eine Abk\ürzung
f\ür \verb+\hspace{\fill}+.  \verb+\hfill+ ist also
eine --- je nach den Satzbed\ürfnissen --- dehnbare
Anzahl von Leerzeichen.  Es sei noch bemerkt, da\ss\
zwei dehnbare Leer-R\äume sich den freien Platz {\em
gleichm\ä\ss ig} teilen.  Aus diesem Grunde entsteht
aus
\begin{verbatim}
Das ist \hfill ein \hfill Versuch.
\end{verbatim}
die Zeile
Das ist \hfill ein \hfill Versuch.
\item[$\backslash$dotfill] Die Wirkung dieses Commands
entspricht exakt der von \verb+\hfill+. Es werden
lediglich Punkte an Stelle von Leerzeichen eingesetzt.
Aus diesem Grunde entsteht aus
\begin{verbatim}
Das ist \dotfill ein \dotfill Versuch.
\end{verbatim}
die Zeile
Das ist \dotfill ein \dotfill Versuch.
\item[$\backslash$hrulefill] Die Wirkung dieses
Commands entspricht exakt der von \verb+\hfill+.  Es
wird lediglich eine horizontale Linie an Stelle von
Leerzeichen eingesetzt.  Aus diesem Grunde entsteht aus
\begin{verbatim}
Das ist \hrulefill ein \hrulefill Versuch.
\end{verbatim}
die Zeile
Das ist \hrulefill ein \hrulefill Versuch.
\end{varlist}
\addtocounter{aufg}{1}
\vspace{0.5cm}
{\parindent=3cm
\litem {{\bf Aufgabe \theaufg}} Bitte schreiben Sie
folgenden Text.
```

```
\par}
Dies ist \hfill Herr Schmidt \hfill aus Hamburg.
\newline
Dies ist \dotfill Herr Schmidt \dotfill aus Hamburg.
\addtocounter{aufg}{1}
\vspace{0.5cm}
{\parindent=3cm
\litem {{\bf Aufgabe \theaufg}} Bitte erzeugen Sie folgende
Box mit grauer Unterlegung. Bitte wählen Sie als Breite der
Box 90 \% der Textbreite. Versuchen Sie verschiedene
Graustufen.
Achten Sie aber bitte darauf, da\ss\ Sie die Zeilenbreite
innerhalb der grauen Box --- also temporär --- auf 90 \%
der Textbreite verändern müssen.
Dies erreichen Sie durch
\begin{verbatim}
               \linewidth=0.9\textwidth
\end{verbatim}
\par}
\begin{graubox}{8}{0.9\hsize}
Environments gestatten die Strukturierung von Dokumenten.
Strukturierungen sind für die gute Lesbarkeit sehr
wichtig.
{\linewidth=0.9\textwidth
\begin{enumerate}
\item quote für Einrückungen
\item quotation für Einrückungen mit Absätzen
\item description für Absätze mit Absatztitel
\item itemize für markierte Einrückungen
\item enumerate für numerierte Einrückungen
\item varlist für variable Listen
\item graubox für grau unterlegte, umrahmte Texte
\item verbatim für unübersetzte Texte
\end{enumerate}
}
\end{graubox}
```

Kapitel 5

Tabellen

```
%-----------------------------------
%   Kapitel 5   Tabellen
%-----------------------------------
\chapter{Tabellen}
Tabellen sind ein Hilfsmittel zur \übersichtlichen
Darstellung von Zusammenh\ängen.  In vielen Bereichen
lassen sich Tabellen zur \übersichtlichen Darstellung
von Funktionen von bis zu zwei Variablen darstellen.
Damit sind Tabellen ein wesentliches Werkzeug bei der
Texterstellung \überhaupt.
\section{Beschreibung von Tabellen}
Tabellen haben allgemein folgenden Aufbau.
\begin{figure}[ht]
\(
\begin{array}[b]{lc}
\hspace{30pt}& Spalten \\
\hspace{30pt}&
\overbrace{\rule{233pt}{0pt}}
\end{array}
\\
Zeilen
\left\{ \begin{array}[t]{c}
\begin{tabular}
{\tabpl c|c|c|c|c|c|c \tabpr}
\tabline
\tabanf&Tabelle&Nr.1&Nr.2&Nr.3&Nr.4&Nr.5&Nr.6&\tabend\\
\tabline
\tabanf&Nr.1&$\star$&$\star$&$\star$&$\star$&$\star$&
$\star$&\tabend\\ \hline
\tabanf&Nr.2&$\star$&$\star$&$\star$&$\star$&$\star$&
$\star$&\tabend\\ \hline
```

```
\tabanf&Nr.3&$\star$&$\star$&$\star$&$\star$&$\star$&
$\star$&\tabend\\ \hline
\tabanf&Nr.4&$\star$&$\star$&$\star$&$\star$&$\star$&
$\star$&\tabend\\ \hline
\tabanf&Nr.5&$\star$&$\star$&$\star$&$\star$&$\star$&
$\star$&\tabend\\
\tabline
\end{tabular}
\end{array}
\right.
\)
\caption{\label{basistabelle}Tabellen}
\end{figure}
Dies ist eine Tabelle mit 5 Zeilen und 6 Spalten.
Zus\ätzlich gibt es eine Zeile, die als
\Überschriftszeile und eine Spalte, die als
Beschreibungsspalte verwendet wird.
Soll eine Tabelle in \TeX\ beschrieben werden, dann
sind folgende Funktionen zu unterst\ützen.
\begin{itemize}
\item Tabellengr\ö\ss e
\subitem Anzahl Zeilen
\subitem Anzahl Spalten
\item Einrahmung der Tabelle
\subitem Normalstrichst\ärke (0.4 pt)
\subitem Fettstrichst\ärke (1.2 pt)
\subitem keine Umrahmung
\item Senkrechte und waagerechte Linien
\subitem Normalstrichst\ärke (0.4 pt)
\subitem keine senkrechten oder waagerechten Linien
\item Element-Stellung im Tabellenfeld (Box)
\subitem Element ist eine Zeile
\subsubitem linksb\ündig
\subsubitem rechtsb\ündig
\subsubitem zentriert
\subitem Element ist eine Box
\subsubitem linksb\ündig
\subsubitem rechtsb\ündig
\subsubitem zentriert
\end{itemize}
\addtocounter{aufg}{1}
{\parindent=3cm
\litem {{\bf Aufgabe \theaufg}} Bitte stellen Sie fest,
wie sich die Standardtabelle \ref{basistabelle} Seite
```

```
\pageref{basistabelle} durch diese angegebenen
Funktionen beschreiben l\ä\ss t.
\par}
\section{Standardmodell zur Tabellenbeschreibung}
Es g\äbe grunds\ätzlich viele M\öglichkeiten, in
\TeX\ Tabellen zu beschreiben. Auch hier f\ührt die
Vielzahl der Beschreibungsm\öglichkeiten zu besonderen
Schwierigkeiten. Zum einen mu\ss\ man darauf achten,
da\ss\ nicht durch eine Vielzahl von Formaten das ganze
Dokument sehr unruhig wirkt. Zum anderen mu\ss\ auch
bei der Auswahl von Formaten beachtet werden, da\ss\
sie sich bequem beschreiben lassen, so da\ss\
m\öglichst wenig Beschreibungsfehler auftreten, weil
diese ja immer mit Testaufwand verbunden sind. Aus
diesem Grunde werden hier in diesem Skript zun\ächst
sogenannte
\begin{center}
{\bf Standard-Tabellen}
\end{center}
\index{Standard-Tabelle}
behandelt. Diese sollen dazu dienen, Tabellen zu setzen,
wie sie in einem Fachtext vorkommen. Auf alle
satztechnischen Techniken zur 'Ver\-sch\ö\-ne\-rung' wird
verzichtet. Die Standard-Tabelle ist
\begin{itemize}
\item[] flexibel
\item[] bequem zu setzen
\item[] \übersichtlich.
\end{itemize}
In einem weiteren Abschnitt werden wir {\em eine}
m\ögliche Erweiterung angeben. Mit dem Tabellenmodell
f\ür gehobenere Anspr\üche an die Sch\önheit ist es
mit geringem zus\ätzlichen Satzaufwand m\öglich,
Einrahmungen f\ür die ganze Tabelle und f\ür
Tabellenteile durchzuf\ühren, was in einigen F\ällen
die Lesbarkeit erh\öhen kann. Hierbei wird es auch
m\öglich, \Überschriften noch besser von
Tabellen-Eintr\ägen abzusetzen und Tabellenteile durch
Doppel-Linien besonders zu kennzeichnen. Dieses
Tabellenmodell soll
\begin{center}
{\bf erweiterte Standard-Tabelle}
\end{center}
\index{erweiterte Tabelle}
```

```
hei\ss en.
Alle Tabellen in diesem Skript wurden als
Standard-Tabelle oder als erweiterte Standardtabelle
gesetzt.
\subsection{Definition der Standard-Tabelle}
Die Standard-Tabelle ist eine Auswahl aus m\"oglichen
Tabellen-Modellen.  Dies bedeutet unter anderem, da\ss\
die im vorigen Abschnitt beschriebenen Funktionen nicht
vollst\"andig unterst\"utzt werden.
Folgende das Modell der Standard-Tabelle beschreibende
Funktionen werden unterst\"utzt.
\begin{itemize}
\item Tabellengr\"o\ss e
\subitem Anzahl Zeilen
\subitem Anzahl Spalten
\item Einrahmung der Tabelle
\subitem Normalstrichst\"arke (0.4 pt)
\subitem keine Umrahmung
\item Senkrechte und waagerechte Linien
\subitem Normalstrichst\"arke (0.4 pt)
\subitem keine senkrechten oder waagerechten Linien
\item Element-Stellung im Tabellenfeld (Box)
\subitem Element ist eine Zeile
\subsubitem linksb\"undig
\subsubitem rechtsb\"undig
\subsubitem zentriert
\subitem Element ist eine Box
\subsubitem linksb\"undig
\subsubitem rechtsb\"undig
\subsubitem zentriert
\end{itemize}
\subsection{'environment tabular'}
Zur Darstellung von Tabellen wird ein environment
verwendet.  Das environment hei\ss t
\begin{center}
\index{tabular}
{\bf tabular}
\end{center}
Das environment verwendet einen erforderlichen
Parameter.  Dieser Parameter dient zu folgenden
Beschreibungen.
\begin{itemize}
\index{tabular parameter}
\item[] Festlegung der Anzahl der Spalten
```

```
\item[] Festlegung der Anzahl und Lage der senkrechten
        Linien
\item[] Festlegung der Positionierung der
        Tabellenelemente in den einzelnen Spalten
\end{itemize}
Der Korpus des environments wird in einem bestimmten
Format geschrieben, welches sp\äter erl\äutert wird.
Der Korpus dient zu folgenden Beschreibungen.
\begin{itemize}
\index{tabular Korpus}
\index{tabular Zeilen}
\item[] Festlegung der Anzahl der Zeilen
\item[] Festlegung der Anzahl und Lage der waagerechten
        Linien
\item[] Festlegung des Inhalts der Tabellenelemente
        in den einzelnen Zeilen
\end{itemize}
Das environment hat dabei folgende grunds\ätzliche
Gestalt.
\begin{figure}[ht]
\begin{verbatim}
          \begin{tabular}{parameter}
                Korpus des environments
                   (Tabellenzeilen)
          \end{tabular}
\end{verbatim}
\caption{\label{tabular-env}'environment tabular'}
\end{figure}
{\bf Parameter von tabular}
\medskip
Der Parameter von tabular ist in mehrere Unterparameter
\begin{center}
$upar_1, upar_2, \ldots , upar_n $
\end{center}
unterteilt.  Jeder Unterparameter $upar_i$ geh\ört
dabei zu je einer Spalte.
Die Unterparameter k\önnen folgende Werte annehmen.
\begin{center}
\(
upar_i = \left\{
   \begin{array}{cl}
    l&\mbox{linksb\ündige Elemente in dieser Spalte}\\
    r&\mbox{rechtsb\ündige Elemente in dieser Spalte}\\
    c&\mbox{zentrierte Elemente in dieser Spalte}
```

```
   \end{array}
        \right.
\)
\end{center}
Die Struktur der Spalten ist erst dann vollst\ändig
beschrieben, wenn auch die zwischen den Spalten
anzubringenden senkrechten Linien beschrieben sind.
Hierf\ür gibt es folgende einfache Festlegung.  Ist
zwischen zwei Spalten $i$ und $i+1$ eine senkrechte
Linie vorzusehen, dann wird zwischen die Unterparameter
$upar_i$ und $upar_{i+1}$ das Zeichen \verb+|+
geschrieben.  Ist keine senkrechte Linie vorzusehen,
dann werden die Unterparameter l\ückenlos
nebeneinander geschrieben.
\paragraph{Beispiel 1}
Es sei eine Tabelle mit 5 Spalten zu bearbeiten, wobei
alle Elemente zentriert und alle Spalten
durch senkrechte Linien getrennt werden sollen, dann
ist als Parameter
\begin{center}
parameter = \verb+|c|c|c|c|c|+
\end{center}
zu schreiben.  Bitte beachten Sie auch, da\ss\ stets
f\ür die linksseitige Einrahmung der Tabelle vor alle
Spalten ein Zeichen \verb+|+ und f\ür die
rechtsseitige Einrahmung hinter die letzte Spalte
ebenfalls ein Zeichen \verb+|+ zu schreiben ist.
\paragraph{Beispiel 2}
Es soll eine Tabelle mit 7 Spalten bearbeitet werden,
wobei alle Elemente linksb\ündig in den Spalten
anzuordnen sind.  Ferner ist vorgeschrieben, da\ss\ die
Tabelle eingerahmt werden soll, da\ss\ aber sonst auf
alle Spaltentrennungen verzichtet werden soll, dann ist
\begin{center}
parameter = \verb+|lllllll|+
\end{center}
zu schreiben.
{\bf Zeilenbeschreibung von tabular}
\medskip
Zur Strukturierung der Zeilen einer Tabelle werden noch zwei
zus\ätzliche Ende-Zeichen verwendet.
\begin{center}
\begin{description}
\item[\&] Ende eines Zeilen-Elements
```

```
\item[$\backslash\backslash$] Ende einer Zeile
\end{description}
\end{center}
Die Beschreibungen der Zeilen haben dann folgende
Gestalt,
\begin{center}
$elem_1$\ \&\ $elem_2$\ \&\ $\ldots$\ \&\ $elem_n$\
$\backslash\backslash$
\end{center}
falls n Elemente in einer Zeile stehen.  Die Tabelle
hat dann also n Spalten.  Die $elem_i$ sind dabei
Texte, die in den Tabellenfeldern stehen.
\paragraph{Beispiel}
Eine Zeile k\önnte also folgenderma\ss en aussehen
\begin{center}
Tabelle\ \&
\ Nr.1\ \&\ Nr.2\ \&\ Nr.3\ \&\ Nr.4\ \& \ Nr.5\ \&\ Nr.6
$\backslash\backslash$
\end{center}
Als letztes Beschreibungselement f\ür einfache
Standardtabellen ist noch eine Makro f\ür die
Erzeugung von horizontalen Linien vorhanden.  Hierf\ür
kann
\begin{center}
\index{hline}
\begin{verbatim}
\hline
\end{verbatim}
\end{center}
geschrieben werden.
\medskip
{\bf Beispiel f\ür eine einfache Standard-Tabelle}
\medskip
{\em Schreibt man:}
\begin{center}
\begin{verbatim}
\begin{tabular}{|c|c|c|c|c|c|c|c|c|c|c|} \hline
mal & 1 & 2 & 3 & 4 & 5 & 6 & 7 & 8 & 9 & 10\\ \hline
 1  & 1 & 2 & 3 & 4 & 5 & 6 & 7 & 8 & 9 & 10\\ \hline
 2  & 2 & 4 & 6 & 8 &10 &12 &14 &16 &18 & 20\\ \hline
 3  & 3 & 6 & 9 &12 &15 &18 &21 &24 &27 & 30\\ \hline
 4  & 4 & 8 &12 &16 &20 &24 &28 &32 &36 & 40\\ \hline
 5  & 5 &10 &15 &20 &25 &30 &35 &40 &45 & 50\\ \hline
 6  & 6 &12 &18 &24 &30 &36 &42 &48 &54 & 60\\ \hline
```

```
 7  & 7 &14 &21 &28 &35 &42 &49 &56 &63 & 70\\ \hline
 8  & 8 &16 &24 &32 &40 &48 &56 &64 &72 & 80\\ \hline
 9  & 9 &18 &27 &36 &45 &54 &63 &72 &81 & 90\\ \hline
10  &10 &20 &30 &40 &50 &60 &70 &80 &90 &100\\ \hline
\end{tabular}
\end{verbatim}
\end{center}
{\em so erh\ält man die folgende Tabelle.}
\begin{figure}[h]
\begin{center}
\begin{tabular}{|c|c|c|c|c|c|c|c|c|c|c|} \hline
mal & 1 & 2 & 3 & 4 & 5 & 6 & 7 & 8 & 9 & 10\\ \hline
 1  & 1 & 2 & 3 & 4 & 5 & 6 & 7 & 8 & 9 & 10\\ \hline
 2  & 2 & 4 & 6 & 8 &10 &12 &14 &16 &18 & 20\\ \hline
 3  & 3 & 6 & 9 &12 &15 &18 &21 &24 &27 & 30\\ \hline
 4  & 4 & 8 &12 &16 &20 &24 &28 &32 &36 & 40\\ \hline
 5  & 5 &10 &15 &20 &25 &30 &35 &40 &45 & 50\\ \hline
 6  & 6 &12 &18 &24 &30 &36 &42 &48 &54 & 60\\ \hline
 7  & 7 &14 &21 &28 &35 &42 &49 &56 &63 & 70\\ \hline
 8  & 8 &16 &24 &32 &40 &48 &56 &64 &72 & 80\\ \hline
 9  & 9 &18 &27 &36 &45 &54 &63 &72 &81 & 90\\ \hline
10  &10 &20 &30 &40 &50 &60 &70 &80 &90 &100\\ \hline
\end{tabular}
\end{center}
\caption{\label{einmaleins}Kleines Einmaleins}
\end{figure}
Hier an dieser Stelle sei noch einmal besonders betont,
da\ss\ es sich bei dem 'environment tabular' um eine
Schreibhilfe handelt.  Das System \TeX\ pr\üft alle
Anwenderangaben auf Richtigkeit.  Der Anwender mu\ss\
aber selbst darauf achten, da\ss\ die Zahl der Elemente
in einer Zeile exakt mit der Anzahl der Spalten
\übereinstimmt, die im Parameter definiert wurden.
Wenn n Unterparameter definiert wurden, wurde\hbadness=10000
festgelegt, da\ss\ die Zahl der Spalten~n\linebreak[4]
\newpage %erzwungener Seitenumbruch 29.03.90
\hbadness=1000
betr\ägt. Das bedeutet, da\ss\ auch in jeder Zeile n Elemente
definiert werden m\üssen.  (Dies bedeutet, da\ss\ n -
1 Element-Ende-Kennzeichen \&\ geschrieben werden
m\üssen und genau ein Zeilen-Ende-Kennzeichen
$\backslash\backslash$).
Da dem Anwender \überlassen bleibt, wo er horizontale
Linien einf\ügen will, kann das System auch nicht das
```

```
Fehlen einer einzelnen horizontalen Linie feststellen.
Horizontale Linien k\önnen nur am Anfang, nach dem
Ende einer Zeile und am Ende der Tabelle (aber noch vor
dem \verb+\end{tabular}+-Statement geschrieben werden.
\addtocounter{aufg}{1}
{\parindent=3cm
\litem {{\bf Aufgabe \theaufg}} Bitte setzen Sie
folgende Tabelle.
\par}
\begin{center}
\begin{tabular}{|l|c|c|c|} \hline
Gliederungsstufe&article&report&book\\ \hline
Part       &---&---&X   \\ \hline
Chapter    &---&---&X   \\ \hline
Section    & X & X &X   \\ \hline
Subsection & X & X &X   \\ \hline
Subsubsection & X & X &X   \\ \hline
Paragraph & X & X &X   \\ \hline
Subparagraph & X & X &X   \\ \hline
\end {tabular}
\end{center}
\addtocounter{aufg}{1}
{\parindent=3cm
\litem {{\bf Aufgabe \theaufg}} Bitte setzen Sie auch
noch folgende Tabelle.
\par}
\begin{center}
\begin{tabular}{ll}
body-height&Zeichenh\öhe\\
asc-height&H\öhe von Klein-Buchstaben mit Oberl\ängen
(b,d,f)\\
cap-height&H\öhe der Gro\ss -Buchstaben\\
fig-height&H\öhe der Ziffern\\
x-height&H\öhe von Kleinbuchstaben ohne Oberl\ängen
(a,c,e,m)\\
desc-depth&Tiefe von Kleinbuchstaben mit Unterl\ängen
(g,j,p)\\
comma-depth&Tiefe des Kommas\\
math-axis&Mitte der Parenthese\\
bar-height&H\öhe des Bindestrichs\\
\end{tabular}
\end{center}
\section{Erweiterte Standardtabelle}
Bei den Tabellen kommt es vor (z.B.  bei
```

```
\Überschriften), da\ss\ Texte \über mehrere Spalten
hinweglaufen m\üssen.  Gleichfalls kommt es vor,
da\ss\ horizontale Linien nur \über einige Spalten und
nicht \über die gesamte Breite der Tabelle laufen
m\üssen.  Hierf\ür sind von Leslie Lamport
zwei zus\ätzliche Makros entwickelt worden,
diese werden im n\ächsten Abschnitt behandelt.
Durch diese Makros wird die Anwendbarkeit des
tabular environment noch erheblich erweitert.
Insbesondere ist es mit diesen Makros auch
m\öglich, unterschiedliche Positionierungen
von Elementen verschiedener Zeilen aber gleicher
Spalte vorzunehmen.
\newpage %erzwungener Seitenumbruch 29.03.90
\subsection{Mehrspalten-Elemente --- multicolumn ---}
Das Makro
\begin{center}
\index{multicolumn}
\begin{verbatim}
          \multicolumn{anzahl}{parameter}{element}
\end{verbatim}
\end{center}
gestattet die Angabe von Elementen, die \über mehrere
Spalten gehen.  An Stelle eines einfachen Elements wird
hier ein Mehrfachelement angegeben.  Dabei haben die 3
Parameter des Commands die folgende Bedeutung.
\begin{center}
\(
{\baselineskip=15pt
\begin{array}{ll}
\mbox{anzahl}&\mbox{Anzahl der Spalten}\\
\mbox{parameter} = &\left\{
   \begin{array}{cl}
    l&\mbox{linksb\ündige Elemente in dieser Spalte}\\
    r&\mbox{rechtsb\ündige Elemente in dieser Spalte}\\
    c&\mbox{zentrierte Elemente in dieser Spalte}
  \end{array}
            \right. \\
\mbox{element}&\mbox{Text f\ür das Anzahl Spalten
\überspannende Element}\\
\end{array}
}
\)
\end{center}
```

```
Oft kommt es vor, da\ss\ die Spalten\überschriften anders
ausgerichtet sein m\üssen (z.B. zentriert) als die
Tabellenelemente (z.B. rechtsb\ündig). Auch in diesem
Falle kann der multicolumn-Command gute Dienste
leisten. Dies sieht man an folgendem Beispiel:
\medskip
\begin{center}
\begin{tabular}{|l|r|r|r|r|} \hline
&\multicolumn{4}{|c|}{Umsatz in Mio. DM}\\ \cline {2-5}
Bereich&
\multicolumn{1}{c|}{1.Quartal}&
\multicolumn{1}{c|}{2.Quartal}&
\multicolumn{1}{c|}{3.Quartal}&
\multicolumn{1}{c|}{4.Quartal}\\ \hline
Software&1.2  & 1.1    & 0.4   &  1.6   \\ \hline
Hardware&5.4  & 6.8    & 9.3   &  2.6    \\ \hline
Beratung&2.1  & 1.8    & 2.4   &  1.6    \\ \hline
\end{tabular}
\end{center}
Diese Form der Tabelle wurde aus Demonstrationsgr\ünden in
dieser Form dargestellt.  Deutlich ist die unterschiedliche
Ausrichtung der Spal\-ten\-\über\-schrif\-ten und der
Tabellenelemente zu sehen.
Um dies zu erreichen, mu\ss\ man schreiben:
\medskip
\begin{verbatim}
\begin{center}
\begin{tabular}{|l|r|r|r|r|} \hline
&\multicolumn{4}{|c|}{Umsatz in Mio. DM}\\ \cline {2-5}
Bereich&
\multicolumn{1}{c|}{1.Quartal}&
\multicolumn{1}{c|}{2.Quartal}&
\multicolumn{1}{c|}{3.Quartal}&
\multicolumn{1}{c|}{4.Quartal}\\ \hline
Software&1.2  & 1.1    & 0.4   &  1.6   \\ \hline
Hardware&5.4  & 6.8    & 9.3   &  2.6    \\ \hline
Beratung&2.1  & 1.8    & 2.4   &  1.6    \\ \hline
\end{tabular}
\end{center}
\end{verbatim}
\begin{graubox}{8}{0.8\textwidth}
Der multicolumn-Command dient dazu, \Überschriften \über
mehrere Spalten zu setzen, er kann aber auch verwendet
werden, wenn unterschiedliche Positionierungen der
```

```
\Überschriften und Tabellenelemente einer Spalte
vorzunehmen sind.
\end{graubox}
\subsection{Horizontale Linien \über n Spalten --- cline}
Um horizontale Linien auch \über die Breite von
einigen Spalten setzen zu k\önnen, ist der Command
\begin{center}
\index{horizontale Linie cline}
\begin{verbatim}
                \cline{spanf-spend}
\end{verbatim}
\end{center}
zu schreiben. Hierbei ist
\begin{center}
\begin{tabular}{ll}
spanf&Spaltennummer Beginn horizontale Linie\\
spend&Spaltennummer Ende horizontale Linie\\
\end{tabular}
\end{center}
Als Beispiel f\ür die Anwendung des
multicolumn-Commands soll gezeigt werden, wie die
Tabelle \ref{einmaleins} Seite \pageref{einmaleins} mit
einer \Überschrift versehen werden kann.  Hierzu ist
folgendes zu schreiben.
\begin{verbatim}
\begin{tabular}{|c|c|c|c|c|c|c|c|c|c|c|} \hline
\multicolumn{11}{|c|}
{Kleines Einmaleins}\\ \hline
mal & 1 & 2 & 3 & 4 & 5 & 6 & 7 & 8 & 9 & 10\\ \hline
 1  & 1 & 2 & 3 & 4 & 5 & 6 & 7 & 8 & 9 & 10\\ \hline
    .........
 9  & 9 &18 &27 &36 &45 &54 &63 &72 &81 & 90\\ \hline
10  &10 &20 &30 &40 &50 &60 &70 &80 &90 &100\\ \hline
\end{tabular}
\end{verbatim}
Man erh\ält dann die folgende Tabelle
\begin{center}
\begin{tabular}{|c|c|c|c|c|c|c|c|c|c|c|} \hline
\multicolumn{11}{|c|}
{Kleines Einmaleins}\\ \hline
mal & 1 & 2 & 3 & 4 & 5 & 6 & 7 & 8 & 9 & 10\\ \hline
 1  & 1 & 2 & 3 & 4 & 5 & 6 & 7 & 8 & 9 & 10\\ \hline
 2  & 2 & 4 & 6 & 8 &10 &12 &14 &16 &18 & 20\\ \hline
 3  & 3 & 6 & 9 &12 &15 &18 &21 &24 &27 & 30\\ \hline
```

```
 4  & 4 & 8 &12 &16 &20 &24 &28 &32 &36 & 40\\ \hline
 5  & 5 &10 &15 &20 &25 &30 &35 &40 &45 & 50\\ \hline
 6  & 6 &12 &18 &24 &30 &36 &42 &48 &54 & 60\\ \hline
 7  & 7 &14 &21 &28 &35 &42 &49 &56 &63 & 70\\ \hline
 8  & 8 &16 &24 &32 &40 &48 &56 &64 &72 & 80\\ \hline
 9  & 9 &18 &27 &36 &45 &54 &63 &72 &81 & 90\\ \hline
10  &10 &20 &30 &40 &50 &60 &70 &80 &90 &100\\ \hline
\end{tabular}
\end{center}
Die Anwendung des Commands cline wird an folgendem
Beispiel erl\"autert.
\medskip
{\em Schreibt man:}
\begin{verbatim}
\begin{tabular}{|l|c|c|c|c|} \hline
&\multicolumn{4}{|c|}{Umsatz in Mio. DM}\\ \cline {2-5}
Bereich&1.Quartal&2.Quartal&3.Quartal&4.Quartal\\ \hline
Software&1.2     &  1.1     &   0.4    &   1.6    \\ \hline
Hardware&5.4     &  6.8     &   9.3    &   2.6    \\ \hline
Beratung&2.1     &  1.8     &   2.4    &   1.6    \\ \hline
\end{tabular}
\end{verbatim}
\smallskip
{\em so erh\"alt man:}
\begin{figure}[ht]
\label{umsatz}
\begin{tabular}{|l|c|c|c|c|} \hline
&\multicolumn{4}{|c|}{Umsatz in Mio. DM}\\ \cline {2-5}
Bereich&1.Quartal&2.Quartal&3.Quartal&4.Quartal\\ \hline
Software&1.2     &  1.1     &   0.4    &   1.6    \\ \hline
Hardware&5.4     &  6.8     &   9.3    &   2.6    \\ \hline
Beratung&2.1     &  1.8     &   2.4    &   1.6    \\ \hline
\end{tabular}
\end{figure}
\subsection{Boxes als Tabellen-Elemente --- p\{\}}
\index{box}
Eine zus\"atzliche Erweiterung der Einsatzbreite von
Tabellen ist dadurch gegeben, da\ss\ die Unterparameter
auch noch Boxes bestimmter Breite sein k\"onnen.
Hierbei verstehen wir
unter Box ein Rechteck bestimmter horizontaler Breite
(width) und vertikaler L\"ange (length).
Zum Beispiel ist eine Seite eine solche Box.  Sie hat
eine Breite (die L\"ange einer Textzeile) und eine
```

```
L\änge (die Seitenl\änge).
In solch einer Box kann die Satzrichtung entweder
horizontal sein, dann spricht man von einer
horizontalen Box, sie kann \index{box, horizontale}
\index{box, vertikale} aber auch vertikal sein, dann
spricht man von einer vertikalen Box.  Damit ist es
also m\öglich, mehrzeilige Texte als Tabellen-Elemente
zu verwenden.  Hierbei ist allerdings zu beachten,
da\ss\ wegen sonst entstehender Umbruchprobleme die
Box-Breite nicht zu klein gew\ählt werden sollte.  Es
hat sich herausgestellt, da\ss\ 2 inch eine noch eben
praktikable Breite ist, um ohne gr\ö\ss ere
Umbruchprobleme Tabellen mit Boxes zu setzen.
Formal wird die M\öglichkeit dadurch er\öffnet, da\ss\
anstelle eines Unterparameters geschrieben werden kann
\begin{verbatim}
               p{breite}
\end{verbatim}
\index{Parameter-Box}
Hierbei ist f\ür breite, die Breite der Box in
L\ängeneinheiten anzugeben.  (z.B.  2in).
Hierdurch wird es m\öglich, variable Listen auch als
Tabellen zu setzen.  Wir demonstrieren das an einem
Beispiel.
\newpage %erzwungener Umbruch 29.03.90
{\em Sie schreiben:}
\begin{verbatim}
\begin{tabular}{lp{3.5in}}
{\bf Bit} & Das Bit ist die kleinste
Informationseinheit, Informationen werden in Bit
gemessen.\\
{\bf Byte} & Das Byte ist die kleinste adressierbare
Einheit.  Ein Byte besteht aus 8 Datenbits und einem
Control-Bit.\\
{\bf Wort} & Das Wort ist die kleinste adressierbare
Einheit bei Wortmaschinen.  Das Wort hat 16 oder 32 Bit
\\
\end{tabular}
\end{verbatim}
%\smallskip
und erhalten
\medskip
\begin{tabular}{lp{3.5in}}
{\bf Bit} & Das Bit ist die kleinste
```

```
Informationseinheit, Informationen werden in Bit
gemessen.\\
{\bf Byte} & Das Byte ist die kleinste adressierbare
Einheit. Ein Byte besteht aus 8 Datenbits und einem
Control-Bit.\\
{\bf Wort} & Das Wort ist die kleinste adressierbare
Einheit bei Wortmaschinen. Das Wort hat 16 oder 32 Bit.
\\
\end{tabular}
\addtocounter{aufg}{1}
\medskip
{\parindent=3cm
\litem {{\bf Aufgabe \theaufg}} Bitte setzen Sie
folgenden Text als Tabelle.
\par}
\medskip
Die systematische Entwicklung eines Projektes findet
nach einem sogenannten {\bf Phasenmodell} statt.
Dieses wird im folgenden untergliedert dargestellt.
\begin{center}
\begin{tabular}{|l|p{3.0in}|} \hline
Vorstudie&Ziel des Projektes\\
         \cline{2-2}
         &Durchf\ührbarkeit\\
         \cline{2-2}
         &Wirtschaftlichkeit\\
\hline
Istaufnahme & Istzustand\\
         \cline{2-2}
           & Schwachstellenanalyse\\
         \cline{2-2}
           & Informationsbedarfsbestimmung\\
\hline
Grobkonzept & Ziel des Projektes \\
         \cline{2-2}
           & Wirtschaftlichkeit\\
         \cline{2-2}
           & Datenmodell\\
         \cline{2-2}
           & Funktionenmodell\\
         \cline{2-2}
           & Mengenger\üst\\
\hline
Detailkonzept& Datenbeschreibung\\
```

```
         \cline{2-2}
             & Aufgabenbeschreibung\\
         \cline{2-2}
             & Terminplan\\
\hline
Implementierung& Programmierung\\
         \cline{2-2}
               & Test\\
\hline
\end{tabular}
\end{center}
\subsection{Zus\ätzliche Hilfsmittel der Gestaltung}
In diesem Abschnitt soll \über solche Hilfsmittel der
Gestaltung berichtet werden, mit denen man
\begin{itemize}
\item[] die Ausrichtung der Tabelle im Text
\item[] den Abstand der Tabellenzeilen
\item[] die Stellung eines Tabellenelements in der
Tabelle
\end{itemize}
beeinflussen kann.
\subsubsection{`environment center'}
\index{zentrieren} \index{center}
Das environment center kann verwendet werden, um
z.B. eine Tabelle zu zentrieren.
Mit Hilfe der Schreibweise
\begin{verbatim}
          \begin{center}
              \begin{tabular}{......}
                    ........
                    ........
              \end{tabular}
           \end{center}
\end{verbatim}
entsteht eine --- in bezug auf die gesamte Textbreite
--- zentrierte Tabelle.
Will man die Zentrierung von normalem Text durchf\ühren,
dann hat man zu beachten, da\ss\ die Zentrierung
zeilenweise geschieht. Die Zeilen sind jeweils durch
\verb+\\+ abzuschlie\ss en. Dies ist aus folgendem
Beispiel zu sehen.
Es wird folgender Text geschrieben.
\begin{verbatim}
\begin{center}
```

```
Das ist die erste geschriebene Zeile.\\
Das ist die zweite Zeile.\\
Und das ist die letzte Zeile.
\end{center}
\end{verbatim}
Hieraus entsteht nach der \Übersetzung.
\begin{center}
Das ist die erste geschriebene Zeile.\\
Das ist die zweite Zeile.\\
Und das ist die letzte Zeile.
\end{center}
\subsubsection{'environment centerb'$\ast$}
\index{zentrieren im Block}
M\öchte man eine Zentrierung im Block erreichen, dann
mu\ss\ das 'environment centerb' verwendet
werden\fussnote{Makro aus infmakro.tex}. Es handelt sich um
ein zus\ätzliches environment mit zwei Parametern. Der
erste Parameter ist die Blockbreite. Der zweite Parameter
ist der Text. Man beachte, da\ss\ aus diesem Grunde der
Text in geschweifte Klammern einzuschlie\ss en ist.
Soll der im vorigen Beispiel verwendete Text im Block
der Breite 1.8 inch zentriert werden, dann ist
\begin{verbatim}
\begin{centerb}{1.8in}
{Das ist die erste geschriebene Zeile.
Das ist die zweite Zeile.
Und das ist die letzte Zeile.}
\end{centerb}
\end{verbatim}
zu schreiben.
Hieraus entsteht nach der \Übersetzung.
\medskip
\begin{centerb}{1.8in}
{Das ist die erste geschriebene Zeile.
Das ist die zweite Zeile.
Und das ist die letzte Zeile.}
\end{centerb}
\subsubsection{Zentrierung von anderen environments}
Es sei noch erw\ähnt, da\ss\ die Zentrierung nicht auf das
'environment tabular' beschr\änkt ist. Jedes andere
environment (z.B. itemize, quote, quotation,
description, enumerate) kann zentriert werden. Allerdings
mu\ss\ hier das 'environment centerb' benutzt werden.
Die ist darin zu sehen, da\ss\ die anderen environments
```

```
s\ämtlich als Breite die Zeilenbreite verwenden. Damit
h\ätte die Zentrierung mit dem 'environment center'
keine Wirkung. Im 'environment centerb' wird als
die Zentrierung mit der als Parameter angegebenen
Block-Breite durchgef\ührt. Hierbei ist allerdings
zu beachten, da\ss\ diese vom Anwender so gew\ählt werden
mu\ss , da\ss\ die l\ängste Zeile darin untergebracht
werden kann --- andernfalls entstehen 'Overfull Boxes'.
\bigskip
{\em Schreibt man z.B.:}
\begin{verbatim}
Die Scholle schmeckt am besten in den Monaten ohne 'r'
also:
\begin{centerb}{2cm}
\begin{itemize}
\item Mai
\item Juni
\item Juli
\item August
\end{itemize}
\end{centerb}
\end{verbatim}
{\em so erh\ält daraus:}
Die Scholle schmeckt am besten in den Monaten ohne 'r'
also:
\begin{centerb}{2cm}
\begin{itemize}
\item Mai
\item Juni
\item Juli
\item August
\end{itemize}
\end{centerb}
Ohne die Zentrierung w\äre:
Die Scholle schmeckt am besten in den Monaten ohne 'r'
also:
\begin{itemize}
\item Mai
\item Juni
\item Juli
\item August
\end{itemize}
\medskip
entstanden.
```

```
\begin{graubox}{8}{0.8\textwidth}
Environments --- au\ss er dem 'tabular environment' ---
k\önnen nur mit dem 'centerb environment' zentriert
werden. Die Zentrierung mit dem 'center environment'
bleibt wirkungslos.
\end{graubox}
\subsubsection{Ver\änderung des Zeilenabstands}
\index{Zeilenabstand}
Der Zeilenabstand ist mit 12 pt vorbesetzt. Dieser
Wert wird in einem L\ängenregister gespeichert, das
baselineskip hei\ss t. Der Zeilenabstand kann ge\ändert
werden, indem man
\begin{center}
\verb+\baselineskip=xxpt+
\end{center}
schreibt. Hierbei ist xx der Zeilenabstand in pt.
Damit dieser Zeilenabstand nur in einer Tabelle
wirksam wird und nicht von da an im gesamten Dokument,
wird diese Setzung und das 'environment tabular' in
geschweifte Klammern eingeschlossen.
Die Tabelle auf Seite \pageref{umsatz} hat die
folgende Gestalt, wenn man sie mit einem Zeilenabstand
von 18 pt schreibt.
\begin{center}
{\baselineskip=18 pt
\tabbox{12.5}{5.5}
\begin{tabular}{|l|c|c|c|c|} \hline
&\multicolumn{4}{|c|}{Umsatz in Mio. DM}\\ \cline {2-5}
Bereich&1.Quartal&2.Quartal&3.Quartal&4.Quartal\\ \hline
Software&1.2     &  1.1     &   0.4    &   1.6    \\ \hline
Hardware&5.4     &  6.8     &   9.3    &   2.6    \\ \hline
Beratung&2.1     &  1.8     &   2.4    &   1.6    \\ \hline
\end{tabular}
}
\end{center}
Dies wurde durch die Schreibweise
\begin{verbatim}
{\baselineskip=18 pt
\tabbox{12.5}{5.5}
\begin{tabular}{|l|c|c|c|c|} \hline
&\multicolumn{4}{|c|}{Umsatz in Mio. DM}\\ \cline {2-5}
Bereich&1.Quartal&2.Quartal&3.Quartal&4.Quartal\\ \hline
Software&1.2     &  1.1     &   0.4    &   1.6    \\ \hline
Hardware&5.4     &  6.8     &   9.3    &   2.6    \\ \hline
```

```
Beratung&2.1     &  1.8    &   2.4    &    1.6    \\ \hline
\end{tabular}
}
\end{verbatim}
erreicht.
\subsubsection{Stellung der Tabellenelemente}
\index{Tabellen-Element}
\TeX\ arbeitet mit Boxes. Jeder Satz ist eine
Zusammensetzung von Boxes. Die kleinste Box, die man
erzielen kann, ist die Box eines einzelnen Zeichens.
\begin{figure}[ht]
\begin{center}
\[
\mbox{baselineskip} \left\{ \begin{array}{c}
       \begin{tabular}{|c|} \hline
            $\uparrow$ \\
                        \\
     $\longleftarrow$ width $\longrightarrow$ \\
                        \\
               height  \\
                        \\
            $\downarrow$\\
       \hline
            $\uparrow$ \\
               depth \\
            $\downarrow$\\
        \hline
       \end{tabular}\\
      \end{array}
      \right.
\]
\caption{\label{box}Box eines Zeichens}
\end{center}
\end{figure}
\index{baselineskip}
Hierbei bedeuten
\begin{center}
\begin{tabular}{ll}
baselineskip&Zeilenabstand\\
height& H\öhe eines Zeichens \über Basislinie \\
depth& Tiefe eines Zeichens unter Basislinie\\
width& Breite eines Zeichens
\end{tabular}
\end{center}
```

```
\index{height} \index{depth}
Hierbei ist stets
\begin{center}
{\bf baselineskip = height + depth}
\end{center}
und es gelten folgende Standardwerte
\begin{center}
\begin{tabular}{ll}
baselineskip&12pt\\
height&8.5pt\\
depth& 3.5pt\\
\end{tabular}
\end{center}
Diese Standardeinstellungen k\önnen durch den
Command
\index{tabbox}
\begin{center}
\verb+\tabbox{height}{depth}+
\end{center}
lokal bei jeder Tabelle ver\ändert werden.
Abbildung \ref{standardmodell} zeigt ein Muster
f\ür die vollst\ändige Gestaltung einer
erweiterten Standardtabelle.
\index{Standard-Tabelle}
\begin{figure}[ht]
\begin{verbatim}
                {\baselineskip=xx pt
                \tabbox{height}{depth}
                \begin{tabular}{......}
                 ..........
                \end{tabular}
                }
\end{verbatim}
\caption{\label{standardmodell}Standard-Tabelle mit
Variation}
\end{figure}
An einem Beispiel soll diese Technik erl\äutert
werden.
Wir gehen von einer Standardtabelle aus.
\index{Oberl\änge}\index{Unterl\änge}
\begin{center}
\begin{tabular}{|l|l|}\hline
Ziffern&0,1,2,3,4,5,6,7,8,9\\
\hline
```

```
Buchstaben mit Oberl\ängen&I, A, b, d, f, h, k, l, t\\
\hline
Umlaute&\ä, \ö, \ü, \Ä, \Ö, \Ü\\
\hline
Buchstaben mit Unterl\ängen&g, j, p, q, y\\
\hline
Buchstaben ohne beides&a, c, e, i, m, n, o, r, s\\
\hline
\end{tabular}
\end{center}
Wie man sieht, sto\ss en die Buchstaben mit Oberl\ängen
(gro\ss e Umlaute) an die horizontalen Linien.
Dies kann vermieden werden, wenn man zur Gestaltung
der Tabelle folgende Zus\ätze verwendet.
\begin{itemize}
\item[] height wird um 2 pt erh\öht
\item[] depth wird um 2 pt erh\öht
\item[] baselineskip wird um 4 pt = 2 pt + 2 pt erh\öht
\end{itemize}
Dann erh\ält man die folgende Gestalt.
\begin{center}
{\baselineskip=16pt
\tabbox{10.5}{5.5}
\begin{tabular}{|l|l|}\hline
Ziffern&0,1,2,3,4,5,6,7,8,9\\
\hline
Buchstaben mit Oberl\ängen&I,A, b, d, f, h, k, l, t\\
\hline
Umlaute&\ä, \ö, \ü, \Ä, \Ö, \Ü\\
\hline
Buchstaben mit Unterl\ängen&g, j, p, q, y\\
\hline
Buchstaben ohne beides&a, c, e, i, m, n, o, r, s\\
\hline
\end{tabular}
}
\end{center}
\addtocounter{aufg}{1}
{\parindent=3cm
\litem {{\bf Aufgabe \theaufg}} Bitte geben Sie die
Parameter-Setzungen f\ür die obige Tabelle an.
\par}
\addtocounter{aufg}{1}
{\parindent=3cm
```

```
\litem {{\bf Aufgabe \theaufg}} Bitte setzen Sie die
folgende Tabelle. Der Zeilenabstand soll 13 pt
betragen, die Oberl\änge (height) 11.5 pt. (Wie
gro\ss\ ist dann die Unterl\änge (depth)?)
\par}
\begin{center}
{
\baselineskip 13 pt
\tabbox{11.5}{1.5}
\begin{tabular}{|lp{2.95
                        in}|} \hline
Buchstaben&
A, B, C, .... , Z, a, b, c, .... , z
\\ \hline
deutsche Zeichen&
\Ä, \Ö, \Ü, \ä, \ö, \ü, \ss
\\ \hline
Ziffern   &
0, 1, 2, 3, 4, 5, 6, 7, 8, 9          \\ \hline
Sonderzeichen&
 .\ :\ ;\ ,\ \ !\ `\ '\ (\ )\ [\ ]\ -\ /\ *\ \\ \hline
Spezialzeichen&
\#\ \$\ \%\ \&\ \~\ \_\ \^\ \verb+\+\ \{\ \} \\ \hline
math. Zeichen& $+ = | < > $ \\ \hline
Bindestriche&
- (in Worten) -- (Zahlbereiche) , --- (Parenthese) \\
\hline
\end{tabular}
}
\end{center}
\subsubsection{Verst\ärkte horizontale und vertikale
Linien}
In einigen F\ällen kann es w\ünschenswert sein,
bestimmte horizontale bzw. vertikale Linien zu
verst\ärken. Das gilt auch f\ür die aus
horizontalen und vertikalen Linien zusammengesetzte
Einrahmung.
\index{verst\ärkte Linien}
\index{Tabellen-Einrahmung}
\index{Einrahmung}
Das Prinzip dieser Technik ist sehr einfach.
\begin{center}
\begin{tabular}{|p{4.0in}|}\hline
\begin{enumerate}
```

```
\item Am Anfang des Parameters steht \verb+\tabpl+ am
Ende \verb+\tabpr+, wenn eine verst\ärkte Einrahmung
gew\ünscht wird.  \newline
Beispiel: \verb+{\tabpl c|c \tabpr}+
\item In jeder Zeile ist als erstes Element
\verb+\tabanf+ einzutragen, als letztes Element
\verb+\tabend+, wenn eine verst\ärkte Einrahmung
gew\ünscht wird. \newline
Beispiel: \verb+\tabanf&16.0&12.4&\tabend\\+
\item Horizontale verst\ärkte Linien entstehen durch
\verb+\tabline+.
\end{enumerate}
\\
\hline
\end{tabular}
\end{center}
Ein Beispiel f\ür die Anwendung dieser Technik
stellt die bereits als Beispiel verwendete
Tabelle dar.
\begin{center}
\begin{tabular}{\tabpl l|c|c|c|c\tabpr} \tabline
\tabanf&&\multicolumn{4}{|c}{Umsatz in Mio. DM}&\tabend
\\ \cline {3-7}
\tabanf&Bereich&1.Quartal&2.Quartal&3.Quartal&4.Quartal
&\tabend\\ \tabline
\tabanf&Software&1.2&  1.1&   0.4&   1.6&\tabend\\
\hline
\tabanf&Hardware&5.4&  6.8&   9.3&   2.6&\tabend\\
\hline
\tabanf&Beratung&2.1&  1.8&   2.4&   1.6&\tabend\\
\tabline
\end{tabular}
\end{center}
\addtocounter{aufg}{1}
{\parindent=3cm
\litem {{\bf Aufgabe \theaufg}} Bitte setzen Sie die
die obige Tabelle.
\par}
\medskip
\addtocounter{aufg}{1}
{\parindent=3cm
\litem {{\bf Aufgabe \theaufg}} Auch das folgende
Beispiel ist mit Hilfe der Tabellen gesetzt.
Damit die umrahmte Box zentriert wird, verwenden Sie
```

```
das environment center. Eine umrahmte Box k\önnen Sie
als Tabelle mit nur einem Element auffassen, welches
durch \verb+p{}+ beschrieben wird.  W\ählen Sie bitte
eine Breite von 40 \% der Textbreite.
\par}
\begin{center}
\begin{tabular}{|p{0.4\textwidth}|} \hline
Die Bundesrepublik Deutschland ist eine parlamentarische
Demokratie. Der Bundeskanzler bestimmt die Richtlinien
der Politik. \\ \hline
\end{tabular}
\end{center}
{\parindent=3cm
\litem {{\bf Zusatzfrage:}} Mit welcher
im vorigen Abschnitt behandelten Technik h\ätten
Sie den gleichen Effekt erzielen k\önnen? Sie sehen
daraus, da\ss\ \TeX\ Werkzeuge bereitstellt, die l\ückenlos
das Aufgabengebiet des Satzes abdecken. (Die beiden
Methoden sind ja nicht gleichwertig, sie k\önnen nur
f\ür {\bf diese} Aufgabe beide benutzt werden.!!)
\par}
\medskip
\addtocounter{aufg}{1}
{\parindent=3cm
\litem {{\bf Aufgabe \theaufg}}
Bitte setzen Sie auch noch die folgende Tabelle.
\medskip
\begin{tabular}
{\tabpl c|c|c|c|c|c|c \tabpr}
\tabline
\tabanf&Tabelle&Nr.1&Nr.2&Nr.3&Nr.4&Nr.5&Nr.6&\tabend\\
\tabline
\tabanf&Nr.1&$\star$&$\star$&$\star$&$\star$&$\star$&
$\star$&\tabend\\ \hline
\tabanf&Nr.2&$\star$&$\star$&$\star$&$\star$&$\star$&
$\star$&\tabend\\ \hline
\tabanf&Nr.3&$\star$&$\star$&$\star$&$\star$&$\star$&
$\star$&\tabend\\ \hline
\tabanf&Nr.4&$\star$&$\star$&$\star$&$\star$&$\star$&
$\star$&\tabend\\ \hline
\tabanf&Nr.5&$\star$&$\star$&$\star$&$\star$&$\star$&
$\star$&\tabend\\
\tabline
\end{tabular}
```

```
\par}
\medskip
{\parindent=3cm
\litem {} Nach dem nächsten Abschnitt werden Sie hieraus
die volle Abbildung \ref{basistabelle} konstruieren k\önnen!
\par}
```

Kapitel 6

Mathematische Texte

```
%-----------------------------------------------
%      Kapitel 6 Mathematische Texte
%-----------------------------------------------
\chapter{Mathematische Texte}
\index{Mathematik}
Das \TeX-System ist auf den Satz mathematischer
Texte vorbereitet. Eine gro\ss e Anzahl von besonderen
Schriftzeichen, die nur in der Mathematik verwendet
werden, sind als Standard vorhanden.
Besondere, in der Mathematik verwendete Strukturen
werden standardm\ä\ss ig in \TeX\ unterst\ützt.
So sind besondere Verfahren vorhanden, die das
Schreiben von Gleichungen und Theoremen unterst\ützen.
Jederzeit kann auf solche Gleichungen und Theoreme
als Referenz wieder zugegriffen werden.
Die Behandlung in diesem Skript soll aber etwas
eingeschr\änkt werden. Zum einen soll das Skript
auch f\ür solche Anwender lesbar sein, die Bez\üge
zur h\öheren Mathematik nicht nachvollziehen k\önnen.
Zum anderen ist die Flexibilit\ät von \TeX\ gerade
auf dem mathematischen Sektor so hoch, da\ss\ bei
vollst\ändiger Behandlung der Rahmen dieses Buches
gesprengt w\ürde.  Das wird auch dadurch erhellt,
da\ss\  es eine spezielle Realisierung von \TeX\ gibt,
die sich allein mit dem Satz von
mathematisch-technischen Texten befa\ss t.
\index{mathematischer Text}
Aus diesem Grunde beschr\änkt sich dieses Skript auf
die Darstellung folgender Sachverhalte.
\begin{itemize}
\item[] Subskripte und Superskripte
```

```
\item[] Br\üche und Wurzeln
\item[] Gleichungen
\item[] Summen mit Summenzeichen
\item[] Vertikal ausgerichtete Strukturen
\end{itemize}
\section{Verarbeitungsarten in \TeX\
(processing mode)}
Wenn \TeX\ Text \übersetzt, dann liegen eine von drei
Verarbeitungsarten vor.
{\parindent=4cm
\litem{\bf paragraph mode} Paragraph mode ist die
\index{paragraph mode}
normale Verarbeitungsart. Dieser Text ist in
paragraph mode geschrieben. \TeX\ betrachtet den
Quelltext als eine Folge von Worten in S\ätzen. Diese
Folge wird in Zeilen, Abs\ätze (Paragraphen) und
Seiten umgebrochen.
\litem{\bf mathematical mode} In dieser
\index{mathematical mode}
Verarbeitungsart bearbeitet \TeX\ mathematischen
Text. Text wird als mathematisch erkannt, wenn
dieser innerhalb eines mathematical environment
steht (mathematische environments siehe n\ächsten
Abschnitt). In diesem Falle wird der Quelltext als
eine Folge von Symbolen interpretiert.
Leerzeichen bleiben unber\ücksichtigt.  Z.B. \linebreak[4]
werden
Zeichenkombinationen 'i s' als das Produkt $i s$
geschrieben und 'i+s' als $i+s$. (Man beachte, da\ss\
hier also zus\ätzlicher Leer-Raum um das Zeichen
'+' eingef\ügt wurde.
\litem{\bf LR mode} Dieser mode verarbeitet
\index{LR mode}
L(eft) (to) R(ight). Der Quelltext wird als Folge
von Worten und Leerzeichen aufgefa\ss t.
Jedoch wird niemals ein Zeilen\-um\-bruch durchgef\ührt.
Die Verarbeitungsrichtung ist fortlaufend von links
nach rechts. Niemals wird eine neue Zeile begonnen.
Diese Verarbeitungsart wird in einem sp\äter zu
be\-han\-deln\-den Makro \linebreak[4] %erzwungener Umbruch
(mbox) verwendet. Hierdurch
ist eine Methode vorhanden, innerhalb von mathematical
mode Tex\-te in der im paragraph mode definierten Schrift
zu setzen.
```

```
\par}
\section{Das mathematische environment}
Um im Text festzulegen, da\ss\ es sich um
Mathematik-Satz handelt, sind mehrere environments
m\öglich.
Sind im Text nur kleine mathematische Teile (wie z.B.
Gr\ö\ss en mit Indizes) eingeschlossen, dann wird das
environment
\begin{center}
\verb+$ .......... $+
\end{center}
verwendet. Der Mathematik-Satz wird in \verb+$+
eingeschlossen.
F\ür mathematische Textteile, die im Mathematik-Satz
erstellt werden sollen, ist als environment
\begin{center}
\begin{verbatim}
\(  ..............................  \)
\end{verbatim}
\end{center}
vorzusehen.  Hier handelt es sich um mathematischen
Satz, der inmitten von anderem Text auftritt.  Die
Schriftgr\ö\ss e ist so gew\ählt, da\ss\ der
mathematische Satz in der Gr\ö\ss e zum umgebenden
Text pa\ss t.  Der gesetzte Text wird in \verb+\(+ und
\verb+\)+ eingeschlossen.
F\ür unnumerierte Textteile, die im Mathematik-Satz
erstellt werden sollen, ist als environment
\begin{center}
\begin{verbatim}
\[
....................
....................
....................
\]
\end{verbatim}
\end{center}
vorzusehen.  Hier handelt es sich um mathematischen
Satz, der von anderem Text getrennt auftritt.  Der Satz
geschieht in einer anderen Schriftgr\ö\ss e.  Die
Schriftgr\ö\ss e mu\ss\ nicht im Rahmen des
Zeilenabstands des umgebenden Textes passen.  Der
gesetzte Text wird in \verb+\[+ und \verb+\]+
eingeschlossen.
```

```
Eine numerierte Gleichung wird durch das
\index{Gleichung} \index{equation}
'environment equation' erzielt. Die Numerierung der
Gleichungen geschieht automatisch vom System. Es
ist jederzeit m\öglich, auf die Gleichungen und ihre
Nummern Bezug zu nehmen. \newline
Das environment wird durch
\begin{center}
\begin{verbatim}
\begin{equation}
...........
...........
...........
\end{equation}
\end{verbatim}
\end{center}
beschrieben.
Die Gleichungsnummern stehen rechts.  Will man die
Gleichungsnummern links haben, so mu\ss\ man in den
Optionen \verb+leqno+ schreiben.  Ein report k\önnte dann
also durch
\begin{verbatim}
        \documentstyle[11pt,leqno]{report}
\end{verbatim}
beschrieben werden.
\section{Subskripte und Superskripte}
\index{Subskript}
\index{Superskript}
Subskripte sind tiefgestellte Ziffern, Buchstaben oder
Sonderzeichen oder Kombinationen hieraus.
Superskripte sind hochgestellte Ziffern, Buchstaben
oder Sonderzeichen oder Kombinationen hieraus.
Um sicherzustellen, da\ss\ Subskripte bzw. Superskripte
vom System erkannt werden k\önnen, ist ein
mathematisches environment zu w\ählen.
Wir benutzen in diesem Abschnitt stets das environment
\verb+$ ..... $+, aber selbstverst\ändlich werden
Subskripte und Superskripte vom System auch erkannt,
wenn das 'environment \verb+\[...\]+' oder das
'environment \verb+\(...\)+' oder das
'environment equation' gew\ählt wurde.
\hbadness=10000
\medskip
{\parindent=3cm
```

```
\litem {\bf Subskript} Voraussetzung ist, da\ss\ eines
\index{Subskript}
der mathematischen environments vorliegt. Das Subskript
wird dadurch angegeben, da\ss\ ein Zeichen \verb+_+
gegeben wird. Das Subskript selbst wird dann in
\verb+{}+ eingeschlossen. \newline
Schreibt man also:  \verb+$x_{1}$+ so wird $x_{1}$
gesetzt.  Es k\ön\-nen als Subskript auch arithmetische
Ausdr\ücke gesetzt werden.  Schreibt man:
\verb/$x_{i+j+3}$/, so erh\ält man \linebreak[4]
$x_{i+j+3}$
\litem {\bf Superskript} Voraussetzung ist, da\ss\ eines
\index{Superskript}
der mathematischen environments vorliegt. Das Superskript
wird dadurch angegeben, da\ss\ ein Zeichen \verb+^+
gegeben wird. Das Superskript selbst wird dann in
\verb+{}+ eingeschlossen.\newline
Schreibt man also:  \verb+$x^{1}$+ so wird $x^{1}$
gesetzt. Es k\ön\-nen als Subskript auch arithmetische
Ausdr\ücke gesetzt werden. Schreibt man:
\verb/$x^{i+j+3}$/, so erh\ält man \linebreak[4]
$x^{i+j+3}$.
\par}
\hbadness=1000
\medskip
\section{Br\üche}
\index{Bruch}
F\ür die Schreibweise von Br\üchen oder gebrochen
rationalen Funktionen ist das Makro
\verb+\frac{zaehler}{nenner}+ vorhanden.
Voraussetzung f\ür die Anwendung ist wiederum, da\ss\
dieses Makro nur in einem mathematischen environment
benutzt werden kann.
Im Text kann z.B. ein echter Bruch $\frac{1}{2}$
in der Form \verb+$\frac{1}{2}$+ geschrieben werden.
Will man ganze Formeln schreiben, so kann man z.B.
\index{frac}
\begin{verbatim}
\begin{quote}
\[
z = \frac{x^2 + y^2}{2x + 5}
\]
\end{quote}
\end{verbatim}
```

```
schreiben.
Man erh\ält dann
\begin{quote}
\[
z = \frac{x^2 + y^2}{2x + 5}
\]
\end{quote}
{\bf Hinweis f\ür den Satz:} Wenn in einem Text
Br\üche vorkommen, ist es zweckm\ä\ss ig, diese durch
das 'environment \verb+\[...\]+' auf getrennten
Zeilen zu setzen. W\ürde man den obigen Bruch
inmitten von Text setzen, dann w\ürde man etwa
den folgenden Satz erzielen.
Anfang des Textes \dotfill Anfang des Textes\newline
....  Und es entsteht \( z = \frac{x^2 + y^2}{2x + 5}
\) aus den oben gemachten Angaben.  Dabei ist noch zu
ber\ücksichtigen, da\ss\ .z.B. durch \verb+\newline+
eine Zeile begonnen werden mu\ss , damit \verb+\dotfill+
wirksam wird, wie im folgenden:\newline
Ende des Textes \dotfill Ende des Textes.
\vspace{0.5cm}
Dieses Beispiel macht deutlich, da\ss\ bei normalem
mathematischen Satz Formeln stets au\ss erhalb des
normalen Satzes gesetzt werden sollten, da sonst die
Lesbarkeit stark beeintr\ächtigt wird.
\vspace{0.5cm}
\addtocounter{aufg}{1}
{\parindent=3cm
\litem {{\bf Aufgabe \theaufg}} Bitte schreiben Sie
folgenden Text.
\par}
\[ (a + b)^{2} = a^{2} + 2ab + b^{2} \]
ist eine der wichtigsten Formeln aus der Mathematik.
F\ür Ihr Alter ist es aber auch wichtig, da\ss\ Sie
wissen, da\ss\ eine Rente nach n Jahren einen Endwert
von
\[  K = r\frac{q^n - 1}{q - 1} \]
besitzt, wenn r die j\ährliche Einzahlung und p der
Prozentsatz und $ q = 1 + \frac{p}{100} $ ist.
\vspace{0.5cm}
Zur Darstellung von Wurzeln ist ebenfalls ein sehr
bequemes Makro vorhanden. Es lautet
\index{Wurzel}
\begin{verbatim}
```

```
      \sqrt{radikand}
\end{verbatim}
\index{sqrt}
Schreibt man zum Beispiel
\begin{verbatim}
\[ a + b = \sqrt{a^{2} + 2ab + b^{2}} \]
\end{verbatim}
so erh\ält man die folgende Darstellung
\vspace{0.5cm}
\[ a + b = \sqrt{a^{2} + 2ab + b^{2}} \]
\section{'environment equation'}
Alle Darstellungen, die bis jetzt genannt worden
sind, lassen sich auch innerhalb des 'environment
equation' setzen.
Es wird geschrieben
\index{Gleichung}
\begin{verbatim}
Die beiden Gleichungen
\begin{equation}
(a + b)^{2} = a^{2} + 2ab + b^{2}
\end{equation}
und
\begin{equation}
a + b = \sqrt{a^{2} + 2ab + b^{2}}
\end{equation}
sind gleichwertig.
\end{verbatim}
Hierf\ür erh\ält man den folgenden Satz.
Die beiden Gleichungen
\begin{equation}
(a + b)^{2} = a^{2} + 2ab + b^{2}
\end{equation}
und
\begin{equation}
a + b = \sqrt{a^{2} + 2ab + b^{2}}
\end{equation}
sind gleichwertig.
\medskip
Wie man sieht, sind die Gleichungen jetzt rechts
\index{Gleichung, numeriert}
numeriert. Die erste Nummer bedeutet dabei das
Kapitel, die zweite die Nummer der Gleichung innerhalb
des Kapitels.
Es wird im n\ächsten Kapitel gezeigt werden, wie
```

```
man sich im Text auf diese Gleichungs-Nummern
beziehen kann.
\section{Summen mit Summenzeichen}
In der h\öheren Mathematik wird zur Abk\ürzung der
Schreibweise f\ür Summen ein Summenzeichen mit einer
bestimmten Bedeutung benutzt. So kann man dann
schreiben.
\index{Summenzeichen}
\medskip
\[
a_{1} + a_{2} + \ldots + a_{n} = \sum_{i=1}^n a_{i}
\]
\medskip
Um diese Gleichung schreiben zu k\önnen, sind noch
zwei Definitionen n\ötig.
\begin{enumerate}
\item \verb+\ldots+ erzeugt ''Fortsetzungs''-Punkte,
die soviel bedeuten wie 'es geht so weiter bis' \item
\verb+\sum_{unten}^{oben}+ erzeugt ein Summenzeichen
\[
\sum_{unten}^{oben} \]
wobei ersichtlich 'unten' den
Text enthalten mu\ss , der unter das Summenzeichen zu
schreiben ist, und 'oben' den Text, der \über das
Summenzeichen zu schreiben ist.
\end{enumerate}
\section{Vertikal ausgerichtete Strukturen - array}
Nicht nur in der Mathematik ist es h\äufig erw\ünscht,
bestimmte Texte vertikal ausgerichtet auszugeben.
Hierf\ür ist in \TeX\ das environment
\begin{center}
{\bf array}
\end{center}
\index{array}
vorhanden. Hiermit kann ein array (=Bereich) vertikal
ausgerichtet gesetzt werden.
Das 'environment array' hat einen Parameter, der
dem Parameter aus dem 'environment tabular' entspricht.
Die Zahl der Unterparameter entspricht genau der Anzahl
der Spalten des Arrays.
F\ür jeden Unterparameter sind folgende Eintragungen
m\öglich.
\[
\mbox{Unterparameter} = \left\{
```

```
    \begin{tabular}{cl}
     l&linksb\ündige Elemente in dieser Spalte\\
     r&rechtsb\ündige Elemente in dieser Spalte\\
     c&zentrierte Elemente in dieser Spalte \\
     p\{brei\}&Box der Breite brei
    \end{tabular}
          \right.
\]
Die Trennung der einzelnen Elemente in den
Zeilen wird wie beim 'environment tabular'
durch \&\  erreicht, durch \verb+\\+ wird das Zeilenende
markiert. (\verb+\hline+ ist nicht
zugelassen!)
Umrahmungen der Spalten und der ganzen Tabelle
sind nur beim 'environment tabular' m\öglich.
Alle Tabellen-Elemente werden im normalen Satz
gesetzt. Wenn mathematischer Satz gew\ünscht wird,
mu\ss\ dies elementweise besonders angegeben werden,
z.B. durch \verb+$$+-Umrahmung.
Beim 'environment array' findet der gesamte Satz
in einem mathematischen environment statt. Alle
Elemente werden im mathematical mode gesetzt.
\newline Falls normaler Textsatz in einem Element
gew\ünscht wird, ist
\index{mbox}
\begin{verbatim}
           \mbox{normaltext}
\end{verbatim}
zu schreiben.
Ein array-Element kann ein 'environment tabular' sein.
Dieses arbeitet dann wie eine mbox. (Der mode innerhalb
des 'environment tabular' ist paragraph mode.)
\vspace{0.4cm}
Das 'environment array' wird verwendet, wenn erreicht
werden soll, da\ss\ z.B. linke Seiten oder rechte Seiten
von Gleichungen senkrecht untereinander stehen.
Beispiel: Schreibt man
\begin{verbatim}
\(
\begin{array}{ll}
a+b&=\sqrt{a^{2}+2ab+b^{2}}\\
(a+b)^{2}&=a^{2}+2ab+b^{2}
\end{array}
\)
```

```
\end{verbatim}
so ist damit sichergestellt, da\ss\ die `='
untereinanderstehen.
\vspace{0.2cm}
\(
\begin{array}{ll}
a+b&=\sqrt{a^{2}+2ab+b^{2}}\\
(a+b)^{2}&=a^{2}+2ab+b^{2}
\end{array}
\)
\vspace{0.2cm}
Ist ein Element von einem array ein `environment tabular',
dann werden Einzelelemente in der H\öhe
zentriert gesetzt. Dies erl\äutert folgendes Beispiel
\begin{verbatim}
\(
\begin{array}{ll}
Einzelzeile& \begin{tabular}{|l|c|}
              Erstens& 1.Zeile\\
              Zweitens& 2.Zeile\\
              Drittens& 3.Zeile
             \end{tabular}
\end{array}
\)
\end{verbatim}
Dies f\ührt n\ämlich zu
\[
\begin{array}{ll}
Einzelzeile& \begin{tabular}{|l|c|} \hline
              Erstens& 1.Zeile\\ \hline
              Zweitens& 2.Zeile\\ \hline
              Drittens& 3.Zeile \\ \hline
             \end{tabular}
\end{array}
\]
Man beachte hierbei, da\ss\ `Einzelzeile' im mathematical
mode, die Tabelle aber im paragraph mode gesetzt
wird. Wollte man Einzelzeile auch im paragraph
mode setzen, dann ist \verb+\mbox{Einzelzeile}+ zu
schreiben.
\section{Klammern als Strukturelemente}
\begin{figure}[ht]
\index{Klammern}
\begin{tabular}{|l|l|l|} \hline
```

```
\multicolumn{3}{|c|}{Klammern}\\ \hline
Name&Command&Wirkung\\ \hline
\Überklammer&\verb+\overbrace{element}+&
$\overbrace{\rule{0.5in}{0in}}$\\ \hline
Unterklammer&\verb+\underbrace{element}+&
$\underbrace{\rule{0.5in}{0in}}$\\ \hline
geschweifte Klammer auf&\verb+\left\{{element}+&
$\left\{{\rule{0in}{0.25in}}\right.$\\ \hline
geschweifte Klammer zu&\verb+{element}\right\}+&
$\left.{\rule{0in}{0.25in}}\right\}$\\ \hline
Klammer auf&\verb+\left({element}+&
$\left({\rule{0in}{0.25in}}\right.$\\ \hline
Klammer zu&\verb+{element}\right)+&
$\left.{\rule{0in}{0.25in}}\right)$\\ \hline
\end{tabular}
\caption{\label{Klammern}Klammern}
\end{figure}
H\äufig kommt es vor, da\ss\ Klammern oder andere
graphische Zeichen benutzt werden sollen, um
gewissen Zusammenh\änge zu verdeutlichen. Hierbei
wird zun\ächst an die Symbole Abb. \ref{Klammern}
Seite \pageref{Klammern} gedacht.
F\ür die Anwendung werden noch folgende Hinweise
gegeben.
\begin{enumerate}
\item Die Verwendung von Klammern dieser strukturierenden
Art setzt immer ein mathematisches Environment voraus.
Dieses wird in folgender Reihenfolge geschrieben.
\begin{enumerate}
\item Environment-Anfang (\$ oder \verb+\(+ oder
\verb+\[+)
\item \verb+\left+ gefolgt von einem Symbol f\ür die zu
verwendende Klammer (das k\önnte auch eine schlie\ss ende
Klammer sein!)
\item Das Element (Text oder tabular environment oder
array environment)
\item \verb+\right+ gefolgt von einem Symbol f\ür die zu
verwendende Klammer (das k\önnte auch eine \öffnende
Klammer sein!)
\item Environment-Ende (\$ oder \verb+\)+ oder \verb+\]+)
\end{enumerate}
\item Es mu\ss\ darauf geachtet werden, da\ss\ die
Klammern, die mit left bzw. right geschrieben werden,
paarweise auftreten. Falls man eine einzelne Klammer
```

```
erzeugen m\öchte, ist bei einer left-Klammer stets
\begin{center}
\verb+$\right.$+
\end{center}
{\bf hinter} \verb+{element}+ zu schreiben, bei einer
right-Klammer ist
\begin{center}
\verb+$\left.$+
\end{center}
{\bf vor} \verb+{element}+ zu schreiben.
\item Als Elemente k\önnen dabei
\begin{enumerate}
\item Tabellenelemente
\item ganze Tabellen
\item arrays
\end{enumerate}
Verwendung finden.
\item Es k\önnen alle mathematischen environments
verwendet werden.
\end{enumerate}
Schreibt man
\begin{verbatim}
\[
\mbox{Unterparameter} = \left\{
   \begin{tabular}{cl}
    l&linksb\ündige Elemente in dieser Spalte\\
    r&rechtsb\ündige Elemente in dieser Spalte\\
    c&zentrierte Elemente in dieser Spalte \\
    p\{brei\}&Box der Breite brei
   \end{tabular}
         \right.
\]
\end{verbatim}
so erh\ält man
\[
\mbox{Unterparameter} = \left\{
   \begin{tabular}{cl}
    l&linksb\ündige Elemente in dieser Spalte\\
    r&rechtsb\ündige Elemente in dieser Spalte\\
    c&zentrierte Elemente in dieser Spalte \\
    p\{brei\}&Box der Breite brei
   \end{tabular}
         \right.
\]
```

```
\addtocounter{aufg}{1}
{\parindent=3cm
\litem {{\bf Aufgabe \theaufg}} Bitte schreiben Sie
folgenden Text.
\par}
In einem Fuhrpark-Informationssystem fahren die Lkw
die Touren nach vorgegebenen Fahrbefehlen ab.
Die Touren sind durch Verbindungen von Knoten
festgelegt. Hierbei haben Knoten unterschiedliche
Bedeutung.
\[
Knoten \left\{ \begin{array}{l}
                Depot
                 \\
                Kundenort
                 \\
                {
                Endpunkt \left\{ \begin{array}{l}
                                   Fahrer-Endpunkt\\
                                   Lager
                                 \end{array}
                        \right.
                }
                \end{array}
      \right.
\]
\addtocounter{aufg}{1}
{\parindent=3cm
\litem {{\bf Aufgabe \theaufg}} Der Text der vorigen
Aufgabe soll nun noch in folgender Form geschrieben
werden. Welche \Änderungen m\üssen dazu angebracht
werden ({\bf zwei} prinzipielle \Änderungen!)
\par}
\vspace{0.4cm}
\(
\mbox{Knoten}\left\{ \begin{array}{l}
                \mbox{Depot}
                 \\
                \mbox{Kundenort}
                 \\
                {
                \mbox{Endpunkt}\left\{ \begin{array}{l}
                              \mbox{Fahrer-Endpunkt}\\
                              \mbox{Lager}
```

```
                                        \end{array}
                                \right.
                    }
                            \end{array}
                \right.
\)
\vspace{0.4cm}
Aus diesen beiden Beispielen ist zu sehen, welche
Vorteile die mathematische Satztechnik auch f\ür
andere Bereiche hat.  Hierdurch wird insbesondere die
M\öglichkeit des strukturierten Schreibens (und
vorher:  Denkens) erheblich unterst\ützt.
\medskip
\begin{graubox}{8}{0.8\textwidth}
Immer, wenn
{\linewidth=0.8\textwidth
\begin{itemize}
\item Zeichen, die zum mathematischen Satz gehören
\item mathematische Gleichungen
\item mathematische Strukturen (array)
\item Strukturklammern
\end{itemize}
}
gesetzt werden sollen, ist ein mathematisches
environment \newline
\$ ......... \$, \verb+\+( .........
\verb+\+) oder \verb+\+[ ......... \verb+\+]
zu verwenden.
\end{graubox}
```

Kapitel 7

Graphik

```
%--------------------------------------------------
%     Kapitel 7   Graphik
%--------------------------------------------------
\chapter{Graphik}
\newcount\i
\def\db{\i=20
        \loop
        \put(\number\i,50){\line(1,0){10}}
        \advance \i by 20
        \ifnum\i < 180
        \repeat
        \i=0
        \loop
        \put(170,\number\i){\line(0,1){10}}
        \advance \i by 20
        \ifnum\i < 60
        \repeat
       }
\section{Abbildungen -- 'environment figure'}
\index{figure} \index{Abbildungen}
Abbildungen spielen in Texten eine besondere Rolle.
Es ist m\"oglichst automatisch abzusichern, da\ss\ der
Text oder die Graphik, die zusammengeh\"ort, auch auf
einer Seite des Dokuments abgebildet wird.
In \TeX\ ist hierf\"ur das 'environment figure' vorhanden.
Schreibt man
\begin{figure}[h]
\begin{verbatim}
\begin{figure}[ort]
   ........
   ........
```

```
    ........
\caption{\label{kennung}Beispiel einer Bildunterschrift}
\end{figure}
\end{verbatim}
\caption{\label{kennung}Beispiel einer Bildunterschrift}
\end{figure}
\index{Unterschrift einer Abb.}
\index{caption}
\index{Kennung einer Abb.}
\index{label}
so wird hiermit eine Abbildung mit der Bildunterschrift
'Beispiel einer Bild\-unterschrift' definiert.
Der Text 'kennung' mu\ss\ die Abbildung eindeutig
identifizieren.
Die Abbildung wird auf einer Seite des Dokuments
gesetzt. Mit dem Parameter ort kann der
Anwender dar\über entscheiden, an welcher Stelle
die Abbildung im Dokument auftaucht.
\[
\mbox{ort} = \left\{
    \begin{tabular}{cl}
     h&hier -- an der laufenden Textstelle\\
     t&am Kopf der n\ächsten Seite\\
     b&am Fu\ss\ der n\ächsten Seite\\
     p&auf einer Sonderseite
    \end{tabular}
          \right.
\]
Im Parameter ort werden alle der zugelassenen
Parameter in der Reihenfolge der Priorit\ät
angegeben. Wird kein Parameter angegeben, so
gilt als Standard htbp. Die Abbildung wird also
entweder am Kopf der n\ächsten Seite oder, wenn
das bereits durch eine andere Abbildung besetzt ist,
am Fu\ss\ oder auf einer getrennten Seite am Ende
des Dokuments gesetzt.
Normalerweise wird man ht w\ählen, womit erreicht
wird, da\ss\ die Abbildung entweder direkt gesetzt
wird oder auf die folgende Seite oben. Es sei
allerdings angemerkt, da\ss\ dies nur zul\ässig ist, wenn
abgesichert ist, da\ss\ auf diese Weise keine
Konkurrenzsituation erzeugt wird. In diesem Falle
w\ürde p gew\ählt, die Abbildung auf Seiten am Ende
des Dokuments verschoben.
```

```
Mit Hilfe der im label angegebenen kennung, ist im
weiteren Text jederzeit ein Bezug auf die Abbildung
m\öglich.
Schreibt man
\begin{verbatim}
\ref{kennung}
\end{verbatim}
so erh\ält man mit
\begin{center}
\ref{kennung}
\end{center}
\index{ref}
\index{Referenz einer Abb.}
die Abbildungsnummer.
Schreibt man
\begin{verbatim}
\pageref{kennung}
\end{verbatim}
\index{pageref}
\index{Referenzseite}
so erh\ält man mit
\begin{center}
\pageref{kennung}
\end{center}
die Seite, auf der die Abbildung vorkommt.
\medskip
\addtocounter{aufg}{1}
{\parindent=3cm
\litem {{\bf Aufgabe \theaufg}} Bitte schreiben Sie
ein environment f\ür eine Abbildung, die m\öglichst
an der Textstelle auftreten soll, sonst auf der
n\ächsten Seite oben. Die Bildunterschrift soll
''Tabelle der Projekte'' lauten. Mit der Referenz
''projekte'' soll man sich im Text stets auf diese
Tabelle beziehen k\önnen.
\par}
\section{Grunds\ätzliches \über Graphik}
F\ür die Gestaltung von Graphik mit den Elementen
\begin{itemize}
\item[] Gerade
\item[] Vektor
\item[] Rechteck
\item[] Kreis (bis 40 pt Durchmesser)
\item[] Oval
```

```
\end{itemize}
sind Makros vorhanden, welche die komfortable
Gestaltung von Graphik gestatten, wenn nur normale
Anforderungen gestellt werden.
Es wurde insbesondere daf\ür gesorgt, da\ss\ in der
Datenverarbeitung und Organisation auftretende
Strukturelemente bequem gesetzt werden k\önnen.
Hierf\ür wurden zus\ätzliche Makros geschaffen.
Diese werden im n\ächsten Kapitel behandelt.
\section{Gr\ö\ss e der Abbildung und Lage der Elemente}
Das 'environment picture' ist daf\ür geschaffen worden,
um Zeichnungen setzen zu k\önnen, die aus
den oben genannten Elementen aufbaubar sind.
\index{picture}
\begin{figure}[ht]
\begin{picture}(320,100)
\put(20,0){\vector(0,1){100}}
\put(20,105){y}
\put(20,0){\vector(1,0){300}}
\put(325,0){x}
\put(20,0){\dashbox(100,50){}}
\put(120,50){\circle*{2}}
\put(122,52){Punkt x=100, y=50}
\put(110,-12){\makebox(20,12)[c]{\centerline{100}}}
\put(10,44){\makebox(10,12)[c]{\centerline{50}}}
\end{picture}
\newline
\caption{\label{koord}Koordinaten-System beim
'environment picture'}
\end{figure}
Das Prinzip der Darstellung ist sehr einfach.
Das 'environment picture' gestattet die Angabe einer
Abbildungs-Gr\ö\ss e (Rechteck mit Breite und L\änge)
und von Elementen innerhalb dieses Rechtecks.
Um die Lage der Elemente angeben zu k\önnen, wird
ein \übliches rechtwinkliges Koordinatensystem
innerhalb des Rechtecks zugrundegelegt.
F\ür jedes 'environment picture' werden
\begin{itemize}
\item Breite (x-Richtung)
\item L\änge  (y-Richtung)
\end{itemize}
des Rechtecks vom Anwender vorgegeben.
Und es ist
```

```
\medskip
\begin{center}
\begin{tabular}{|ll|} \hline
Ursprung&die linke untere Ecke des Rechtecks \\
L\ängeneinheit&\verb+\+unitlength (standardm\ä\ss ig
1 pt) \\ \hline
\end{tabular}
\end{center}
\medskip
Graphisch wird also die Abb.\ref{koord} Seite
\pageref{koord} mit dem gezeichneten Koordinatensystem
zugrunde gelegt,  wenn man eine Breite von 325 Einheiten
und eine L\änge  von 100 Einheiten vorsieht.
\section{'environment picture'}
Das Haupthilfsmittel f\ür die Gestaltung von einfacher
Graphik stellt das 'environment picture' dar.
Das 'environment picture' legt gewisserma\ss en das
Koordinatensystem fest. Hierzu werden
\begin{graubox}{8}{0.5\textwidth}
{\linewidth=0.5\textwidth
\begin{itemize}
\item Koordinaten-Ursprung
\item Breite und L\änge der Abbildung
\item L\ängeneinheit der Darstellung
\end{itemize}
}
\end{graubox}
festgelegt.
\medskip
{\em Schreibt man:}
\begin{verbatim}
\begin{picture}(breite,laenge)
..............
..............
..............
\end{picture}
\end{verbatim}
so wird hierdurch --- beginnend bei der jeweiligen
Textstelle als obere linke Ecke des Rechtecks ---
ein Rechteck der Breite breite und der L\änge
laenge als Koordinatensystem festgelegt.
F\ür Breite und L\änge gilt als Einheit die durch
\begin{center}
\verb+\+unitlength
```

```
\end{center}
\index{picture L\ängeneinheit}
\index{unitlength}
festgelegte Angabe. Standardm\ä\ss ig ist
\begin{center}
\verb+\+unitlength = 1pt
\end{center}
vorbesetzt. Dies kann aber --- auch lokal durch
Benutzung von geschweiften Strukturklammern ---
durch
\begin{center}
\verb+\+unitlength = xxpt
\end{center}
auf xxpt gesetzt werden.
Der Koordinaten-Ursprung($x=0,y=0$) ist stets der
linke untere Eckpunkt des durch das ‘environment picture’
definierten Rechtecks. Es ist g\ünstig, wenn vor dem
‘environment picture’ (z.B. durch eine eingeschobene
Leerzeile) abgesichert wird, da\ss\ dieses auf
Zeilenanfang beginnt. Dann liegt der
Koordinaten-Ursprung auf dem linken Textrand soweit
von dem zuletzt geschriebenen Text entfernt, wie es
die im ‘environment picture’ eingetragene L\änge angibt.
Wenn nach dem ‘environment picture’ wieder auf dem
Zeilenanfang begonnen werden soll, ist wiederum eine
Leerzeile im Quelltext anzubringen.
\section{Basis-Makro put}
Zur Lokalisierung von graphischen Elementen
innerhalb eines ‘environment picture’ dient das Makro
put. \index{put}
Das Makro put hat den folgenden Aufbau
\begin{verbatim}
\put(x-koordinate,y-koordinate){element}
\end{verbatim}
Durch x-koordinate wird die x-Koordinate, durch
y-koordinate wird die y-Koordiante f\ür den Bezugspunkt
des graphischen Elements angegeben. In den folgenden
Unterabschnitten werden die graphischen Elemente
und ihre Schreibweise behandelt. Dabei ist dann jeweils
der Bezugspunkt anzugeben. F\ür die Lage des Elements
ist das put-Makro verantwortlich. Dieses legt den
Bezugspunkt fest.
\subsection{Text}
F\ür das Element Text gelten folgende Regeln.
```

```
{\parindent=3cm
\litem {\bf Wirkung} An einer bestimmten
Stelle des 'environment picture' ist Text zu positionieren.
\litem {\bf Bezugspunkt} Der Text wird in einer
horizontalen Box gesetzt, die links\-b\ün\-dig und
oben bei x-koordinate, y-koordinate beginnt.
\par}
Schreibt man
\begin{verbatim}
\begin{picture}(300,100)
\put(150,50){text}
\end{picture}
\end{verbatim}
so erh\ält man
\smallskip
\begin{picture}(320,110)
\put(170,50){text}
% Koordinaten
\put(20,0){\vector(0,1){100}}
\put(20,105){y}
\put(20,0){\vector(1,0){300}}
\put(325,0){x}
\db
\put(160,-12){\makebox(20,12)[c]{\centerline{150}}}
\put(10,44){\makebox(10,12)[c]{\centerline{50}}}
\end{picture}
\bigskip
Das Achsenkreuz, die gestrichelten Linien und
die Koordinaten sind lediglich zur Orientierung
angebracht, sie werden durch das environment
nicht erzeugt.
\newpage % erzwungener Seitenumbruch
\subsection{Umrahmtes Rechteck}
F\ür das Element umrahmtes Rechteck gelten folgende
Regeln.
\index{framebox}
\index{Rechteck}
{\parindent=3cm
\litem {\bf Wirkung} Es soll an einer bestimmten
Stelle des 'environment picture' ein umrahmtes Rechteck
mit Text stehen.
\litem {\bf Bezugspunkt} Der linke untere Eckpunkt
des Rechtecks ist der Bezugspunkt.
\litem {\bf Makro} F\ür die Darstellung des
```

```
umrahmten Rechtecks wird das Makro
\begin{center}
\begin{verbatim}
\framebox(breite,laenge)[ort]{text}
\end{verbatim}
\end{center}
verwendet. Hierbei bedeuten
\begin{center}
\begin{tabular}{ll}
breite&Breite des Rechtecks\\
laenge&L\"ange des Rechtecks\\
text&Text, der in dem Rechteck\\
&stehen soll
\end{tabular}
\end{center}
Und f\"ur den ort (Plazierung des Textes)
gibt es folgende Festlegungen
\begin{center}
\[
\mbox{ort} = \left\{
   \begin{tabular}{cl}
    l&linksb\"undig\\
    r&rechtsb\"undig\\
    c&zentriert\\
    t&vertikal `oben' \\
    b&vertikal `unten'
   \end{tabular}
         \right.
\]
\end{center}
Es m\"ussen stets horizontale und vertikale
Positionierung angegeben werden, wenn nicht c
(zentrieren) gew\"ahlt wird.  \newline Beispiel:  bl
positioniert den Text linksb\"undig am unteren Rand.
\par}
Schreibt man
\begin{verbatim}
\begin{picture}(300,100)
\put(150,50){\framebox(50,20){text}}
\end{picture}
\end{verbatim}
so erh\"alt man
\medskip
\begin{picture}(320,110)
```

```
\put(170,50){\framebox(50,20)[c]{text}}
% Koordinaten
\put(20,0){\vector(0,1){100}}
\put(20,105){y}
\put(20,0){\vector(1,0){300}}
\put(325,0){x}
\db
\put(160,-12){\makebox(20,12)[c]{\centerline{150}}}
\put(10,44){\makebox(10,12)[c]{\centerline{50}}}
\end{picture}
\bigskip
Das Achsenkreuz, die gestrichelten Linien und
die Koordinaten sind lediglich zur Orientierung
angebracht, sie werden durch das environment
nicht erzeugt.
\medskip
Wenn das umrahmte Rechteck z.B. mit dem Paramter
lt (Text links oben positionieren) versehen wird, dann
erh\ält man die folgende Darstellung.
\medskip
\begin{picture}(320,110)
\put(170,50){\framebox(50,20)[lt]{text}}
% Koordinaten
\put(20,0){\vector(0,1){100}}
\put(20,105){y}
\put(20,0){\vector(1,0){300}}
\put(325,0){x}
\db
\put(160,-12){\makebox(20,12)[c]{\centerline{150}}}
\put(10,44){\makebox(10,12)[c]{\centerline{50}}}
\end{picture}
\bigskip
Das Achsenkreuz, die gestrichelten Linien und
die Koordinaten sind lediglich zur Orientierung
angebracht, sie werden durch das environment
nicht erzeugt.
Soll in dem eingerahmten Rechteck Zeilenumbruch
stattfinden, dann kann man an Stelle von text
\begin{verbatim}
\begin{minipage}[pos]{breite}
    text
\end{minipage}
\end{verbatim}
schreiben. Hierbei bedeuten
```

```
\index{minipage}
\begin{center}
\begin{tabular}{ll}
breite&Breite der minipage = Breite framebox\\
pos&Positionierung = ort framebox
\end{tabular}
\end{center}
Dies wird an einem Beispiel demonstriert, wobei
als Text
\begin{centerb}{80pt}
{erste Zeile\\ zweite Zeile\\ dritte Zeile}
\end{centerb}
gew\ählt wurde.
Die Box ist jetzt 80 pt breit.
Schreibt man
\begin{verbatim}
\begin{picture}(300,100)
\put(150,50){\framebox(80,40)[lt]{
                              \begin{minipage}[lt]{80pt}
                                1. Text 2. Text
                                3. Text 4. Text
                              \end{minipage}
                              }
           }
\end{picture}
\end{verbatim}
so erh\ält man
\medskip
\begin{picture}(320,110)
\put(170,50){\framebox(85,40)[lt]{
                              \begin{minipage}[lt]{80pt}
                                1. Text 2. Text
                                3. Text 4. Text
                              \end{minipage}
                              }
           }
% Koordinaten
\put(20,0){\vector(0,1){100}}
\put(20,105){y}
\put(20,0){\vector(1,0){300}}
\put(325,0){x}
\db
\put(160,-12){\makebox(20,12)[c]{\centerline{150}}}
\put(10,44){\makebox(10,12)[c]{\centerline{50}}}
```

```
\end{picture}
\bigskip
Das Achsenkreuz, die gestrichelten Linien und
die Koordinaten sind lediglich zur Orientierung
angebracht, sie werden durch das environment
nicht erzeugt.
Hinweis: Arbeitet man praktisch mit dem 'environment
minipage', dann ist es gut, die Breite ca. 5 pt kleiner
zu w\ählen, als die Breite der framebox, um
\Überschneidungen zu vermeiden.
\subsection{Rechteck ohne Rahmen}
F\ür das Element Rechteck ohne Rahmen gelten folgende
Regeln.
\index{makebox}
\index{Rechteck}
{\parindent=3cm
\litem {\bf Wirkung} Es soll an einer bestimmten
Stelle des 'environment picture' ein Rechteck ohne Rahmen
mit Text stehen.
\litem {\bf Bezugspunkt} Der linke untere Eckpunkt
des Rechtecks ist der Bezugspunkt.
\litem {\bf Makro} Als Makro f\ür die Darstellung des
Rechtecks ohne Rahmen wird
\begin{center}
\begin{verbatim}
\makebox(breite,laenge)[ort]{text}
\end{verbatim}
\end{center}
verwendet. Hierbei bedeuten
\begin{center}
\begin{tabular}{ll}
breite&Breite des Rechtecks\\
laenge&L\änge des Rechtecks\\
text&Text, der in dem Rechteck\\
&stehen soll
\end{tabular}
\end{center}
Und f\ür den ort gibt es folgende Festlegungen
\begin{center}
\[
\mbox{ort} = \left\{
   \begin{tabular}{cl}
    l&linksb\ündig\\
    r&rechtsb\ündig\\
```

```
    c&zentriert\\
    t&vertikal 'oben' \\
    b&vertikal 'unten'
  \end{tabular}
        \right.
\]
\end{center}
Es m\üssen stets horizontale und vertikale
Positionierung angegeben werden, wenn nicht c
(zentrieren) gew\ählt wird. \newline Beispiel: bl
positioniert den Text linksb\ündig am unteren Rand.
\par}
Schreibt man
\begin{verbatim}
\begin{picture}(300,100)
\put(150,50){\makebox(50,20){text}}
\end{picture}
\end{verbatim}
so erh\ält man
\medskip
\begin{picture}(320,110)
\put(170,50){\makebox(50,20)[c]{text}}
% Koordinaten
\put(20,0){\vector(0,1){100}}
\put(20,105){y}
\put(20,0){\vector(1,0){300}}
\put(325,0){x}
\db
\put(160,-12){\makebox(20,12)[c]{\centerline{150}}}
\put(10,44){\makebox(10,12)[c]{\centerline{50}}}
\end{picture}
\bigskip
Das Achsenkreuz, die gestrichelten Linien und
die Koordinaten sind lediglich zur Orientierung
angebracht, sie werden durch das environment
nicht erzeugt.
\medskip %erzwungener Absatz
Die bei der framebox gemachten Er\örterungen
gelten genau so. W\ürde man das letzte Beispiel
mit einer makebox gestalten, dann erhielte man
die folgende Graphik. Die Lage der Box ist dabei
gestrichelt angegeben. Au\ss erdem wurde hier als
Positionierung zentrieren verwendet.
\medskip
```

```
\begin{picture}(320,110)
\put(170,50){\dashbox(85,40)[c]{
                            \begin{minipage}[c]{85pt}
                              1. Text 2. Text
                              3. Text 4. Text
                            \end{minipage}
                            }
             }
% Koordinaten
\put(20,0){\vector(0,1){100}}
\put(20,105){y}
\put(20,0){\vector(1,0){300}}
\put(325,0){x}
\db
\put(160,-12){\makebox(20,12)[c]{\centerline{150}}}
\put(10,44){\makebox(10,12)[c]{\centerline{50}}}
\end{picture}
\bigskip
Das Achsenkreuz, die gestrichelten Linien und
die Koordinaten sind lediglich zur Orientierung
angebracht, sie werden durch das environment
nicht erzeugt.
\newpage %erzwungener Umbruch
\subsection{Rechteck mit gestrichteltem Rahmen}
F\ür das Element Rechteck mit gestrichteltem Rahmen
gelten folgende Regeln.
\index{dashbox}
\index{Rechteck}
{\parindent=3cm
\litem {\bf Wirkung} Es soll an einer bestimmten
Stelle des 'environment picture' ein Rechteck mit
gestrichteltem Rahmen mit Text stehen.
\litem {\bf Bezugspunkt} Der linke untere Eckpunkt des
Rechtecks ist der Bezugspunkt.
\litem {\bf Makro} Als Makro f\ür die Darstellung des
Rechtecks mit gestricheltem Rahmen wird
\begin{center}
\begin{verbatim}
\dashbox(breite,laenge)[ort]{text}
\end{verbatim}
\end{center}
verwendet. Hierbei bedeuten
\begin{center}
\begin{tabular}{ll}
```

```
breite&Breite des Rechtecks\\
laenge&L\änge des Rechtecks\\
text&Text, der in dem Rechteck\\
&stehen soll
\end{tabular}
\end{center}
Und f\ür den ort gibt es folgende Festlegungen
\begin{center}
\[
\mbox{ort} = \left\{
   \begin{tabular}{cl}
    l&linksb\ündig\\
    r&rechtsb\ündig\\
    c&zentriert\\
    t&vertikal 'oben' \\
    b&vertikal 'unten'
   \end{tabular}
         \right.
\]
\end{center}
Es m\üssen stets horizontale und vertikale
Positionierung angegeben werden, wenn nicht c
(zentrieren) gew\ählt wird.  \newline Beispiel:  bl
positioniert den Text linksb\ündig am unteren Rand.
\par}
Schreibt man
\begin{verbatim}
\begin{picture}(300,100)
\put(150,50){\dashbox(50,20){text}}
\end{picture}
\end{verbatim}
so erh\ält man
\medskip
\begin{picture}(320,110)
\put(170,50){\dashbox(50,20)[c]{text}}
% Koordinaten
\put(20,0){\vector(0,1){100}}
\put(20,105){y}
\put(20,0){\vector(1,0){300}}
\put(325,0){x}
\db
\put(160,-12){\makebox(20,12)[c]{\centerline{150}}}
\put(10,44){\makebox(10,12)[c]{\centerline{50}}}
\end{picture}
```

```
\medskip
Das Achsenkreuz, die gestrichelten Linien, die auf die
Koordinaten hinweisen und die Koordinaten sind lediglich
zur Orientierung angebracht, sie werden durch das
environment nicht erzeugt. Die gestrichelten Linien,
die die Begrenzung der box darstellen, entstehen aus
dem command \verb+\dashbox+.
Die bei der framebox gemachten Er\örterungen
gelten genau so. W\ürde man das letzte Beispiel
mit einer dashbox gestalten, bei der als Positionierung
'rechts unten' rb verwendet wird, dann erhielte man die
folgende Graphik:
\begin{picture}(320,110)
\put(170,50){\dashbox(50,20)[rb]{text}
            }
% Koordinaten
\put(20,0){\vector(0,1){100}}
\put(20,105){y}
\put(20,0){\vector(1,0){300}}
\put(325,0){x}
\db
\put(160,-12){\makebox(20,12)[c]{\centerline{150}}}
\put(10,44){\makebox(10,12)[c]{\centerline{50}}}
\end{picture}
\medskip
Das Achsenkreuz, die gestrichelten Linien und
die Koordinaten sind lediglich zur Orientierung
angebracht, sie werden durch das environment
nicht erzeugt.
\medskip
\addtocounter{aufg}{1}
{\parindent=3cm
\litem {{\bf Aufgabe \theaufg}} Bitte entwickeln Sie
ein doppelt gerahmtes Schild der Breite
80 pt und der L\änge 40 pt, welches zentriert im
Text auftritt. Der Abstand der inneren Linien von
den \äu\ss eren sei jeweils 2 pt.
\par}
\begin{center}
\begin{picture}(80,40)
\put(0,0){\framebox(80,40){Informatika}}
\put(2,2){\framebox(76,36){}}
\end{picture}
\end{center}
```

```
\subsection{Grau-Unterlegung von Boxes$\ast$}
Will man eine graue Unterlegung von Boxes\fussnote{Makro aus
infmakro.tex} erreichen, dann ist dies f\ür alle Arten von
Boxes m\öglich, die bisher genannt wurden.
\medskip
{\em Schreibt man:}
\begin{verbatim}
\begin{picture}(breite,laenge)
\put(x,y){\...box(breite-box,l\änge-box)[ort]{....text...}}
\put(x,y){\gr{grau}{breite-box}{l\änge-box}}
\end{picture}
\end{verbatim}
{\em so erh\ält man}
\medskip
eine ...box, die mit der Graustufe
\centerline{grau (0(=wei\ss ) -- 100(=schwarz))}
unterlegt ist.
Wir demonstrieren dies an dem Beispiel eines
umrahmten Rechtecks.
\medskip
{\em Schreibt man:}
\begin{verbatim}
\begin{picture}(300,100)
\put(100,50){\framebox(50,20){text}}
\put(100,50){\gr{8}{50}{20}}
\end{picture}
\end{verbatim}
{\em so erh\ält man:}
\begin{picture}(35,120)
\put(170,50){\framebox(50,20)[c]{text}}
\put(170,50){\gr{8}{50}{20}}
% Koordinaten
\put(20,0){\vector(0,1){100}}
\put(20,105){y}
\put(20,0){\vector(1,0){300}}
\put(325,0){x}
\db
\put(160,-12){\makebox(20,12)[c]{\centerline{150}}}
\put(10,44){\makebox(10,12)[c]{\centerline{50}}}
\end{picture}
\bigskip
Das Achsenkreuz, die gestrichelten Linien und
die Koordinaten sind lediglich zur Orientierung
angebracht, sie werden durch das environment
```

```
nicht erzeugt.
\medskip
\begin{graubox}{8}{0.8\textwidth}
Soll ein Rechteck grau unterlegt werden, so sind
stets zwei Zeilen zu schreiben. Die erste Zeile
spezifiziert die Boxart und den Inhalt der Box,
die zweite Zeile spezifiziert die Graustufe. In
der zweiten Zeile m\üssen die Koordinaten sowie
Breite und L\änge des Rechtecks aus der ersten Zeile
\übernommen werden.
\end{graubox}
\subsection{Gerade Linie}
F\ür das Element gerade Linie
gelten folgende Regeln.
\index{line}
\index{Linie, gerade}
{\parindent=3.2cm
\litem {\bf Wirkung} Es soll eine gerade Linie
vom Punkt $P_0$ mit den Koordinaten $(x_0,y_0)$
in der Richtung (x,y) gezogen werden, deren Projektion
in x-Richtung eine L\änge von l hat.
\litem {\bf Bezugspunkt} Der Anfangspunkt $P_0$
ist der Bezugspunkt.
\litem {\bf Makro} Als Makro f\ür die Darstellung der
geraden Linie wird  \verb+\line(x,y){l}+
verwendet.
\newpage %erzwungener Umbruch
\litem {\bf Einschr\änkungen}
Hinsichtlich x und y gelten folgende Einschr\änkungen.
x und y sind ganzzahlig.  x und y unterliegen der
Beschr\änkung $-6 \leq x,y \leq 6$.  x und y d\ürfen
keinen gemeinsamen Teiler besitzen.  F\ür vertikale
Linien ist $x=0,y=+1$ oder $y=-1$ und l ist die L\änge
der Linie.
\par}
\begin{figure}[ht]
\begin{picture}(320,150)
% Koordinaten
\put(170,50){\line(5,4){70}}
\put(20,0){\dashbox(220,106){}}
\put(240,106){\circle*{5}}
\put(170,50){\circle*{5}}
\put(160,60){\bf$P_0$}
\put(250,116){\bf$P_1$}
```

```
\put(190,50){\vector(-1,0){20}}
\put(190,45){\makebox(10,10){x}}
\put(200,50){\vector(1,0){20}}
\put(200,20){\vector(-1,0){30}}
\put(200,15){\makebox(10,10){l}}
\put(210,20){\vector(1,0){30}}
%
\put(220,60){\vector(0,-1){10}}
\put(220,70){y}
\put(220,80){\vector(0,1){10}}
%
\put(20,0){\vector(0,1){150}}
\put(20,155){y}
\put(20,0){\vector(1,0){300}}
\put(325,0){x}
\db
\put(160,-12){\makebox(20,12)[c]{\centerline{$x_0$}}}
\put(10,44){\makebox(10,12)[c]{\centerline{$y_0$}}}
\end{picture}
\caption{\label{xyl}Bedeutung von Richtung (x,y) und
L\änge (l)}
\end{figure}
\medskip
Die Koordinaten f\ür den Anfangspunkt, die
\label{formelline}
Richtung und die Projektion der L\änge bestimmen
die Koordinaten f\ür den Endpunkt wie
folgt.
\[
\begin{array}{lll}
P_0&= (x_0,y_0)&\mbox{der Anfangspunkt} \\
und&&\\
(x,y)&&        \mbox{die Richtung}\\
sowie&&\\
l&&            \mbox{die L\änge der Projektion} \\
\end{array}
\]
dann ist
\[
\begin{array}{ll}
x_1 &= x_0 + l\\
y_1 &= y_0 + \frac{l}{x}y
\end{array}
\]
```

```
und $P_1 = (x_1,y_1)$ ist der Endpunkt.
Die Abbildung \ref{xyl} auf Seite \pageref{xyl}
veranschaulicht die Bedeutung der Parameter x,y,l. \newline
An einem Beispiel sei dies noch einmal erl\äutert.
Der Anfangspunkt sei (80,20) die Richtung (3,4)
und die L\änge sei 60. Die Richtung ist zul\ässig, denn
beide Zahlen liegen zwischen 1 und 6 und au\ss er\-dem sind
die Zahlen 3 und 4 teilerfremd.
Dann ist also gem\ä\ss\ den getroffenen Vereinbarungen
\über die Bezeichnungen:
\[
\begin{array}{ll}
x_0 &= 80 \\
y_0 &= 20 \\
x &= 3 \\
y &= 4 \\
l &= 60 \\
\end{array}
\]
Setzt man diese Gr\ö\ss en in die obigen Formeln ein, so
erh\ält man:
\[
\begin{array}{ll}
x_1&=140\\
y_1&=100
\end{array}
\]
Der Endpunkt hat also die Koordinaten (140,100).
\begin{graubox}{8}{0.8\textwidth}
LA\TeX\ verwendet eine 'Schrift', um die Geraden
darzustellen.  Die Geraden werden aus Elementen
zusammengestellt, die kleine Geradenstücke sind, die in
einer bestimmten Richtung geneigt sind.  Nicht alle
Richtungen sind in der Schrift implementiert.  D.h.  es
können nicht alle Geraden zwischen 2 Punkten dargestellt
werden.  Dies ist eine Einschränkung, aber in allen
praktisch wichtigen Fällen der Erstellung von Dokumenten
ist das ausreichend.
\end{graubox}
\medskip
Schreibt man:
\begin{verbatim}
\begin{picture}(300,130)
\put(80,20){\line(3,4){60}}
```

```
\end{picture}
\end{verbatim}
so erh\ält man
\medskip
\begin{picture}(320,130)
\put(100,20){\line(3,4){60}}
% Koordinaten
\put(20,0){\vector(0,1){120}}
\put(20,125){y}
\put(20,0){\vector(1,0){300}}
\put(325,0){x}
\put(20,0){\dashbox(80,20){}}
\put(90,-12){\makebox(20,12)[c]{\centerline{80}}}
\put(10,14){\makebox(10,12)[c]{\centerline{20}}}
%\put(20,0){\dashbox(140,100){}}
\put(150,-12){\makebox(20,12)[c]{\centerline{140}}}
\put(6,94){\makebox(10,12)[c]{\centerline{100}}}
\end{picture}
\medskip
Das Achsenkreuz, die gestrichelten Linien und
die Koordinaten sind lediglich zur Orientierung
angebracht, sie werden durch das environment
nicht erzeugt.
\addtocounter{aufg}{1}
{\parindent=3cm
\litem {{\bf Aufgabe \theaufg}} Bitte setzen Sie
mit Hilfe des picture environments den nachfolgend
abgebildeten Rhombus. \newline Folgende Hinweise
f\ür die Ma\ss e werden gegeben.
Breite der Zeichnung 200 pt, L\änge 100 pt.
Die Punkte haben die Koordinaten
$1=(0,75)$ $2=(100,150)$ $3=(0,200)$ $4=(100,0)$.
\par}
\begin{center}
\begin{picture}(200,100)
\put(0,50){\line(2,1){100}}
\put(100,100){\line(2,-1){100}}
\put(200,50){\line(-2,-1){100}}
\put(100,0){\line(-2,1){100}}
\end{picture}
\end{center}
\subsection{Vektoren --- Pfeile} \index{vector}\index{Pfeil}
F\ür das Element Vektor (Pfeil) gelten folgende Regeln.
{\parindent=3.2cm
```

```
\litem {\bf Wirkung} Es soll ein Vektor
vom Punkt $P_0$ mit den Koordinaten $(x_0,y_0)$
in der Richtung (x,y) gezogen werden, deren Projektion
in x-Richtung eine L\änge von 1 hat.
\litem {\bf Bezugspunkt} Der Anfangspunkt $P_0$
ist der Bezugspunkt.
\litem {\bf Makro} Als Makro f\ür die Darstellung der
geraden Linie wird  \verb+\vector(x,y){l}+
verwendet.
\litem {\bf Einschr\änkungen}
Hinsichtlich x und y gelten folgende Einschr\änkungen.
x und y sind ganzzahlig.  x und y unterliegen der
Beschr\änkung $-6 \leq x \leq 6$ und $-4 \leq y
\leq 4$.  x und y d\ürfen keinen gemeinsamen Teiler
besitzen.  F\ür vertikale Linien ist $x=0,y=+1$ oder
$y=-1$ und l ist die L\änge der Linie.
\par}
Die Bedeutung der Parameter x,y,l kann der Abbildung
\ref{xyl} entnommen werden.  Die Berechnungsformeln f\ür
die Koordinaten des Endpunkts gelten so wie bei der
geraden Linie (siehe Seite \pageref{formelline}).
Schreibt man
\begin{verbatim}
\begin{picture}(300,130)
\put(80,20){\vector(3,4){60}}
\end{picture}
\end{verbatim}
so erh\ält man
\medskip
\begin{picture}(320,130)
\put(100,20){\vector(3,4){60}}
% Koordinaten
\put(20,0){\vector(0,1){120}}
\put(20,125){y}
\put(20,0){\vector(1,0){300}}
\put(325,0){x}
\put(20,0){\dashbox(80,20){}}
\put(90,-12){\makebox(20,12)[c]{\centerline{80}}}
\put(10,14){\makebox(10,12)[c]{\centerline{20}}}
%\put(20,0){\dashbox(140,100){}}
\put(150,-12){\makebox(20,12)[c]{\centerline{140}}}
\put(6,94){\makebox(10,12)[c]{\centerline{100}}}
\end{picture}
\medskip
```

```
Das Achsenkreuz, die gestrichelten Linien und
die Koordinaten sind lediglich zur Orientierung
angebracht, sie werden durch das environment
nicht erzeugt.
\addtocounter{aufg}{1}
{\parindent=3cm
\litem {{\bf Aufgabe \theaufg}} Bitte setzen Sie
mit Hilfe des 'environment picture' die nachfolgend
abgebildete Windrose. \newline Folgende Hinweise
f\ür die Ma\ss e werden gegeben.
Breite der Zeichnung 120 pt, L\änge 120 pt.
Die Endpunkte der Pfeile haben die Koordinaten
$1=(10,60)$ $2=(60,110)$ $3=(110,60)$ $4=(60,10)$.
\par}
\begin{center}
\begin{picture}(200,120)
\put(60,60){\vector(0,1){50}}
\put(60,60){\vector(1,0){50}}
\put(60,60){\vector(0,-1){50}}
\put(60,60){\vector(-1,0){50}}
\put(0,55){\makebox(10,10){W}}
\put(110,55){\makebox(10,10){O}}
\put(55,110){\makebox(10,10){N}}
\put(55,0){\makebox(10,10){S}}
\end{picture}
\end{center}
\subsection{Kreise}
F\ür das Element Kreis gelten folgende Regeln.
\index{circle}
\index{Kreis}
{\parindent=3.2cm
\litem {\bf Wirkung} Es soll an einer bestimmten
Stelle des 'environment picture' ein Kreis mit
vorgegebenem Durchmesser stehen.
\litem {\bf Bezugspunkt} Der Mittelpunkt des
Kreises ist der Bezugspunkt.
\litem{\bf Einschr\änkungen} Der Durchmesser des
Kreises darf maximal 40 pt betragen.
\litem {\bf Makro} Als Makro f\ür die Darstellung des
Kreises wird
\begin{center}
\begin{verbatim}
\circle{durchm}          Kreis
          oder
```

```
\circle*{durchm}        Kreisscheibe
\end{verbatim}
\end{center}
verwendet. Hierbei bedeuten
\begin{center}
\begin{tabular}{ll}
durchm&Durchmesser
\end{tabular}
\end{center}
\par}
Schreibt man
\begin{verbatim}
\begin{picture}(300,100)
\put(150,50){\circle{20}}
\end{picture}
\end{verbatim}
so erh\ält man
\medskip
\begin{picture}(320,110)
\put(170,50){\circle{20}}
% Koordinaten
\put(20,0){\vector(0,1){100}}
\put(20,105){y}
\put(20,0){\vector(1,0){300}}
\put(325,0){x}
\db
\put(160,-12){\makebox(20,12)[c]{\centerline{150}}}
\put(10,44){\makebox(10,12)[c]{\centerline{50}}}
\end{picture}
\bigskip
Das Achsenkreuz, die gestrichelten Linien und
die Koordinaten sind lediglich zur Orientierung
angebracht, sie werden durch das environment
nicht erzeugt.
\medskip %erzwungener Absatz
Wird anstelle von circle circle* verwendet, so
wird der Kreis ausgef\üllt. Es entsteht dann
\medskip
\begin{picture}(320,110)
\put(170,50){\circle*{20}}
% Koordinaten
\put(20,0){\vector(0,1){100}}
\put(20,105){y}
\put(20,0){\vector(1,0){300}}
```

```
\put(325,0){x}
\db
\put(160,-12){\makebox(20,12)[c]{\centerline{150}}}
\put(10,44){\makebox(10,12)[c]{\centerline{50}}}
\end{picture}
\bigskip
Das Achsenkreuz, die gestrichelten Linien und
die Koordinaten sind lediglich zur Orientierung
angebracht, sie werden durch das environment
nicht erzeugt.
\subsection{Ovale}
Unter Ovalen werden in \TeX\ Figuren vestanden, die
aus Rechtecken entstehen, wenn man die vertikalen
Seiten des Rechtecks durch Halbkreise ersetzt.
Es entstehen dann Figuren der folgenden Gestalt.
\begin{center}
\begin{picture}(90,40)
\put(45,20){\oval(90,40)}
\end{picture}
\end{center}
Der Symmetrie-Mittelpunkt der Figur wird als
Mittelpunkt definiert. Die Breite des umschriebenen
Rechtsecks hei\ss t Breite des Ovals, die L\"ange des
umschriebenen Rechtecks hei\ss t L\"ange des Ovals.
F\"ur das element Oval gelten folgende Regeln.
\index{oval}
{\parindent=3.2cm
\litem {\bf Wirkung} Es soll an einer bestimmten
Stelle des `environment picture' ein Oval mit
vorgegebenem Durchmesser stehen.
\litem {\bf Bezugspunkt} Der Mittelpunkt des
Kreises ist der Bezugspunkt.
\litem{\bf Einschr\"ankungen} Der Durchmesser der
begrenzenden Kreise darf maximal 40 pt betragen,
deshalb darf die L\"ange des Ovals ebenfalls maximal 40
pt gro\ss\ sein.
\litem {\bf Makro} Als Makro f\"ur die Darstellung des
Ovals wird
\begin{center}
\begin{verbatim}
\oval(breite,laenge)
\end{verbatim}
\end{center}
verwendet. Hierbei bedeuten
```

```
\begin{center}
\begin{tabular}{ll}
breite&Breite des umschriebenen Rechtecks\\
laenge&L\änge des umschriebenen Rechtecks\\
\end{tabular}
\end{center}
\par}
Schreibt man
\begin{verbatim}
\begin{picture}(300,100)
\put(150,50){\oval(60,20)}
\end{picture}
\end{verbatim}
so erh\ält man
\medskip
\begin{picture}(320,110)
\put(170,50){\oval(60,20)}
% Koordinaten
\put(20,0){\vector(0,1){100}}
\put(20,105){y}
\put(20,0){\vector(1,0){300}}
\put(325,0){x}
\db
\put(160,-12){\makebox(20,12)[c]{\centerline{150}}}
\put(10,44){\makebox(10,12)[c]{\centerline{50}}}
\end{picture}
\bigskip
Das Achsenkreuz, die gestrichelten Linien und
die Koordinaten sind lediglich zur Orientierung
angebracht, sie werden durch das environment
nicht erzeugt.
\medskip %erzwungener Absatz
Eine Sonderform der Ovale gestattet auch noch,
Rechtecke mit abgerundeten Ecken zu konstruieren.
Dies wird dadurch erreicht, da\ss\ noch ein
zus\ätzlicher Parameter verwendet wird. Dann hat
das Oval-Makro die folgende Gestalt.
\begin{center}
\begin{verbatim}
\oval(breite,laenge)[ort]
\end{verbatim}
\end{center}
Und f\ür den ort gibt es folgende Festlegungen
\begin{center}
```

```
\[
\mbox{ort} = \left\{
   \begin{tabular}{cl}
    l&linke Ecke\\
    r&rechte Ecke\\
    t&obere Ecke\\
    b&untere Ecke'
   \end{tabular}
        \right.
\]
\end{center}
Die m\"oglichen Parameter sind lt, rt, lb, rb.
Als Beispiel f\"ur eine m\"ogliche Anwendung sei ein
von vertikaler Richtung in horizontale Richtung
abknickender Pfeil dargestellt, bei dem die
Ecke abgerundet ist.
Schreibt man
\begin{verbatim}
\begin{picture}(320,100)
\put(120,80){\line(0,-1){30}}
\put(140,50){\oval(40,40)[lb]}
\put(140,30){\vector(1,0){40}}
\end{picture}
\end{verbatim}
so erh\"alt man
\begin{center}
\begin{picture}(320,100)
\put(20,0){\vector(0,1){100}}
\put(20,105){y}
\put(20,0){\vector(1,0){300}}
\put(325,0){x}
\db
\put(160,-12){\makebox(20,12)[c]{\centerline{150}}}
\put(10,44){\makebox(10,12)[c]{\centerline{50}}}
\put(120,80){\line(0,-1){30}}
\put(140,50){\oval(40,40)[lb]}
\put(140,30){\vector(1,0){40}}
\end{picture}
\end{center}
Das Achsenkreuz, die gestrichelten Linien und die
Koordinaten sind lediglich zur Orientierung angebracht,
sie werden durch das environment nicht erzeugt.
\newbox\bildbox
\newbox\textbox
```

```
\newdimen\la
\la=\linewidth
\advance\la by -115pt
\section{Kurven}
\subsection{Geometrische Lösung}
In den Anwendungen kann es vorkommen, da\ss\ au\ss er den
graphischen Grund\-elementen (Gerade, Rechteck, Kreis,
Pfeil, Oval) noch komplexere Abbildungen dargestellt werden
sollen.
Auch hierf\ür ist {\bf integriert in \TeX } ein Werkzeug
vorhanden.
\begin{graubox}{8}{0.8\textwidth}
Beliebige Kurven k\önnen in \TeX\ mit Hilfe von
BEZIER-\-Po\-ly\-no\-men (kubische Parabeln) approximiert
dargestellt werden.
\end{graubox}
\medskip
Das Verfahren wird im folgenden im einzelnen erl\äutert.
Es handelt sich hierbei um ein Verfahren, welches dem
Verfahren nachgebildet ist, welches man verwendet, wenn
Kurven mit einem Kurvenlineal von Hand gezeichnet werden
sollen:
\begin{enumerate}
\item Man zerlegt die Kurve in mehrere Teile.  \item Man
zeichnet mit dem Kurvenlineal ein Kurvenst\ück. Dabei
sucht man eine geeignetes St\ück des Kurvenlineals aus,
welches in diesem Bereich den --- meist durch einzelne
Punkte bekannten --- Kurvenverlauf approximiert.  \item Beim
\Übergang auf das n\ächste Kurvenst\ück achtet man
darauf, da\ss\ die Kurven an der Ansatzstelle keinen Knick
erhalten.  (Die Tangente im Endpunkt eines Teilst\ücks
sollte gleich der Tangente im Anfangspunkt des Folgest\ücks
sein.
\end{enumerate}
Bei der Approximation mit BEZIER-Polynomen geht man
\ähnlich vor.
\begin{enumerate}
\item Man zerlegt die Kurve in mehrere Teile. Dabei
soll die Kurve sich in dem Teilst\ück durch eine kubische
Parabel approximieren lassen.
\item Die Kurve geht durch die Punkte $P_a$ und $P_e$
(Dies sind Anfangspunkt und Endpunkt des Teilst\ücks.)
\item Die Tangente im Anfangspunkt soll $P_a$ -- $P_t$
sein, die Tangente im Endpunkt $P_t$ -- $P_e$. Dies
```

```
entspricht dem Anlegen des richtigen Teils des Kurvenlineals.
\end{enumerate}
Der Sachverhalt ist in der folgenden Abbildung noch
einmal erl\äutert.
\begin{figure}[ht]
\begin{center}
\begin{picture}(150,150)
\bezier{400}(20,0)(120,100)(120,0)
\put(20,0){\line(1,1){100}}
\put(120,0){\line(0,1){100}}
\put(20,0){\circle*{5}}
\put(120,0){\circle*{5}}
\put(120,100){\circle*{5}}
\put(30,0){$P_a$}
\put(130,0){$P_e$}
\put(130,100){$P_t$}
\end{picture}
\end{center}
\caption{\label{bezier}Approximation durch BEZIER-Polynome}
\end{figure}
Die Kurve hat als Anfangspunkt $P_a$ und als Endpunkt $P_t$.
Die Anfangstangente ist die 45$^{\circ}$--Linie.  Die
Tangente im Endpunkt ist eine Senkrechte.  Die beiden
Geraden schneiden sich in $P_t$.
Sei
\[
P_a = (0,0) \mbox{ und } P_e = (100,0)
\]
so ist die Tangente im Anfangspunkt
\[
y = x
\]
und die Tangente im Endpunkt
\[
x = 100
\]
Der Schnittpunkt der beiden Tangenten ist also
\[
P_t = (100,100)
\]
\subsection{Lösung in \TeX }
Die Lösung in \TeX\ ist au\ss erordentlich einfach. Soweit das
m\öglich ist, wurden die Operationen durch einfach anzuwendende
Makros unterst\ützt.
```

```
\begin{enumerate}
\item Es mu\ss\ dafür gesorgt werden, da\ss\ die Option
'bezier.sty' verwendet wird.  Dies geschieht im
documentstyle durch
{\tt\centerline{$\backslash$documentstyle[bezier]\{.....\}}}
Hierbei ist für '.....' die jeweilige Stilart einzusetzen.
(bezier.sty lä\ss t sich in jeder Stilart verwenden.)
Diese  Technik ist im \LaTeX\ standardm\ä\ss ig vorgesehen.
\item Es mu\ss\ ein 'picture environment' verwendet werden.
\item Die Funktion lautet:
{\tt\centerline{$\backslash$bezier\{anzahl\}
$(x_a,y_a)(x_t,y_t)(x_e,y_e)$}}
Hierbei gilt:
\begin{center}
\begin{tabular}{lcl}
anzahl&=&Anzahl der Punkte\\
$(x_i,y_i)$&=&Koordinaten des Punktes $P_i$, $i = a,t,e$\\
\end{tabular}
\end{center}
Die Kurven werden durch eine Aneinanderreihung von Punkten
erzeugt.  'anzahl' gibt die Anzahl der verwendeten Punkte
für das jeweilige Teilstück an.  Man sollte eine Anzahl
von ca.  100 Punkte per inch verwenden.
\end{enumerate}
\subsection{Anwendungsbeispiel}
In diesem Abschnitt soll nun als Anwendungsbeispiel die
folgende Abbildung erzeugt werden.  Die Figur wurde
ausgewählt, um zu zeigen, wie das Verfahren arbeitet, wenn
etwas komplexere Kurven darzustellen sind.
\begin{figure}[ht]
\begin{center}
\bild{btex71}{8}{100pt}{100pt}
\end{center}
\caption{\label{herz}Darzustellende Abbildung}
\end{figure}
Die Grauunterlegung wurde lediglich gewählt, um die Grö\ss
e der Abbildung und ihre Einmischung in das gesamte Dokument
zu demonstrieren.  Die Gesamtgrö\ss e beträgt 100pt
$\times$ 100pt.
\medskip
{\bf 1. Schritt}
\setbox\bildbox=\vbox{\hsize=100pt%
\bild{btex75}{8}{100pt}{100pt}}
\setbox\textbox=\vbox{\hsize=\la
```

```
Im ersten Schritt findet die Aufteilung der Gesamtkurve
in Teilstücke statt. Die so eingezeichneten \linebreak[4]
Punkte markieren
die Teilstücke. 3 Teilstücke werden betrachtet.
Wir befassen uns wegen der Symmetrie der Kurve
zunächst nur mit dem linken Teil der Kurve.
Die Anfangs- bzw. Endpunkte der Teilstücke haben
folgende Koordinaten (alle Angaben in pt)
\( (x_1,y_1)=(50,0)\)
\( (x_2,y_2)=(0,75)\)
\( (x_3,y_3)=(25,100)\)
\( (x_4,y_4)=(50,75)\)}
\hbox to \textwidth{\vtop{\hrule height 0pt
                          \vskip 8.5pt
                          \box\bildbox}%
                     \hfil\vtop{\hrule height 0pt
                          \box\textbox}}
\bigskip
{\bf 2. Schritt}
\medskip
In diesem Schritt werden hintereinander die
Teilstücke bearbeitet.
\setbox\bildbox=\vbox{\hsize=100pt%
\bild{btex72}{8}{100pt}{100pt}}
\setbox\textbox=\vbox{\hsize=\la
Im zweiten Schritt werden die Teilstücke bearbeitet.
Wir bearbeiten das 1. Teilstück. Die Punkte haben
nun die folgenden Koordinaten
\( (x_a,y_a)=(50,0)\)
\( (x_t,y_t)=(0,50)\)
\( (x_e,y_e)=(0,75)\)
}
\hbox to \textwidth{\vtop{\hrule height 0pt%
                          \vskip 8.5pt
                          \box\bildbox}%
                     \hfil\vtop{\hrule height 0pt
                          \box\textbox}}
\medskip
\setbox\bildbox=\vbox{\hsize=100pt%
\bild{btex73}{8}{100pt}{100pt}}
\setbox\textbox=\vbox{\hsize=\la
Im zweiten Schritt werden die Teilstücke bearbeitet.
Wir bearbeiten das 2. Teilstück. Die Punkte haben
nun die folgenden Koordinaten
```

```
\( (x_a,y_a)=(0,75)\)
\( (x_t,y_t)=(0,100)\)
\( (x_e,y_e)=(25,100)\)
}
\hbox to \textwidth{\vtop{\hrule height 0pt
                          \vskip 8.5pt
                          \box\bildbox}%
                    \hfil\vtop{\hrule height 0pt
                          \box\textbox}}
\medskip
\setbox\bildbox=\vbox{\hsize=100pt%
\bild{btex74}{8}{100pt}{100pt}}
\setbox\textbox=\vbox{\hsize=\la
Im zweiten Schritt werden die Teilstücke bearbeitet.
Wir bearbeiten das 3. Teilstück. Die Punkte haben
nun die folgenden Koordinaten
\( (x_a,y_a)=(25,100)\)
\( (x_t,y_t)=(45,100)\)
\( (x_e,y_e)=(50,75)\)
}
\hbox to \textwidth{\vtop{\hrule height 0pt
                          \vskip 8.5pt
                          \box\bildbox}%
                    \hfil\vtop{\hrule height 0pt
                          \box\textbox}}
\medskip
Die geometrischen Überlegungen sind damit abgeschlossen.
Alle Koordinaten für Punkte sind bestimmt.
\medskip
{\bf 3.Schritt}
\medskip
{\em Schreibt man also:}
\begin{verbatim}
\begin{center}
\begin{picture}(100,100)
\bezier{400}(50,0)(0,50)(0,75)
\bezier{100}(0,75)(0,100)(25,100)
\bezier{100}(25,100)(45,100)(50,75)
\end{picture}
\end{center}
\end{verbatim}
{\em so erh\ält man:}
\medskip
\begin{center}
```

```
\begin{picture}(100,100)
\bezier{400}(50,0)(0,50)(0,75)
\bezier{100}(0,75)(0,100)(25,100)
\bezier{100}(25,100)(45,100)(50,75)
\end{picture}
\end{center}
\medskip
Damit ist die eine Hälfte der Darstellung zu Ende.
Will man die Darstellung für die andere Hälfte
durchführen, braucht man die gesamte Rechnung
nicht zu wiederholen. Da $x = 50$ die Symmetrielinie
ist, werden alle Punkte folgenderma\ss en transformiert.
\[
\begin{array}{lcl}
y_i&=&y_i \\
x_i&=&50 - x_i\\
\end{array}
\]
\addtocounter{aufg}{1}
\varpar=3cm
\begin{varlist}
\item[Aufgabe \theaufg] Bitte führen Sie die
Transformationen durch und zeichnen Sie nun die Darstellung
Abbildung \ref{herz}.
\end{varlist}
\section{Zusammenfassung}
Die in LA\TeX\ enthaltenen graphischen Elemente reichen
völlig aus, um die in üblichen Dokumentationen anfallenden
Graphiken darstellen zu können.  Wir werden im nächsten
Kapitel sehen, da\ss\ die Schreibweise noch ganz erheblich
vereinfacht werden kann, wenn in einem eingeschränkten
Bereich graphische Darstellungen gewünscht werden.  In
diesem Falle kann man durch Schaffen von Makros sehr
schlagkräftige Werkzeuge jeweils problemangepa\ss t
erzeugen.
Selbstverständlich reichen diese Hilfsmittel nicht aus,
wenn man in einem Bereich der Technik eine Dokumentation
erstellen mu\ss , die im wesentlichen aus technischen
Zeichnungen und graphischen Darstellungen besteht.
Dies gilt auch, wenn in mathematischen Abhandlungen
Funktionsdarstellungen gewünscht sind.
Für beide Anwendungsfälle empfiehlt sich dann das folgende
Vorgehen. Man verwende ein getrenntes Softwarepaket zum
Erzeugen der Zeichnungen mit hohen Anforderungen an die
```

```
Graphikfähigkeit. Die einzige Bedingung für die Auswahl
eines solchen Softwarepaketes besteht dann darin, da\ss\ als
Ergebnis
\newdimen\lb
\settowidth{\lb}{ein dvi-file}
\advance\lb by 20pt
\begin{graubox}{8}{\lb}
\hfil ein dvi-file\hfil
\end{graubox}
\medskip
erzeugt wird.  Wir werden im Kapitel 'Schnittstellen von
\TeX\ zu anderen Systemen' sehen, da\ss\ hier sehr einfache
Möglichkeiten bestehen, diese Ergebnisse in \TeX\ zu
verarbeiten.
```

Kapitel 8

Spezielle Graphik für EDV-Anwendungen

```
\input{pap}
%-----------------------------------------
%       Kapitel 8 Spezielle Graphik f\ür EDV
%-----------------------------------------
\chapter{Spezielle Graphik f\ür EDV-Anwendungen*}
\section{Ziel und verwendete Methodik}
In der EDV werden spezielle Symbole verwendet, um
Programmablaufpl\äne zu erstellen. F\ür dieses
Aufgabengebiet wurden von Informatika spezielle
Makros\fussnote{Makropaket pap.tex von Informatika}
entwickelt, die die Erstellung von solchen
Programmablaufpl\änen sehr erleichtern.
\begin{figure}[ht]
{\unitlength=6.75pt
\scriptsize
\bpap{3}{6}
\i=0
\loop
\put(\number\i,0){\line(0,1){48}}
\advance \i by 12
\ifnum\i < 37
\repeat
\i=0
\loop
\put(0,\number\i){\line(1,0){36}}
\advance \i by 8
\ifnum\i < 49
\repeat
\papsequ{5}{0}{Sequenz\\bis zu 2 Zeilen}
\papwsequ{4}{0}{Sequenz\\bis zu 2 Zeilen}
\papabfr{3}{0}{j}{n}{Abfrage}
```

```
\papliunt{2}{0}{j}{n}{Abfrage}
\papea{1}{0}{Eingabe}
\pap0ea{0}{0}{Ein/Aus}
\papein{5}{1}{1}
\papaus{4}{1}{9}
\papanf{3}{1}{Anfang}
\paphor{2}{1}
\papvhor{1}{1}
\paphver{0}{1}
\papend{5}{2}{Ende}
\paptend{4}{2}{4}
\paptanf{3}{2}{3}
\papver{2}{2}
\papchor{1}{2}
\paphlver{0}{2}
\put(7.5,0.5){pap0ea}
\put(7.5,8.5){papea}
\put(7.5,16.5){papliunt}
\put(7.5,24.5){papabfr}
\put(7.5,32.5){papwsequ}
\put(7.5,40.5){papsequ}
\put(19.5,0.5){paphver}
\put(19.5,8.5){papvhor}
\put(19.5,16.5){paphor}
\put(19.5,24.5){papanf}
\put(19.5,32.5){papaus}
\put(19.5,40.5){papein}
\put(31.5,0.5){paphlver}
\put(31.5,8.5){papchor}
\put(31.5,16.5){papver}
\put(31.5,24.5){paptanf}
\put(31.5,32.5){paptend}
\put(31.5,40.5){papend}
\epap
\caption{``Tool-Kasten'' f\"ur PAP}
}
\end{figure}
Die verwendete Methodik zeigt auch, da\ss\ es immer
m\"oglich ist, \TeX\ auf eine ganz spezielle
Anwendung vorzubereiten. Hierzu ist es nur
notwendig, eine entsprechend bequeme Schreibweise
f\"ur den Quelltext festzulegen und die n\"otigen
Makros zu entwickeln. \newline
Es soll hiermit auch an einem Beispiel gezeigt werden,
```

```
da\ss\ \TeX\ umso mehr flexibel einsatzf\ähig wird, je
gr\ö\ss er die Anzahl der entwickelten Makros ist.
\section{Tool-Box}
F\ür die L\ösung des beschriebenen Problems wurden
die folgenden einzelnen Rechtecke durch Makros
erzeugt. Die Namen der Makros stehen jeweils in
den einzelnen Bildchen aufgef\ührt. (Dies ist auch
gleichzeitig die Referenz zu dem weiteren Text, der
die Anwendung noch weiter erl\äutern soll.)
Das Prinzip der Erstellung von Programmablaufpl\änen
ist nun sehr einfach.
Der zu erstellende Programmablaufplan ist in
Zeilen und Spalten aufzuteilen. Hierdurch entstehen
Rechtecke. Diese Rechtecke sind (von unten nach oben)
durch Zeilen-Nummern (von 0 beginnend) und
(von links nach rechts) durch
Spaltennummern (von 0 beginnend) identifiziert.
Der Anwender legt folgende Daten fest.
\begin{enumerate}
\item Zeicheneinheit (unitlength)
\item Anzahl der Spalten des Programmablaufplans
\item Anzahl der Zeilen des Programmablaufplans
\item F\ür jedes Unter-Rechteck (Bildchen)
\subitem Name des Symbols (des Makros)
\subitem Text, der eingesetzt werden soll
\subitem Zusatzangaben (z.B. bei papabfr)
\end{enumerate}
\section{Erzeugung von Programm-Ablaufpl\änen}
\begin{figure}[ht]
\begin{center}
\unitlength=6.75pt
\bpap{3}{5}
\i=0
\loop
\put(\number\i,0){\line(0,1){40}}
\advance \i by 12
\ifnum\i < 37
\repeat
\i=0
\loop
\put(0,\number\i){\line(1,0){36}}
\advance \i by 8
\ifnum\i < 41
\repeat
```

```
\j=4
\iz=0
\loop
\put(5,\number\j){0,\number\iz}
\advance \j by 8
\advance \iz by 1
\ifnum\iz < 5
\repeat
\j=4
\iz=0
\loop
\put(17,\number\j){1,\number\iz}
\advance \j by 8
\advance \iz by 1
\ifnum\iz < 5
\repeat
\j=4
\iz=0
\loop
\put(29,\number\j){2,\number\iz}
\advance \j by 8
\advance \iz by 1
\ifnum\iz < 5
\repeat
\epap
\end{center}
\caption{\label{grundmuster}Grundmuster eines PAP}
\end{figure}
In diesem Abschnitt werden die einzelnen Schritte, die
zur Erzeugung eines Programmablaufplans notwendig
sind, genauer erl\äutert.
Im einzelnen sind das:
\begin{enumerate}
\item Festlegung der unitlength
\item Erzeugung der Grundstruktur (wieviel Zeilen, Spalten?)
\item Erzeugung des Makros bpap
\item Eintragung der einzelnen Makros in die Grundstruktur
\end{enumerate}
\subsection{Festlegung von unitlength}
Aus der Anzahl der Spalten und Zeilen ist die
L\ängeneinheit unitlength zu bestimmen.
Die L\ängeneinheit ist dabei so zu w\ählen, da\ss
\[
\mbox{Anzahl Spalten}\times unitlength \leq  28pt
```

```
\]
ausfallen mu\ss , um die Textbreite nicht zu
\überschreiten.
Sind 3 Spalten vorgesehen, dann folgt hieraus,
da\ss
\[
        3 \times unitlength \leq 28 pt
\]
Setzt man \verb+unitlength=6.75pt+, so ist diese
Forderung erf\üllt.
\subsection{Erzeugung Grundstruktur}
Zun\ächst werden aus dem Konzept die Anzahl Zeilen
und die Anzahl Spalten f\ür den Programmablaufplan
festgelegt. F\ür einen Programmablaufplan mit 5 Zeilen
und 3 Spalten erh\ält man das Grundmuster
\ref{grundmuster} auf Seite \pageref{grundmuster}.
Die Beschriftungen der K\ästchen sind jeweils
Zeilen-Nummer, Spalten-Nummer.
\subsection{'environment bpap' und 'environment epap'}
\index{bpap} \index{epap}
Die Graphik eines Programmablaufplans wird durch
das Makro \verb+\bpap+ eingeleitet. Das Makro hat
zwei Parameter. Der erste Parameter ist die Anzahl
der Spalten, der zweite die Anzahl der Zeilen.
Hierbei ist zu beachten, da\ss\ stets
\[
\mbox{Anzahl Spalten}\times unitlength \leq  28 pt
\]
ausfallen mu\ss , um die Textbreite nicht zu
\überschreiten.
Das environment wird durch \verb+\epap+ abgeschlossen.
Hieraus ergibt sich folgender Grundaufbau.
\begin{verbatim}
\bpap{Anzahl Spalten}{Anzahl Zeilen}
.......
.......
.......
\epap
\end{verbatim}
\subsection{Makros f\ür die Elemente}
Die Erzeugung des Programmablaufplans geschieht
nun elementweise. Jedes Element erh\ält als
Hauptparameter die Zuweisung der Zeilen und
Spalten gem\ä\ss\ der Festlegung im Grundmuster
```

```
\ref{grundmuster} Seite \pageref{grundmuster}.
\Über die Art des Elements entscheidet der
Element-Name, der auch der Makro-Name ist.
\subsubsection{Sequenz --- papsequ}
\index{papsequ}
\[
\begin{array}{ll}
\mbox{Name des Elements}&\mbox{papsequ}\\
\mbox{Anzahl Parameter}&3\\
\mbox{Format}&\verb+\papsequ{Zeile}{Spalte}{text}+\\
   &  \\
{
\unitlength=6.75pt
\begin{picture}(12,8)
\put(0,0){\makebox(12,8)[tl]{Element}}
\end{picture}
}&
{\unitlength=6.75pt
\begin{picture}(12,8)
\scriptsize
\papsequ{0}{0}{text}
\end{picture}
}
\end{array}
\]
Der Text kann zweizeilig geschrieben werden. In diesem
Falle sind die beiden Zeilen durch \verb+\\+ zu
trennen.  Die Zeilen werden dann einzeln
links-rechts-zentriert. Eingang und Ausgang sind oben
bzw. unten. (vgl. auch papwsequ).
\subsubsection{Sequenz --- papwsequ}
\index{papwsequ}
\[
\begin{array}{ll}
\mbox{Name des Elements}&\mbox{papwsequ}\\
\mbox{Anzahl Parameter}&3\\
\mbox{Format}&\verb+\papwsequ{Zeile}{Spalte}{text}+\\
   &  \\
{
\unitlength=6.75pt
\begin{picture}(12,8)
\put(0,0){\makebox(12,8)[tl]{Element}}
\end{picture}
}&
```

```
{\unitlength=6.75pt
\begin{picture}(12,8)
\scriptsize
\papwsequ{0}{0}{text}
\end{picture}
}
\end{array}
\]
Der Text kann zweizeilig geschrieben werden. In diesem
Falle sind die beiden Zeilen durch \verb+\\+ zu
trennen.  Die Zeilen werden dann einzeln
links-rechts-zentriert. Eingang und Ausgang sind links
bzw. rechts ('w' = waagerecht). (vgl. auch papsequ).
Die Länge der Ein- bzw. Ausgänge sind so gestaltet,
da\ss\ auch mehrere Rechtecke papwsequ von links nach
rechts aneinandergekettet werden können.
\subsubsection{Eingabe --- papea}
\index{papea}
\[
\begin{array}{ll}
\mbox{Name des Elements}&\mbox{papea}\\
\mbox{Anzahl Parameter}&3\\
\mbox{Format}&\verb+\papea{Zeile}{Spalte}{text}+\\
   &   \\
{
\unitlength=6.75pt
\begin{picture}(12,8)
\put(0,0){\makebox(12,8)[tl]{Element}}
\end{picture}
}&
{\unitlength=6.75pt
\begin{picture}(12,8)
\scriptsize
\papea{0}{0}{text}
\end{picture}
}
\end{array}
\]
Der rechte Ausgang wird f\ür Ende-Bedingungen benutzt.
\subsubsection{Eingabe/Ausgabe --- pap0ea}
\index{pap0ea}
\[
\begin{array}{ll}
\mbox{Name des Elements}&\mbox{pap0ea}\\
```

```
\mbox{Anzahl Parameter}&3\\
\mbox{Format}&\verb+\pap0ea{Zeile}{Spalte}{text}+\\
  &  \\
{
\unitlength=6.75pt
\begin{picture}(12,8)
\put(0,0){\makebox(12,8)[tl]{Element}}
\end{picture}
}&
{\unitlength=6.75pt
\begin{picture}(12,8)
\scriptsize
\pap0ea{0}{0}{text}
\end{picture}
}
\end{array}
\]
Es ist kein Ausgang f\ür Ende-Bedingung vorgesehen.
Hierf\ür soll papea verwendet werden.
\subsubsection{Abfrage --- papabfr}
\index{papabfr}
\[
\begin{array}{ll}
\mbox{Name des Elements}&\mbox{papabfr}\\
\mbox{Anzahl Parameter}&5\\
\mbox{Format}&\verb
+\papabfr{Zeile}{Spalte}{unt.}{re.}{text}+\\
  &  \\
{
\unitlength=6.75pt
\begin{picture}(12,8)
\put(0,0){\makebox(12,8)[tl]{Element}}
\end{picture}
}&
{\unitlength=6.75pt
\begin{picture}(12,8)
\scriptsize
\papabfr{0}{0}{unt.}{re.}{text}
\end{picture}
}
\end{array}
\]
In den Parametern rechts bzw.  unten werden die Texte (z.B.
j, J, N, n) angegeben, die an dem rechten bzw.  unteren
```

```
Ausgang angebracht werden.  Die Ausg\änge sind rechts und
unten.  (vgl.  auch papliunt)
\subsubsection{Abfrage --- papliunt}
\index{papliunt}
\[
\begin{array}{ll}
\mbox{Name des Elements}&\mbox{papliunt}\\
\mbox{Anzahl Parameter}&5\\
\mbox{Format}&\verb
+\papliunt{Zeile}{Spalte}{unt.}{li.}{text}+\\
   &  \\
{
\unitlength=6.75pt
\begin{picture}(12,8)
\put(0,0){\makebox(12,8)[tl]{Element}}
\end{picture}
}&
{\unitlength=6.75pt
\begin{picture}(12,8)
\scriptsize
\papliunt{0}{0}{unt.}{li.}{text}
\end{picture}
}
\end{array}
\]
In den Parametern links bzw.  unten werden die Texte (z.B.
j, J, N, n) angegeben, die an dem linken bzw.  unteren
Ausgang angebracht werden.  Die Ausg\änge sind links und
unten.  (vgl.  auch papabfr)
\subsubsection{Programm-Anfang --- papanf}
\index{papanf}
\[
\begin{array}{ll}
\mbox{Name des Elements}&\mbox{papanf}\\
\mbox{Anzahl Parameter}&3\\
\mbox{Format}&\verb+\papanf{Zeile}{Spalte}{text}+\\
   &  \\
{
\unitlength=6.75pt
\begin{picture}(12,8)
\put(0,0){\makebox(12,8)[tl]{Element}}
\end{picture}
}&
{\unitlength=6.75pt
```

```
\begin{picture}(12,8)
\scriptsize
\papanf{0}{0}{text}
\end{picture}
}
\end{array}
\]
Dieses Symbol sollte lediglich am Programmanfang
oder am Anfang einer Unterprogramms verwendet werden.
\subsubsection{Programm-Ende --- papend}
\index{papend}
\[
\begin{array}{ll}
\mbox{Name des Elements}&\mbox{papend}\\
\mbox{Anzahl Parameter}&3\\
\mbox{Format}&\verb+\papend{Zeile}{Spalte}{text}+\\
  &  \\
{
\unitlength=6.75pt
\begin{picture}(12,8)
\put(0,0){\makebox(12,8)[tl]{Element}}
\end{picture}
}&
{\unitlength=6.75pt
\begin{picture}(12,8)
\scriptsize
\papend{0}{0}{text}
\end{picture}
}
\end{array}
\]
Dieses Symbol sollte nur am Ende eines Programms
oder am Ende eines Unterprogramms (dann mit der
Eintragung RETURN) verwendet werden.
\subsubsection{Programmteil-Anfang --- paptanf}
\index{paptanf}
\[
\begin{array}{ll}
\mbox{Name des Elements}&\mbox{paptanf}\\
\mbox{Anzahl Parameter}&3\\
\mbox{Format}&\verb+\paptanf{Zeile}{Spalte}{nr}+\\
  &  \\
{
\unitlength=6.75pt
```

```
\begin{picture}(12,8)
\put(0,0){\makebox(12,8)[tl]{Element}}
\end{picture}
}&
{\unitlength=6.75pt
\begin{picture}(12,8)
\scriptsize
\paptanf{0}{0}{nr}
\end{picture}
}
\end{array}
\]
Dieses Symbol bezeichnet eine Eingangsschnittstelle
für einen Teilprogramm-Eingang nach unten.
\subsubsection{Programmteil-Ende --- paptend}
\index{paptend}
\[
\begin{array}{ll}
\mbox{Name des Elements}&\mbox{paptend}\\
\mbox{Anzahl Parameter}&3\\
\mbox{Format}&\verb+\paptend{Zeile}{Spalte}{nr}+\\
   &  \\
{
\unitlength=6.75pt
\begin{picture}(12,8)
\put(0,0){\makebox(12,8)[tl]{Element}}
\end{picture}
}&
{\unitlength=6.75pt
\begin{picture}(12,8)
\scriptsize
\paptend{0}{0}{nr}
\end{picture}
}
\end{array}
\]
Dieses Symbol bezeichnet eine Eingangsschnittstelle
für einen Teilprogramm-Ausgang von oben.
\subsubsection{Konnektor Eingang --- papein}
\index{papein}
\[
\begin{array}{ll}
\mbox{Name des Elements}&\mbox{papein}\\
\mbox{Anzahl Parameter}&3\\
```

```
\mbox{Format}&\verb+\papein{Zeile}{Spalte}{nr}+\\
   &   \\
{
\unitlength=6.75pt
\begin{picture}(12,8)
\put(0,0){\makebox(12,8)[tl]{Element}}
\end{picture}
}&
{\unitlength=6.75pt
\begin{picture}(12,8)
\scriptsize
\papein{0}{0}{nr}
\end{picture}
}
\end{array}
\]
Es handelt sich um einen Teilprogramm-Eingang von links.
Die Identifikation des Symbols, vor dem der Einsprung
erfolgen soll, sei Zeile z und Spalte s.  Der Konnektor
papein erh\ält dann ebenfalls als Zeile z und als
Spalte s.
\subsubsection{Konnektor Ausgang --- papaus}
\index{papaus}
\[
\begin{array}{ll}
\mbox{Name des Elements}&\mbox{papaus}\\
\mbox{Anzahl Parameter}&3\\
\mbox{Format}&\verb+\papaus{Zeile}{Spalte}{nr}+\\
   &   \\
{
\unitlength=6.75pt
\begin{picture}(12,8)
\put(0,0){\makebox(12,8)[tl]{Element}}
\end{picture}
}&
{\unitlength=6.75pt
\begin{picture}(12,8)
\scriptsize
\papaus{0}{0}{nr}
\end{picture}
}
\end{array}
\]
Es handelt sich um einen Teilprogramm-Ausgang nach rechts.
```

```
Die Identifikation des Symbols, vor dem der Einsprung
erfolgen soll, sei Zeile z und Spalte s.  Der Konnektor
papein erh\ält dann ebenfalls als Zeile z und als
Spalte s.
\subsubsection{horizontale Verbindung --- paphor}
\index{paphor}
\[
\begin{array}{ll}
\mbox{Name des Elements}&\mbox{paphor}\\
\mbox{Anzahl Parameter}&2\\
\mbox{Format}&\verb+\paphor{Zeile}{Spalte}+\\
   &  \\
{
\unitlength=6.75pt
\begin{picture}(12,4)
\put(0,0){\makebox(12,4)[tl]{Element}}
\end{picture}
}&
{\unitlength=6.75pt
\begin{picture}(12,4)
\scriptsize
\paphor{0}{0}
\end{picture}
}
\end{array}
\]
\subsubsection{vertikale Verbindung --- papver}
\index{papver}
\[
\begin{array}{ll}
\mbox{Name des Elements}&\mbox{papver}\\
\mbox{Anzahl Parameter}&2\\
\mbox{Format}&\verb+\papver{Zeile}{Spalte}+\\
   &  \\
{
\unitlength=6.75pt
\begin{picture}(12,8)
\put(0,0){\makebox(12,8)[tl]{Element}}
\end{picture}
}&
{\unitlength=6.75pt
\begin{picture}(12,8)
\scriptsize
\papver{0}{0}
```

```
\end{picture}
}
\end{array}
\]
\subsubsection{horizontal-vertikale Ecke --- paphver}
\index{paphver}
\[
\begin{array}{ll}
\mbox{Name des Elements}&\mbox{paphver}\\
\mbox{Anzahl Parameter}&2\\
\mbox{Format}&\verb+\paphver{Zeile}{Spalte}+\\
   &   \\
{
\unitlength=6.75pt
\begin{picture}(12,4)
\put(0,0){\makebox(12,4)[tl]{Element}}
\end{picture}
}&
{\unitlength=6.75pt
\begin{picture}(12,4)
\scriptsize
\paphver{0}{0}
\end{picture}
}
\end{array}
\]
\subsubsection{horizontal(links)-vertikale Ecke ---
paphlver}
\index{paphlver}
\[
\begin{array}{ll}
\mbox{Name des Elements}&\mbox{paphlver}\\
\mbox{Anzahl Parameter}&2\\
\mbox{Format}&\verb+\paphlver{Zeile}{Spalte}+\\
   &   \\
{
\unitlength=6.75pt
\begin{picture}(12,4)
\put(0,0){\makebox(12,4)[tl]{Element}}
\end{picture}
}&
{\unitlength=6.75pt
\begin{picture}(12,4)
\scriptsize
```

```
\paphlver{0}{0}
\end{picture}
}
\end{array}
\]
\subsubsection{vertikal-horizontale Ecke - papvhor}
\index{papvhor}
\[
\begin{array}{ll}
\mbox{Name des Elements}&\mbox{papvhor}\\
\mbox{Anzahl Parameter}&2\\
\mbox{Format}&\verb+\papvhor{Zeile}{Spalte}+\\
   &   \\
{
\unitlength=6.75pt
\begin{picture}(12,8)
\put(0,0){\makebox(12,8)[tl]{Element}}
\end{picture}
}&
{\unitlength=6.75pt
\begin{picture}(12,8)
\scriptsize
\papvhor{0}{0}
\end{picture}
}
\end{array}
\]
\subsubsection{horizontale Verbindung --- papchor}
\index{papchor}
\[
\begin{array}{ll}
\mbox{Name des Elements}&\mbox{papchor}\\
\mbox{Anzahl Parameter}&2\\
\mbox{Format}&\verb+\papchor{Zeile}{Spalte}+\\
   &   \\
{
\unitlength=6.75pt
\begin{picture}(12,4)
\put(0,0){\makebox(12,4)[tl]{Element}}
\end{picture}
}&
{\unitlength=6.75pt
\begin{picture}(12,4)
\scriptsize
```

```
\papchor{0}{0}
\end{picture}
}
\end{array}
\]
\begin{graubox}{8}{0.8\textwidth}
Die hier aufgeführten Makros wurden von der Informatika
GmbH Hamburg entwickelt.  Sie werden in einem --- von
infmakro.tex getrennten --- Makropaket pap.tex
zusammengestellt.  Dieses Makropaket kann in der Präambel
durch
\begin{centerb}{0.8in}
\verb+\input{pap}+
\end{centerb}
aufgerufen werden.  Die Trennung der beiden Makropakete
erfolgte, um infmakro.tex ohne pap.tex laden zu können.
Dieses Makropaket ist ein Beispiel für die Methodik von
\TeX .  Für sehr viele Strukturen sind bequeme
Schreibhilfen (Makros) im Standard-\TeX\ vorhanden.  Diese
werden noch durch Makros aus LA\TeX\ ergänzt.  Wenn aber in
einem Arbeitsgebiet --- so wie hier bei der Erstellung von
Programmablaufplänen --- spezielle Strukturen vorkommen,
dann müssen auch entsprechende Werkzeuge (Makros)
konstruiert werden.  Dies ist allerdings eine Anforderung an
optimale Arbeitsplanung.
\end{graubox}
\section{Anwendungsbeispiel}
Dieses Anwendungsbeispiel stellt einen
Programmablaufplan f\ür einen einfachen Gruppenwechsel
mit dieser Methodik dar.
Der Programmablaufplan liege als Skizze vor.  Er soll mit
\TeX\ gesetzt werden.  Aus der Skizze ist zu entnehmen,
da\ss\ die Grundstruktur
\centerline{3 Spalten und 9 Zeilen}
haben wird.
Als Ma\ss einheit wird
\centerline{unitlength = 6.25pt}
gewählt. Damit ist die in 8.3.1 angegebene Forderung mit
\centerline{3 $\times$ unitlength = 18.75 pt $\leq$ 28pt}
erfüllt.
Nun werden die Symbole den einzelnen Rechtecken des
Grundmusters zugewiesen.  Dies ist sehr einfach, wenn man
vorher auf der Skizze die einzelnen Zeilen von unten
beginnend von 0 bis 8 numeriert und von links beginnend die
```

```
Spalten von 0 bis 2. Damit entsteht dann das folgende
Dokument.
\begin{verbatim}
\begin{figure}[ht] \scriptsize
      \bpap{3}{9} \papanf{8}{0}{Programm-Start}
                  \pap0ea{7}{0}{Er\öffnen}
                  \papsequ{6}{0}{Schalter ein}
                  \papea{5}{0}{Einlesen Satz}
                  \papein{5}{0}{4}
                  \papabfr{4}{0}{n}{j}{Schalter ein}
                  \papabfr{3}{0}{n}{j}{Gruppenw.}
                  \papein{2}{0}{3}
                  \papsequ{2}{0}{Einzelverarb.}
                  \paptend{1}{0}{4}
                  \paptanf{8}{1}{1}
                  \pap0ea{7}{1}{Abschlu\ss }
                  \papend{6}{1}{Programm-Ende}
                  \papaus{5}{1}{1}
                  \paphor{4}{1} \paphver{3}{1}
                  \papsequ{2}{1}{Gruppen-Verarb.}
                  \papsequ{1}{1}{Vorb.n.Gruppe}
                  \paptend{0}{1}{3}
                  \paphver{4}{2}
                  \papsequ{3}{2}{Schalter aus}
                  \papver{2}{2} \papchor{2}{1}
           \epap
\end{figure}
\end{verbatim}
\begin{graubox}{8}{0.8\textwidth}
Man beachte auch, da\ss\ sich dieser Programmablaufplan
sehr bequem ändern lä\ss t, was bei konventionell
erstellten Programmablaufplänen ja gerade nicht gilt.
\end{graubox}
\addtocounter{figure}{1}
{\unitlength=6.25pt
\begin{figure}[ht]
\smallskip
\scriptsize
\bpap{3}{8}
\papanf{8}{0}{Programm-Start}
\pap0ea{7}{0}{Er\öffnen}
\papsequ{6}{0}{Schalter ein}
\papea{5}{0}{Einlesen Satz}
\papein{5}{0}{4}
```

```
\papabfr{4}{0}{n}{j}{Schalter ein}
\papabfr{3}{0}{n}{j}{Gruppenw.}
\papein{2}{0}{3}
\papsequ{2}{0}{Einzelverarb.}
\paptend{1}{0}{4}
\paptanf{8}{1}{1}
\pap0ea{7}{1}{Abschlu\ss }
\papend{6}{1}{Programm-Ende}
\papaus{5}{1}{1}
\paphor{4}{1}
\paphver{3}{1}
\papsequ{2}{1}{Gruppen-Verarb.}
\papsequ{1}{1}{Vorb.n.Gruppe}
\paptend{0}{1}{3}
\paphver{4}{2}
\papsequ{3}{2}{Schalter aus}
\papver{2}{2}
\papchor{2}{1}
\put(10,2){\normalsize Abb.\thefigure\ Programmablaufplan
Gruppenwechsel}
\epap
\end{figure}
}
```

Kapitel 9

Organisation von Buchsatz

```
%------------------------------------------------
%     Kapitel 9
%------------------------------------------------
\chapter{Organisation von Buchsatz}
\section{\Übersicht}
Die Forderung nach m\öglichst gro\ss er \Übersicht
betrifft zun\ächst das gesamte Erzeugnis.
Um \Übersichtlichkeit zu erreichen, werden im Buchsatz
eine Reihe von Hilfsmitteln eingesetzt, die s\ämtlich
unter \TeX\ unterst\ützt werden.
\begin{itemize}
\item[] Titelseiten
\item[] Inhaltsverzeichnis
\item[] Schlagwortregister (Index)
\item[] Referenzen
\subitem Rückverweis mit Angabe der Seite
\subitem Rückverweis mit Angabe der Abbildungsnummer
\item[] Fu\ss noten
\end{itemize}
Diese Techniken sollen in diesem Kapitel dargestellt
werden.
Bei der Produktion eines Buches treten aber auch
Produktionsprobleme auf.  Insbesondere wird es
notwendig, das gesamte Dokument in mehrere Teile
aufzuteilen, um besser Korrekturen und Ab\änderungen
vornehmen zu k\önnen, ohne jedesmal das gesamte
Dokument --- manchmal mehr als 100 Seiten ---
zu bearbeiten. Hierbei sollte erw\ähnt werden, da\ss\ die
Bearbeitungszeit (=\Übersetzungszeit) selbstverst\ändlich
proportional zur Anzahl von zu erzeugenden Buchseiten
ist. Auch der ben\ötigte Hauptspeicherplatz steigt mit
```

```
der Anzahl der zu bearbeitenden Seiten --- eigentlich
besser:  mit der Anzahl der unterschiedlichen
Strukturen. Letztere nehmen aber in der Regel mit
der Anzahl der Seiten des Dokuments zu, so da\ss\ auch
hierdurch die Notwendigkeit gegeben sein kann, das
Dokument aufzuteilen.
Auch diese Produktionstechniken sollen in diesem
Kapitel dargestellt werden.
\section{Titelseiten}
\index{Titel}\index{Titelseiten}
Am Anfang eines gro\ss en Dokuments werden sogenannte
Titelseiten benötigt.  Diese werden dem Dokument
unnumeriert vorangestellt.  Für diese Aufgabe gibt es in
\TeX\ einen modifizierbaren Standard.  Der Vorteil der
Benutzung ist vor allen Dingen darin zu sehen, da\ss\ dann
aufwendige Layout-Betrachtungen entfallen können.
Zur Erzeugung einer oder mehrerer Titelseiten stehen Makros
zur Verfügung.
\varpar=4.5cm
\begin{varlist}
\item[$\backslash$title\{text\}] Es wird 'text' als Titel
verwendet.  Als Markierung von Zeilenenden kann \verb+\\+
verwendet werden.
\item[$\backslash$author\{name\}] Es wird 'name' als Name
des Autors verwendet.  Als Markierung von Zeilenenden kann
\verb+\\+ verwendet werden.
\item[$\backslash$date\{datum\}] Es wird 'datum' als Datum
verwendet.  Hier kann auch eine Jahreszahl eingetragen
werden.  Wenn keine Eintragung erfolgt, wird automatisch das
Datum (TT.Monat.19JJ) der Übersetzung des Dokuments
eingesetzt.
\item[titlepage environment] Durch das environment
\begin{verbatim}
\begin{titlepage}
.... text ....
\end{titlepage}
\end{verbatim}
wird stets eine neue Seite produziert.  Innerhalb des
environments sind alle Strukturen, die in diesem Buch
beschrieben wurden, zugelassen.  Der Anwender legt Inhalt
und Layout dieser Seite(n) selbst fest.
\item[$\backslash$maketitle] Dieser Command generiert die
Titelseite.  Es wird vorausgesetzt, da\ss\ vorher alle
Parameter, die oben angegeben sind, besetzt worden sind.
```

```
Falls das titlepage environment verwendet wird, dann ist
auch dieses noch {\bf vor} den Command \verb+\maketitle+ zu
plazieren.
\end{varlist}
\section{Inhaltsverzeichnis}
\index{Inhaltsverzeichnis}
Der Command
\begin{verbatim}
            \tableofcontents
\end{verbatim}
produziert ein Inhaltsverzeichnis.
Im einzelnen werden durch diesen Command folgende
Funktionen ausgef\ührt.
\begin{enumerate}
\item Es wird eine Datei datei.toc erzeugt. (datei=
Name der zu bearbeitenden Datei). Hierin wird alle
Information abgespeichert, die n\ötig ist, ein
Inhaltsverzeichnis zu produzieren.
\item Alte Inhaltsverzeichnisse werden bei dieser
Bearbeitung aufdatiert. Es wird stets das letzte
Inhaltsverzeichnis gespeichert.
\end{enumerate}
In das Inhaltsverzeichnis werden alle
Hierarchie-\Überschriften
(part, chapter, section, subsection, subsubsection)
zusammen mit der Seiten-Nummer aufgenommen.
Durch
\begin{verbatim}
          \setcounter{tocnumdepth}{nr}
\end{verbatim}
kann festgelegt werden, ob eine
Hierarchie-\Überschrift in das Inhaltsverzeichnis
aufgenommen wird.  Die Nummer nr z\ählt von part her.
Hat nr den Wert 3, dann werden nur die \Überschriften
bis zu section-\Überschrift in das Inhaltsverzeichnis
aufgenommen.
Der Command \verb+\tableofcontents+ steht am Ende
des Documents. Will man die Seiten-Numerierung
neu beginnen lassen, dann kann z.B. durch einen
Command
\begin{verbatim}
          \pagenumbering{art}
\end{verbatim}
die Schriftart festgelegt werden. Als Schriftarten
```

```
sind zugelassen
\[
\mbox{art} = \left\{
   \begin{tabular}{ll}
    arabic&Arabische Ziffern\\
    Roman&R\ömische Ziffern\\
    alph&Kleinbuchstaben\\
    Alph&Gro\ss buchstaben
   \end{tabular}
        \right.
\]
Der Command \verb+\pagenumbering+ beginnt die
Seitennumerierung von vorn.
Es wird h\äufig die Methode benutzt, das
Inhaltsverzeichnis durch r\ömische Ziffern zu
numerieren. Dann wird am Ende des Programms
geschrieben
\begin{verbatim}
       \pagenumbering{Roman}
       \tableofcontents
\end{verbatim}
Die Seiten werden dann auch am Ende des Dokuments
produziert.  Normalerweise m\öchte man das
Inhaltsverzeichnis vorn haben.  Das ist dann ja aber
jederzeit durch Umlegen der Seiten m\öglich, da die
Seiten unabh\ängig vom \übrigen Dokument numeriert
sind.
Auf die gleiche Weise erh\ält man auch eine Liste
der Abbildungen. (Die Abbildungen erhalten eine
Nummer. Diese ist eine Nummer mit Punkt. Vor dem
Punkt steht die Kapitel-Nummer, hinter dem Punkt
eine fortlaufende Nummer der Abbildung innerhalb
des Kapitels. Diese Nummer wird automatisch bei
Anwendung des Commands \verb+\caption+ erzeugt.)
Der Command zur Erzeugung der Liste der Abbildungen
lautet
\begin{verbatim}
          \listoffigures
\end{verbatim}
Hierdurch wird eine Datei datei.lof erzeugt.  Diese
wird wie oben f\ür die datei.toc f\ür das
Inhaltsverzeichnis bearbeitet.  Auch hier kann durch
einen Command \verb+\pagenumbering+ die
Seitennumerierung neu begonnen werden, man kann aber
```

```
auch die Seitennumerierung f\ür das
Inhaltsverzeichnis weiterverwenden, wenn die Liste der
Abbildungen hinter das Inhaltsverzeichnis gelegt wird.
\section{Titelseite}
\section{Schlagwortregister --- Index}
\index{Schlagwortregister}
\index{Index}
In der Pr\äambel ist in allen \TeX-Dokumenten, in
denen ein Index erzeugt werden soll
\begin{verbatim}
      \makeindex
\end{verbatim}
\index{makeindex}
zu schreiben. Hierdurch wird erreicht, da\ss\ bei
jedem Eintrag, den der Anwender macht, ein Satz
in die Datei datei.idx geschrieben wird.
Der Anwender nimmt direkten Einflu\ss\ darauf, welcher
Begriff in das Schlagwortregister gestellt wird.
An jeder beliebigen Stelle kann vom Anwender
geschrieben werden
\begin{verbatim}
        \index{begriff}
\end{verbatim}
Dies hat die Wirkung, da\ss\ dieser Begriff zusammen
mit der Seiten-Nummer in eine Datei datei.idx
gestellt wird.
An jeder beliebigen Stelle kann vom Anwender aber auch
geschrieben werden
\begin{verbatim}
        \hindex{begriff}
\end{verbatim}
Dies hat die Wirkung, da\ss\ dieser Begriff zusammen
mit der Seiten-Nummer in Fettdruck in die Datei datei.idx
gestellt wird.
Die Datei datei.idx ist eine ASCII-Datei.
Direkte Weiterverarbeitungen werden allerdings von
\TeX\ nicht angeboten. Informatika hat deshalb ein
Verfahren entwickelt, welches sehr einfach auf
allen Betriebssystemen realisiert werden kann.
Das Verfahren geht in 3 Schritten vor.
\setlength{\varpar}{0.8in}
\begin{varlist}
\item[datei.idx] F\ür jeden Indexeintrag stellt \TeX\
einen Dateisatz der Form
```

```
\verb+\indexentry{Begriff}{Seiten-Nummer}{art}+ ab.  Da bei
jedem Eintrag des Anwenders ein solcher Satz erzeugt
wird, ist die Reihenfolge zun\ächst die der
Eintr\äge. (Hierbei ist art = 1, falls es sich um einen
\über \verb+\index{begriff}+ erzeugten Eintrag handelt,
sonst ist art = 2, wenn der Eintrag \über \verb+\hindex+
erzeugt wurde.)
(Die indexentrys stehen also in der
Reihenfolge aufsteigender Seiten-Nummern und danach
nach Zeilen-Nummer aufsteigend.) Die Seitennummern sind
\überdies linksb\ündig ohne Leerzeichen geschrieben.
\item[tri] Das Programm tri (=transformation
index) liest jeden einzelnen Satz und ersetzt die
Seiten-Nummer durch eine 4-stellige rechtsb\ündig
geschriebene Seiten-Nummer, die mit führenden
Leerzeichen aufgef\üllt wird.  Dadurch ist die Datei
sortierf\ähig.  Das Programm arbeitet als Filter.
(Standard-Eingabe wird \linebreak[4] % erzwungen
durch das Programm zu
Standardausgabe.)
\item[Sortieren] Die so entstandene Datei kann
mit einem \üblichen Sor\-tier\-pro\-gramm, wie es in jedem
Betriebssystem vorhanden ist,
(z.B. MS-DOS  Programm SORT) sortiert werden.
Die Ergebnisdatei mu\ss\ texs.idx hei\ss en.
\item[index.tex] Die so entstandene Datei wird als
Eingabedatei f\ür das Satzprogramm index.tex verwendet,
welches in \TeX\ geschrieben ist. Es wird ein zweispaltiger
Index erzeugt.
\end{varlist}
\section{Referenzen}
\index{Referenz}
Jederzeit kann der Anwender Referenzpunkte bilden.
Dies geschieht mit dem Command
\begin{verbatim}
            \label{kennung}
\end{verbatim}
\index{label}
Hierbei ist kennung eindeutig zu verwenden.
Schreibt man nun in dem Dokument
\begin{verbatim}
           \ref{kennung}
\end{verbatim}
\index{ref}
```

```
so wird an dieser Stelle die hierarchische Nummer
gesetzt, die der Stelle entspricht, wo
\verb+\label{kennung}+ steht, also z.B.  5.4.3 f\ür
Kapitel 5, Abschnitt 4, Unterabschnitt 3.
Schreibt man nun in dem Dokument
\begin{verbatim}
           \pageref{kennung}
\end{verbatim}
\index{pageref}
so wird an dieser Stelle die Seitennummer
gesetzt, die der Stelle entspricht, wo
\verb+\label{kennung}+ steht.
Eine Besonderheit ist noch bei Abbildungen zu
beachten. Steht der Command \verb+\label{kennung}+
etwa am Anfang eines 'environment figure', dann
erh\ält man ebenfalls durch
\begin{verbatim}
           \ref{kennung}
\end{verbatim}
die hierarchische Nummer, also z.B. 5.4.3 f\ür
Kapitel 5, Abschnitt 4, Unterabschnitt 3.
Wird aber der Command \verb+\label{kennung}+ innerhalb
eines Commands \verb+caption+ angewendet, dann wird
durch
\begin{verbatim}
           \ref{kennung}
\end{verbatim}
die Nummer der Abbildung erzeugt, also 5.2 f\ür die
zweite Abbildung im Kapitel 5.
F\ür diese Form ist der Command \verb+\caption+
folgenderma\ss en zu schreiben.
\begin{verbatim}
       \caption{\label{kennung} bildunterschrift}
\end{verbatim}
\index{caption}
\section{Fu\ss noten}
Fu\ss noten werden am Ende der Seite eingefügt. Hierdurch
wird der Platz für den eigentlichen Text reduziert.
(alle Seiten --- auch solche mit Fu\ss noten --- sind
gleich lang.)
Es sind zwei Verfahren vorgesehen.
\subsection{Fu\ss noten werden durch '$\ast$)'
gekennzeichnet*}
In vielen Dokumenten werden Fu\ss noten\fussnote{Makro aus
```

```
infmakro.tex} so gekennzeichnet, da\ss\ lediglich ein
'$\ast$' angebracht wird, wie das gerade hier geschehen ist.
Dies erreicht man mit dem Makro
\begin{verbatim}
                   \fussnote{.....fussnotentext .....}
\end{verbatim}
Kommen mehrere Fu\ss noten auf einer Seite vor, dann werden
diese zeilenweise mit einer immer höheren Anzahl von
'$\ast$' gekennzeichnet. Die Anzahl beginnt auf jeder Seite
wieder mit einem Stern.
\subsection{Fu\ss noten werden numeriert}
Fu\ss noten können aber auch numeriert werden. Die
Numerierung geschieht dann im ganzen Dokument fortlaufend.
Ein Beispiel dieser Art von Fu\ss noten sehen Sie auf dieser
Seite\footnote{Das ist ein Beispiel einer numerierten
Fu\ss note}.
Dies erreicht man mit dem Makro
\begin{verbatim}
                   \footnote{.....fussnotentext .....}
\end{verbatim}
Kommen mehrere Fu\ss noten auf einer Seite vor, dann werden
diese zeilenweise ausgegeben. Die Numerierung wird
automatisch fortgeschrieben.
\section{Bearbeitung langer Dokumente}
\TeX\ unterst\ützt die Verarbeitung langer Dokumente.
Dokumente k\önnen gut in kleinere Teile aufgeteilt
werden, wenn hierbei beachtet wird, da\ss\ die Teile
von \TeX\ stets so \übersetzt werden, da\ss\ ein Teil
des Dokuments stets auf einer neuen Seite beginnt.
Da Kapitel aber stets auf einer neuen Seite ---
und zwar auf einer mit ungerader Seiten-Nummer ---
beginnen, ist eine Aufteilung eines Dokuments
in Kapitel unproblematisch.
Drei Commands unterst\ützen diese Aufteilung.
\setlength{\varpar}{2.4cm}
\begin{varlist}
\item[input] Durch den Command \verb+\input{datei}+
\index{input}
wird dort, wo der Command plaziert wird,
die Datei datei.tex eingelesen. Dieses Verfahren
kann man verwenden, wenn z.B. Makros f\ür einen
bestimmten Verwendungszweck in getrennten Dateien
gehalten werden und man nun in einem Programm die
Auswahl aus mehreren dadurch trifft, da\ss\ man sie
```

```
durch input einliest.
\item[include] Durch den Command \verb+\include{datei}+
\index{include}
wird dort, wo der Command plaziert wird,
die Datei datei.tex eingelesen. Insoweit unterscheidet
sich dieser Command nicht von dem Command
\verb+\input{datei}+. Der entscheidende Unterschied
besteht darin, da\ss\ der Einlese-Vorgang (und der
Verarbeitungsvorgang) nur dann vorgenommen wird, wenn
der Dateiname in einem Command \verb+\includeonly+
vorkommt.
\item[includeonly] In der Pr\äambel (hinter dem Command
\verb+\documentstyle+ und noch vor dem Command
\verb+\begin{document}+ wird der Command
\verb+\includeonly{teil1,teil2,teil3,...}+
abgesetzt. Nur diejenigen Teile, die in dem Command
aufgef\ührt sind, werden verarbeitet. F\ür alle anderen
Teile des Dokuments werden die insoweit abgespeicherten
Versionen verwendet.
\index{includeonly}
\end{varlist}
Daraus ergibt sich, da\ss\ f\ür gro\ss e Dokumente eine
spezielle Organisation verwendet werden mu\ss .  Es hat
sich in der Praxis herausgestellt, da\ss\ es
zweckm\ä\ss ig ist, ein Hauptprogramm zu haben, in
welchem die Steuerungen f\ür die gesamte Produktion
aufgehoben werden.  Die Teile des Dokuments befinden
sich in den getrennten Dateien.
Das Hauptprogramm f\ür die Steuerung dieses Buches
wird im folgenden dargestellt.
\begin{verbatim}
\documentstyle[bezier]{lehrbuch}
\input{infmakro}
\input{infpap}
\makeindex
\includeonly{tex0,tex1,tex2,tex3,tex4,tex5,tex6,tex7,%
tex8,tex9,tex10}
\begin{document}
%-------------------------------------------------
\include{tex0}    % Titelseiten
%--------------------------------------------------
\include{tex1}    % Kapitel 1
%--------------------------------------------------
\include{tex2}    % Kapitel 2
```

```
%-----------------------------------------------------
\include{tex3}    % Kapitel 3
%-----------------------------------------------------
\include{tex4}    % Kapitel 4
%-----------------------------------------------------
\include{tex5}    % Kapitel 5
%-----------------------------------------------------
\include{tex6}    % Kapitel 6
%-----------------------------------------------------
\include{tex7}    % Kapitel 7
%-----------------------------------------------------
\include{tex8}    % Kapitel 8
%-----------------------------------------------------
\include{tex9}    % Kapitel 9
%-----------------------------------------------------
\include{tex10}   % Kapitel 10
%-----------------------------------------------------
\newpage                    % Neue Seite
\pagenumbering{Roman}       % Numerierungsart
\tableofcontents            % Inhaltsverzeichnis
\listoffigures              % Liste der Abbildungen
\end{document}
\end{verbatim}
\begin{graubox}{8}{0.8\textwidth}
Man beachte, da\ss\ gro\ss e Kapitel auch innerhalb des
Kapitels unterteilt werden können. Allerdings kann das
immer nur bei einer Seitengrenze geschehen, weil ein
Modul stets mit einer neuen Seite beginnt
\end{graubox}
```

Kapitel 10

Schnittstellen von TEX zu anderen Systemen

```
%--------------------------------------------------
%    Kapitel 10
%--------------------------------------------------
\chapter{Schnittstellen von \TeX\ zu anderen Systemen}
\index{Schnittstellen}
\section{Anforderungen}
Die Einsatzmöglichkeit eines Systems wie \TeX\ hängt
in hohem Ma\ss e auch davon ab, welche Zusammenarbeit
mit anderen Systemen möglich ist. Da andere Systeme
--- wie \TeX\ ---  mit Eingabedaten arbeiten und
Ausgabedaten erzeugen, wird es also nötig sein zu
prüfen, welche Datenformate bzw. Dateiformate
\TeX\ verarbeiten kann, und welche Datenformate bzw.
Dateiformate von \TeX\ erzeugt werden können.
Im Bereich der Verarbeitung von Zeichen sind überhaupt
nur zwei Datenformate bzw. Dateiformate von Belang.
\begin{enumerate}
\item ASCII-Format (zeichenorientiertes Format --- 256
Zeichen)
\item dvi-Format (Eingabeformat für Treiber der Endgeräte
wie z.B. Laser-Drucker oder Graphik-Bildschirm-Ausgabe)
\end{enumerate}
\index{ASCII-Format} \index{dvi-file}
Wenn \TeX\ also mit anderen System kommunizieren soll, dann
mu\ss\ es sowohl möglich sein, ASCII-Texte, die von anderen
Systemen erzeugt wurden, in die Quelltexte aufzunehmen. Es
mu\ss\ aber auch möglich sein, zur Verarbeitungszeit
von anderen Systemen erzeugte ASCII-Dateien satzweise zu
verarbeiten.
Ferner mu\ss\ es möglich sein, die von anderen Systemen
(Hardware oder Software) erzeugten dvi-Dateien so zu
```

```
verarbeiten, da\ss\ diese in aus \TeX\ erzeugte dvi-Dateien
an der richtigen Stelle in der richtigen Grö\ss e
eingemischt werden, so da\ss\ am Ende ein komplettes
Dokument entsteht.
Diese Möglichkeiten hat \TeX .
\section{Verarbeiten von ASCII-Dateien}
Da\ss\ \TeX\ ASCII-Dateien in die Quelltexte einmischen
kann, ist bei diesem System unproblematisch, da es sich
selbst um ein ASCII-System handelt.  Jederzeit können auf
anderen Systemen vorbereitete Texte in die Quelltexte
eingemischt werden.  Die Umwandlung von \TeX\ bearbeitet
dann die Gesamtdateien.  Die Strukturierung der Texte ---
soweit sie durch \TeX -Commands beeinflu\ss t werden soll,
mu\ss\ dann allerdings nachträglich noch erfolgen.
Soll \TeX\ auch ASCII-Daten einlesen, dann mu\ss\ der bisher
bekannte Satz von Commands noch erweitert werden.
\subsection{Die Commands $\backslash$typein ---
$\backslash$typeout} \index{typein} \index{ASCII-Eingabe}
Diese beiden Commands stellen Bindeglieder von \TeX\ zu
Ta\-sta\-tur (\verb+\typein+) und Bildschirm
(\verb+\typeout+) dar.
Durch \verb+\typein+ wird einer Variablen ein Wert
zugewiesen.  Der \verb+\typein+-Command hat folgendes
Format:
\begin{verbatim}
\typein[\variable]{prompt-text}
\end{verbatim}
Hierbei bedeuten:
\begin{center}
\begin{tabular}{ll}
variable & Namen einer Variablen (Nur Zeichen zugelassen!)\\
prompt-text & Text, der bei der Eingabe als Prompt verwendet
wird\\
\end{tabular}
\end{center}
{\em Schreibt man:}
\begin{verbatim}
\typein[\name]{Bitte Namen eingeben:}
Der Name ist \name.
\end{verbatim}
so erhält man während der Übersetzung die Möglichkeit,
einen Text unterschiedlich zu gestalten, je nachdem, welche
Eingabe getätigt wurde.
Der im Dokument enthaltene Text lautet jetzt also
```

```
\centerline{Der Name ist Meyer}
oder
\centerline{Der Name ist Müller}
je nachdem, welche Eingabe getätigt wurde.
Dieser Command entfaltet aber seine eigentliche Stärke erst,
wenn man bedenkt, da\ss\ \TeX\ die Eingaben statt von der
Tastatur auch über 'redirected input' über eine Datei
erhalten kann.
\index{redirected input}
Lautet das Betriebssystem - Statement zur Umwandlung
normalerweise
\centerline{tex programm}
wenn programm.tex den Quelltext enthält, so schreiben wir
jetzt:
\centerline{tex programm $<$ datei}
und stellen in die Datei 'datei', die eine ASCII-Datei ist,
alle die Informationen, die wir sonst über die Tastatur
eingeben würden.
Wir wollen das an einem Beispiel Briefschreibung
demonstrieren.
Wir richten eine Datei 'datei' ein und bringen in diese ---
z.B. mit einem Editor --- eine Adresse.
Die Datei soll folgende Gestalt haben:
\begin{verbatim}
Herrn
Franz Xaver
Grantner
Regensburger Str. 112
8000 München
\end{verbatim}
Wir schreiben folgendes \TeX -Programm.
\begin{verbatim}
%-----------------------------------------------
%                Einlesen Adresse
%-----------------------------------------------
\typein[\anrede]{Anrede:} \typein[\vorname]{Vorname(n):}
\typein[\name]{Name:} \typein[\strasse]{Stra\ss e:}
\typein[\plzort]{Postleitzahl Ort:}
%----------------------------------------------
%                Brieftext
%----------------------------------------------
\anrede\newline
\vorname\ \name\newline
\strasse\newline
```

```
\plzort\newline
\vspace*{1cm}
\hfill Freilasing, den 16. April 1988\newline
\vspace*{1cm}
Sehr geehrter Herr \name ,
zu unserem Bedauern müssen wir Ihnen leider mitteilen,
da\ss\ wir den vorgesehenen Liefertermin für den von
Ihnen bestellten
\centerline{Kleiderschrank M16900}
per 25. April 1988 nicht einhalten können. Wegen gro\ss em
Arbeitsanfall in der Fabrik wird sich die Lieferzeit um
2 - 3 Wochen verzögern. Wir bitten Sie um Ihr Verständnis.
\vspace{0.5cm}
Mit freundlichem Gru\ss
Möbelfabriken Meyer \& Sohn
\end{verbatim}
Daraus entsteht:
\medskip
%-----------------------------------------------
%                Einlesen Adresse
%-----------------------------------------------
\def\anrede{Herrn}
\def\vorname{Franz Xaver}
\def\name{Grantner}
\def\strasse{Regensburger Str. 18}
\def\plzort{8000 München}
%----------------------------------------------
%                Brieftext
%----------------------------------------------
\anrede
\vorname\ \name
\strasse
\plzort
\vspace*{1cm}
\hfill Freilasing, den 16. April 1988\newline
\vspace*{1cm}
Sehr geehrter Herr \name ,
zu unserem Bedauern müssen wir Ihnen leider mitteilen,
da\ss\ wir den vorgesehenen Liefertermin für den von
Ihnen bestellten
\centerline{Kleiderschrank M16900}
per 25. April 1988 nicht einhalten können. Wegen gro\ss em
Arbeitsanfall in der Fabrik wird sich die Lieferzeit um
2 - 3 Wochen verzögern. Wir bitten Sie um Ihr Verständnis.
```

```
\vspace{0.5cm}
Mit freundlichem Gru\ss
Möbelfabriken Meyer \& Sohn
\vspace*{3cm}
\index{typeout} \index{Bildschirmausgabe}
Der Command \verb+\typeout+ kann benutzt werden, um
Informationen während der Übersetzung an den Bildschirm
auszugeben.
Der Command hat das Format
\begin{verbatim}
\typeout{ausgabe-text}
\end{verbatim}
\subsection{Mehrfachbriefe}
Professionell einsatzfähig ist dieses Programm allerdings
erst dann, wenn auf diese Weise Mehrfachbriefe geschrieben
werden können. Hierzu sind allerdings noch 3 Commands
nötig, um das erreichen zu können.
\begin{enumerate}
\item Zum einen braucht man einen Command zur Abwicklung
einer Schleife (dies ist der {\bf loop-Command mit repeat})
\item Mit einer if-Abfrage ist zu prüfen, ob die Schleife
noch weiterlaufen soll ({\bf if}).
\item Es wird eine Schleife ausgeführt solange eine
Bedingung erfüllt ist.  Dazu mu\ss\ es möglich sein eine
Konstante zu definieren ({\bf def}).
\end{enumerate}
\medskip
{\bf Definition einer Konstanten} \index{def}
\index{Konstante Definition}
\medskip
In \TeX\ kann man mit
\begin{verbatim}
\def\variable{wert}
\end{verbatim}
einer alphanumerischen Konstanten 'variable' einen Wert
zuweisen.
Beispiel: Durch \verb+\abk{Makro aus infmakro.tex}+ ist
der Variablen abk der Wert 'Makro aus infmakro.tex'
zugewiesen. Man kann also die Definition von
alpahnumerischen Konstanten zur Schreibvereinfachung
verwenden.
\medskip
{\bf Abfrage auf alphanumerische Konstante der Länge 1}
\index{if} \index{ifx} \index{if-Abfrage}
```

```
\medskip
Die if-Abfrage hat folgendes Format
\begin{verbatim}
\ifx\variable\konstante ......commands \fi
\end{verbatim}
Wenn die Variable 'variable' den Wert der Konstanten
'konstante' hat, dann werden die '.... commands ...'
ausgeführt. Wenn dies nicht der Fall ist, wird
nichts ausgeführt.
\medskip
{\bf loop --- repeat}
\index{loop} \index{repeat} \index{Schleife}
\medskip
Eine Schleife wird durch den Command \verb+\loop+
eingeleitet. Ihm folgen die Commands, die in der
Schleife ausgeführt werden. Die Schleife wird
durch den \verb+\repeat+ abgeschlossen. Dieser
Command steuert über eine if-Abfrage ähnlich
der obigen if-Abfrage, ob die Schleife noch
weiter durchlaufen werden soll oder nicht.
Die gesamte Schleife hat damit folgendes Format.
\begin{verbatim}
\loop
... Commands, die in der .....
... Schleife ausgeführt .....
... werden sollen ..........
\ifx\variable\konstante
\repeat
\end{verbatim}
Die Schleife wird solange ausgeführt, wie
\centerline{Variable = Konstante}
Wenn diese Bedingung nicht mehr gilt, wird die Schleife
abgebrochen.
\begin{graubox}{8}{0.8\textwidth}
Bei Anwendung des loop-Commands ist aber zu beachten,
da\ss\ die in loop -- if-Abfrage eingeschlossenen
Informationen ohne Absatz geschrieben werden müssen.
Solange es sich um Commands handelt, ist dies keine
Einschränkung. Wenn allerdings Texte geschrieben
werden sollen, die dann ja auch Absätze erhalten,
mu\ss\ eine bestimmte Organisation angewendet werden.
Man kann folgenderma\ss en vorgehen.
{\linewidth=0.8\textwidth
\begin{enumerate}
```

```
\item Der Text wird in ein tabular environment geschrieben,
welches aus einer Spalte besteht, die mit p\{\}
beschrieben ist.
\item Diese Tabelle wird mit def einer Variablen
text zugewiesen.
\item Im loop -- repeat wird als Statements für den
Text eingefügt:
\begin{verbatim}
\begin{tabular}{@{}p{\textwidth}@{}}
\text
\end{tabular}
\end{verbatim}
\end{enumerate}
}
\end{graubox}
\bigskip
\medskip
{\bf Ein Programm zur Erzeugung von Mehrfachbriefen}
\index{Mehrfachbriefe}
\medskip
Es wird mit folgender Konzeption gearbeitet.
\begin{enumerate}
\item Die Adressen sind in einer Datei gespeichert.
Die Adressen enthalten zeilenweise folgende Daten:
\begin{center}
\begin{tabular}{ll}
1. Zeile & Anrede\\
2. Zeile & Vorname\\
3. Zeile & Name\\
4. Zeile & Stra\ss e und Hausnummer\\
5. Zeile & Postleitzahl und Ort\\
6. Zeile & Kennzeichen '1' oder '0'\\
\end{tabular}
\end{center}
\item Alle Adressen enthalten in der 6. Zeile eine '1'.
Als Datei-Ende enthält die Datei eine 'Stopp-Adresse',
dies ist eine gültige Adresse mit dem Kennzeichen '0'.
\end{enumerate}
Das Programm wird nun in einzelnen Programmteilen
dargestellt. Den einzelnen Programmteilen sind die
entsprechenden Erklärungen vorausgestellt.
Die Konstante 1 wird als '\verb+\+keins' definiert.
Der Text wird in ein spezielles tabular environment gestellt.
Normalerweise sind in einem tabular environment je Spalte
```

```
Zwischenräume vorgesehen. Diese betragen am Anfang und am
Ende der Spalte 6pt.  Durch Eintragung von
\verb+@{\hspace{xxpt}}+ kann dieser Zwischenraum verändert
werden.  Macht man keine Eintragung, dann ist dieser
Zwischenraum 0pt.  In der folgenden Eintragung des tabular
environment ist also die Tabellenbreite
gleich der vollen Textbreite.
Der Brieftext wird in einer Tabelle gespeichert. Er kann
durch Angabe von \verb+\text+ aufgerufen werden.
\begin{verbatim}
\def\keins{1}
\def\text{\begin{tabular}{@{}p{\textwidth}@{}}
zu unserem Bedauern müssen wir Ihnen leider mitteilen,
da\ss\ wir den vorgesehenen Liefertermin für den von
Ihnen bestellten
\centerline{Kleiderschrank M16900}
per 25. April 1988 nicht einhalten können. Wegen gro\ss em
Arbeitsanfall in der Fabrik wird sich die Lieferzeit um
2 - 3 Wochen verzögern. Wir bitten Sie um Ihr Verständnis.
\vspace{0.5cm}
Mit freundlichem Gru\ss
Möbelfabriken Meyer \& Sohn
\end{tabular}
\end{verbatim}
\medskip
Hier beginnt die Schleife. Am Anfang der Schleife wird
die Adresse und das Kennzeichen eingelesen.
\begin{verbatim}
\loop
\typein[\anrede]{} \typein[\vorname]{}
\typein[\name]{} \typein[\strasse]{}
\typein[\plzort]{} \typein[\kennz]{}
\end{verbatim}
\medskip
Falls das Kennzeichen = 1 ist, wird die Adresse und der
Briefkopf sowie der Brief ausgegeben und es wird eine
neue Seite begonnen. Die if-Abfrage endet bei \verb+\fi+
Man beachte hierbei, da\ss\ die \verb+\vspace+-Commands
immer erst hinter dem nächsten \verb+\newline+ wirksam
werden. Es wird nun wieder eine Tabelle gebildet, die
so breit ist wie die Textbreite. In diese wird der
Brieftext gestellt.
\begin{verbatim}
\ifx\kennz\keins
```

```
\anrede\newline
\vorname\ \name\newline
\strasse\newline
\vspace{2cm}
\plzort\newline
\vspace{1cm}
\hfill Freilasing, den 16. April 1988\newline
\vspace{0.5cm}
Sehr geehrter Herr \name ,\newline
\begin{tabular}{@{}p{\textwidth}@{}}
\text
\end{tabular}
\newpage\fi
\end{verbatim}
\medskip
Falls das Kennzeichen = 1 ist (dann handelt es sich um eine
gültige Adresse) wird die Schleife weiter durchlaufen.
Sonst ist das Programm zu Ende.
\begin{verbatim}
\ifx\kennz\keins
\repeat
\end{verbatim}
Dies ist ein Prinzip-Programm. In der Anwendung können die
Erwartungen höher sein. Auch diese kann \TeX\ erfüllen.
Die Informatika GmbH, Hamburg, hat ein solches Programm
entwickelt.
\subsection{Programmsystem ITMS$\ast$}
\index{Mehrfachbriefe} \index{ITMS}
Das Programmsystem ITMS (={\bf I}ntegriertes {\bf T}ext {\bf
M}anagement {\bf S}ystem) ist ein Produkt der Informatika
GmbH, Hamburg.  Wir beschreiben im folgenden den Teilaspekt
Schreiben von Mehrfachbriefen.
Die Adressen werden in einer Daten
verwaltet.\fussnote{Das Programmsystem arbeitet mit einer
Datenbank informix und mit \TeX .} Hier sind
Adre\ss \-ma\-ni\-pu\-la\-ti\-o\-nen möglich:
\index{Datenbank} \index{informix}
\begin{itemize}
\item Verändern der Adressaten in der Firma
\item Übernahme der Adressen aus anderen Adre\ss dateien
\item Vergabe von Codes zum Zusammenstellen von Gruppen
\end{itemize}
Aus der Datenbank wird durch einen speziellen Menuepunkt
ein Adre\ss auszug --- z.B. nach Codes --- gemacht.
```

```
Bei der Bearbeitung mu\ss\ der Bearbeiter noch folgende
Informationen eingeben:
\begin{enumerate}
\item Name der Datei, in der sich der Brieftext befindet
\item Betreff des Briefes
\end{enumerate}
Das Adressenauswahlprogramm erzeugt dann eine Datei.
Die Zeilen 1 und 2 der Datei sind folgenderma\ss en
verwendet.
\begin{center}
\begin{tabular}{ll}
1. Zeile & Name der Brieftext-Datei \\
2. Zeile & Betreff des Briefes \\
\end{tabular}
\end{center}
Für jede Adresse befinden sich in der Datei 7 Zeilen.
Diese haben folgenden Inhalt.
\begin{center}
\begin{tabular}{ll}
1. Zeile & Anrede\\
2. Zeile & Name\\
3. Zeile & Branche 1\\
4. Zeile & Branche 2\\
5. Zeile & Stra\ss e und Hausnummer\\
6. Zeile & Postleitzahl und Ort\\
7. Zeile & Briefanrede \\
\end{tabular}
\end{center}
Die Stopp-Adresse wird hier daran erkannt, da\ss\ die 6.
Zeile leer ist.  Das Auszugsprogramm stellt hinter alle
Adressen noch einmal die letzte Adresse, die allerdings dann
in der 6.  Zeile keine Eintragung enthält.
\medskip
Das Programm erwartet, da\ss\ der Brieftext in der
angegebenen Datei steht.  Für die Entwicklung des
Brieftextes sind keine Einschränkungen gemacht.  Am Ende
dieser Datei mu\ss\
\begin{verbatim}
                      \briefende
\end{verbatim}
geschrieben werden.
\medskip
Für die Schreibung der Briefe ist eine spezielle Stilart
entwickelt worden. Diese sorgt dafür, da\ss\
```

```
\begin{enumerate}
\item erste und folgende Seiten mit unterschiedlichem
Seiten-Layout geschrieben werden,
\item das Seiten-Layout auf den bestehenden Firmenkopfbogen
abgestimmt ist,
\item das Briefdatum automatisch verwaltet wird,
\item auf den Folgeseiten die Seiten-Nummer und das Datum
des Schreibens wiederholt werden,
\item Der Firmen-Name und die Zeile 'Mit freundlichem
Gru\ss ' im Block geschrieben werden.
\end{enumerate}
Folgende Abwicklung ist vorgesehen:
\begin{enumerate}
\item Erstellen des Brieftextes mit \TeX .
\item Auszug der Adressen aus der Datenbank (Erfassung des
Dateinamens vom Brieftext und vom Betreff des Briefes).
\item Umsetzen der Umlaute in \TeX -Umlaute. (Hierfür
wird ein spezielles Programm eingesetzt.)
\item Erzeugen der Briefe durch ein Programm mit redirected
input, wobei die eingezogene Datei die Datei der
ausgezogenen Adressen mit den zwei Zusatzzeilen ist.
\end{enumerate}
Eine Abbildung eines solchen Briefes in verkleinerter Form
stellt die Abbildung \ref{brief} auf Seite \pageref{brief}
dar.
\begin{figure}[ht]
\begin{center}
\bild{btex10}{0}{\textwidth}{11.5cm}
\end{center}
\caption{\label{brief} Brief aus ITMS}
\end{figure}
\section{Verarbeiten von dvi-files} \index{dvi-files}
\TeX\ kann nicht nur mit konventionellen Systemen über
ASCII-Dateien kommunizieren, sondern es können auch
dvi-files aus anderen Systemen in die \TeX -Dokumente
eingemischt werden.
\subsection{Einmischen von Bildern} \index{Einmischen Bilder}
Um ein Bild der Breite 'breite' und der Höhe 'hoehe'
an einer bestimmten Stelle einzumischen ist der
Command
\begin{verbatim}
          \bild{dateiname}{grau}{breite}{hoehe}
\end{verbatim}
einzugeben. Dabei bedeuten die Parameter:
```

```
\begin{center}
\begin{tabular}{ll}
dateiname & Name des dvi-files \\
grau      & Graustufe (0 -- 100)\\
breite    & Breite des Bildes \\
hoehe     & Höhe des Bildes \\
\end{tabular}
\end{center}
Dies soll an einem Beispiel demonstriert werden.
\begin{graubox}{8}{0.8\textwidth}
Voraussetzung von allen Operationen ist, da\ss\ das
einzumischende Bild als dvi-file {\bf vor} der Umwandlung
des gesamten Dokuments zur Verfügung steht.  Der
eigentliche Vorgang des Einmischens wird von dem Treiber
vorgenommen.  \TeX\ hält nur den notwendigen Platz frei.
\end{graubox}
\medskip
Gegeben ist --- als dvi-file --- die Abbildung der
Gau\ss 'schen Normalverteilung. Das Bild hat eine
Breite von 240pt und eine Höhe von 130pt. Die Datei
hat den Namen bgauss.dvi. Das Bild soll mit einer
Graustufe 8 unterlegt werden.{\bf Wir verwenden die
Graustufen in diesem Abschnitt zur Demonstration
der Grö\ss e des Bildes und seine Einpassung in
das Dokument.}
\medskip
{\em Sie schreiben:}
\begin{verbatim}
\bild{bgauss}{8}{240pt}{130pt}
\end{verbatim}
\index{bild}
\medskip
{\em und erhalten:}
\medskip
\bild{btex101}{8}{240pt}{130pt}
\medskip
Das eingezogene Bild wird linksbündig verarbeitet.
Selbstverständlich kann man dieses Bild auch
zentrieren. Man schreibt dann:
\begin{verbatim}
\begin{center}
\bild{bgauss}{8}{240pt}{130pt}
\end{center}
\end{verbatim}
```

```
und erhält:
\begin{center}
\bild{btex101}{8}{240pt}{130pt}
\end{center}
\subsection{Erzeugen von dvi-files für Bilder}
Die Erzeugung von Bildern, die z.B. mit Hilfe
des bezier.sty erzeugt worden sind, haben eine
hohe Umwandlungszeit. Aus diesem Grunde kann
es durchaus sinnvoll sein, solche Bilder als
dvi-files getrennt zu erzeugen. Dies verhindert
auch in gewissen Fällen die Nachricht
\index{dvi-files für Bilder}
\centerline{\TeX\ capacity exceeded}
Um ein solches Bild zu erzeugen, ist folgende
Form der Präambel zu wählen.
\begin{verbatim}
\begin{documentstyle}[.....]{......}
\input{infmakro}
\stbild{breite}{laenge}
.....
\begin{document}
.......
.......
.......
\end{document}
\end{verbatim}
Hierbei bedeuten breite und laenge die Breite und die Länge
des Bildes.
\medskip
Es sollte dabei beachtet werden, da\ss\ in der Präambel
exakt die Reihenfolge der Commands eingehalten wird, da
\verb+\stbild+ ein Makro aus infmakro.tex ist. infmakro.tex
mu\ss\ also schon vorher existieren, bevor \verb+\stbild+
aufgerufen wird. Dies mu\ss\ in jedem Fall noch in der
Präambel geschehen.
Das Bild der Gau\ss 'schen Normalverteilung wird durch
folgenden \TeX -file erzeugt.
\begin{verbatim}
\documentstyle{lehrbuch}
\input{makro}
\stbild{130pt}{240pt}
\begin{document}
\begin{picture}(240,130)
\bezier{250}(0,0)(60,0)(80,72.59121)
```

```
\bezier{250}(80,72.59121)(92.974424,119.68266)(100,119.68266)
\bezier{250}(100,119.68266)(107.02558,119.68266)(120,72.5912)
\bezier{250}(120,72.59121)(140,0)(200,0)
\put(0,0){\vector(1,0){220}}
\put(225,0){x}
\put(100,0){\vector(0,1){130}}
\put(103,125){y}
\end{picture}
\end{document}
\end{verbatim}
\subsection{Montage von zusätzlichen Texten}
\index{Montage von Bildern}
In vielen Anwendungen ist es notwendig, neben die
Bilder noch Texte zu montieren. Bild und Text
betrachten wir als Boxes (Rechtecke). Es kann nun
gewünscht werden, da\ss\ die Texte neben dem
Bild stehen und mit der oberen Bildkante beginnen.
Es kann aber auch vorkommen, da\ss\ die Texte
neben dem Bild zentriert (auf 'halber' Höhe)
stehen oder da\ss\ die Texte mit der unteren Bildkante
abschlie\ss en. Alle Fälle sind mit den bekannten
Commands zu erreichen. Wir verwenden die Form des
tabular environments mit p\{\} und setzen au\ss erdem
mit \verb+@{}+ vor jedem Parameter und hinter dem
letzten alle Zwischenräume zwischen den Spalten
auf Null.
Als Grundparameter für die Bearbeitung sollte die
Textbreite bekannt sein. In diesem Buch beträgt sie
330pt.
\medskip
{\bf Bild und Text gleicher Beginn oben}
\index{Montage von Bildern}
\medskip
Als Strukturelement wird ein tabular environment
mit zwei Spalten verwendet.
{\em Schreibt man:}
\begin{verbatim}
\begin{tabular}{@{}p{240pt}@{\hspace{5pt}}p{85pt}@{}}
\bild{bgauss}{8}{240pt}{130pt}&Normal --- Verteilung
                                   (J.C.F. Gau\ss ) \\
\end{tabular}
\end{verbatim}
\medskip
{\em so erh\ält man:}
```

```
\medskip
\begin{tabular}{@{}p{240pt}@{\hspace{5pt}}p{85pt}@{}}
\bild{btex101}{8}{240pt}{130pt}&Normal --- Verteilung
(J.C.F. Gau\ss ) \\
\end{tabular}
\medskip
{\bf Text auf mittlerer Höhe des Bildes}
\index{Montage von Bildern}
\medskip
Soll der Text auf mittlere Höhe des Bildes gesetzt
werden, so kann man zwei tabular environments horizontal
nebeneinandersetzen. Die Tabelle mit der geringeren
Höhe wird dann immer zentriert gesetzt. Den Abstand
zwischen den beiden Tabellen kann man entweder mit
\verb+\hfill+ erreichen oder man kann auch \verb+\hspace{..}+
verwenden.
\medskip
{\em Schreibt man:}
\begin{verbatim}
\begin{tabular}{@{}p{240pt}@{}}
\bild{bgauss}{8}{240pt}{130pt}\\
\end{tabular}
\hspace{5pt}
\begin{tabular}{@{}p{85pt}@{}}
Normal --- Verteilung
(J.C.F. Gau\ss )\\
\end{tabular}
\end{verbatim}
\medskip
{\em so erh\ält man:}
\medskip
\begin{tabular}{@{}p{240pt}@{}}
\bild{btex101}{8}{240pt}{130pt}\\
\end{tabular}
\hfil
\begin{tabular}{@{}p{85pt}@{}}
Normal --- Verteilung
(J.C.F. Gau\ss )\\
\end{tabular}
\medskip
Es sollte hier nicht untersucht werden, ob diese
Anordnung sehr häufig gebraucht wird.  Die
Absicht war vielmehr zu zeigen, da\ss\ auch diese
Positionierung grundsätzlich möglich ist.
```

```
\medskip
{\bf Bild und Text gleiches Ende unten}
\index{Montage von Bildern}
\medskip
Um zu erreichen, da\ss\ Text und Bild unten gleich enden,
ist noch ein zu\-sätz\-li\-ches environment, das
environemnt bottom\fussnote{Makro aus infmakro.tex},
erforderlich. Es kann nur innerhalb eines tabular
environments angewendet werden. Hier wird erreicht, da\ss\
der in das environment eingeschlossene Text auf den 'bottom'
eine Tabelle gestellt wird, deren Länge in dem environment
als Parameter angeben werden mu\ss. Zur Realisierung der
Positionierung kann dann eines der beiden vorgenannten
Modelle verwendet werden. Es wird das Modell mit der
Zentrierung verwendet. Diesmal legen wir \verb+\hfil+
zwischen die Tabellen und erreichen auf diese Weise, da\ss\
die volle Textbreite genutzt wird. Der Leerraum bleibt
zwischen den Tabellen.
{\em Schreibt man:}
\begin{verbatim}
\begin{tabular}{@{}p{240pt}@{}}
\bild{bgauss}{8}{240pt}{130pt}\\
\end{tabular}
\hfil
\begin{tabular}{@{}p{85pt}@{}}
\begin{bottom}{130pt}
Nor\-mal --- Ver\-tei\-
lung (J.C.F.~Gau\ss)
\end{bottom}\\
\end{tabular}
\end{verbatim}
Bitte beachten Sie dabei, da\ss\ das environment bottom
als Parameter die Höhe der Box (130pt) benötigt. Durch
diese Angabe ist es möglich, die Tabelle zunächst auf
130pt festzulegen und dann den Text am unteren Ende zu
positionieren.
{\em so erh\ält man:}
\medskip
\begin{tabular}{@{}p{240pt}@{}}
\bild{btex101}{8}{240pt}{130pt}\\
\end{tabular}
\hfil
\begin{tabular}{@{}p{85pt}@{}}
\begin{bottom}{130pt}
```

```
Nor\-mal --- Ver\-tei\-
lung (J.C.F.~Gau\ss)
\end{bottom}\\
\end{tabular}
\medskip
{\bf Allgemeinere Positionierungen von Bild und Text}
\medskip
Es sind jetzt alle Werkzeuge aufgezählt, mit denen sich
auch allgemeinere Positionierungen von Bildern und Text
erzeugen lassen. Zum einen ist die Lage von Bild und
Text nicht festgelegt (ebensogut könnte das Bild rechts
stehen) zum anderen ist die Zahl der Boxes nicht beschränkt.
Es mu\ss\ lediglich darauf geachtet werden, da\ss\ die
Textbreite nicht überschritten wird. In diesem Rahmen
ist die Erzeugung von horizontalem Satz von mehreren
Bildern und Texten unproblematisch.
\index{Montage von Bildern}
\section{Zusammenfassung}
Es wurde demonstriert, wie kommunikativ \TeX\ ist.  Es
kommuniziert praktisch mit allen Systemen, die Daten
erzeugen.  Damit eignet sich \TeX\ auch als Ausgabe-System
von Berichten aus komplexeren kaufmännischen Anwendungen.
Die Berichte werden in ASCII geeignet erzeugt (Tabellen z.B.
in der Form, wie sie von \TeX\ direkt verarbeitet werden
können) und dann von \TeX\ weiterverarbeitet.  Dies erspart
erheblichen Programmieraufwand --- weil das Auszählen von
komplizierten Listen aufwendig ist --- und sieht natürlich
besser aus, zumal sich auch umfangreichere Listen auf DIN A4
besser ausgeben lassen.
Da es sich bei dem \TeX -System um ein ASCII-System handelt,
können die \TeX -Quelltexte auch von anderen Systemen, die
ASCII-Dateien erzeugen können, selbst generiert werden.  In
diesem Bereich sind viele Anwendungen möglich, weil dann ja
von einem Anwendungsfall zum anderen andere \TeX -Programme
erzeugt werden können.  Dies steigert die Flexibilität
noch einmal erheblich.
\medskip
\begin{graubox}{8}{0.8\textwidth}
\TeX\ ist ein kommunikatives Satzsystem mit der Möglichkeit
des Einsatzes auch als komfortable Ausgabe für Berichte.
\end{graubox}
```

INDEX

www.ingramcontent.com/pod-product-compliance
Lightning Source LLC
LaVergne TN
LVHW092156300926
849161LV00002B/291
* 9 7 8 3 4 8 6 2 3 3 2 5 4 *